美肌食品素材の評価と開発

Evaluation and Development of Functional Food Materials Useful for Skin Care

《普及版／Popular Edition》

監修 山本哲郎

シーエムシー出版

はじめに

様々な食品の肌に対する有効性はビタミンC，Eやβ-カロテンを対象に1970年代より検証されてきたが1980年代までの報告は少ない。1990年に入ると海外を中心に機能性食品の肌への有効性の報告が増え，2000年に入ると日本国内の報告も含め飛躍的にその数が増加してきた。

隣国韓国では日本の特定保健用食品やアメリカ合衆国，EUなどの機能性食品制度を参考にした食品医薬品安全庁（KFDA）の許可による健康機能食品制度がある。この制度のなかで，「皮膚の保湿のサポートになります」のヘルスクレームで6素材，すなわち，こんにゃく芋抽出物，APコラーゲン酵素分解ペプチド，ムラサキ抽出粉末，米ぬか抽出物，ヒアルロン酸ナトリウムおよびN-アセチルグルコサミンが許可されている。さらに，「陽射しまたは紫外線による皮膚損傷から皮膚の健康を保つサポートになります」のヘルスクレームで2素材，すなわち，紅参，ヤブジラミ，サンスユ複合抽出物および松樹皮抽出物等複合物が許可されている。

日本の特定保健用食品としては，内閣府消費者委員会の新開発食品評価第二調査会でグルコシルセラミドを関与成分とし，「肌が乾燥しがちな方に適する」旨を保健の用途とする食品（飲料）が有効性の審査を通過し，食品安全委員会で安全性に関する審査を受けている。

このようにようやく食品の肌への機能性については国内でも評価・認知されるようになってきており，今後はさらにその開発が加速するものと思われる。

このような背景のもと，本書は肌に対して様々な機能性をもつ食品を取り上げ，それぞれの開発関係者にヒトへの有効性について分担執筆をお願いした。さらに，監修者としては様々な食品の肌への機能性を文献により分類し整理した。また，本書の特徴としては単なる技術情報誌として有用であるばかりでなく，皮膚や毛髪の基本的な理解，さらにそれらに関連する疾病，将来的に有用な再生美容に至るまで，各分野で活躍されている先生方に執筆頂き，読者のより深い理解を得られるように配慮した。

また，肌以外の食品機能の評価，「ストレス・睡眠」，「骨・関節の健康」，「眼」，「脳機能」，「免疫」，「更年期」など13章から成る姉妹書『機能性食品素材のためのヒト評価』（シーエムシー出版，監修：山本哲郎）が同時に出版されたので是非，参考にして頂きたい。

化粧品については「肌のキメを整える」，「皮膚の乾燥を防ぐ」，「肌にはりを与える」，「乾燥による小ジワを目立たなくする」などの表示が認められており，テレビコマーシャルなどで購買者の心を掴んでいる。一方，食品に関しては残念ながら国内において現在まで化粧品のような効能表示はできない。近い将来，肌に関する特定保健用食品が許可されれば，劇的にこの分野の開発が進展することは間違いない。

このような状況の中で，本書が食品の肌機能に関する研究・開発に携わる企業や大学の研究・開発者にとって何らかの道標となることを願っている。最後に，ご多忙の中，本書の執筆に携わって頂きました大学の諸先生方，および企業担当者の皆様に心よりお礼申し上げます。

2013年3月

山本哲郎

普及版の刊行にあたって

本書は2013年に『美肌食品素材の評価と開発』として刊行されました。普及版の刊行にあたり，内容は当時のままであり加筆・訂正などの手は加えておりませんので，ご了承ください。

2019年12月

シーエムシー出版　編集部

執筆者一覧（執筆順）

山本哲郎	㈱TTC　代表取締役社長
正木　仁	東京工科大学　応用生物学部　教授
太田広毅	㈱インテグラル　皮膚事業部　プロダクトマネージャー
永岡庸平	㈱インテグラル　皮膚事業部　プロダクトマネージャー
鈴木　博	㈱インテグラル　皮膚事業部　部長
大島　宏	ポーラ化成工業㈱　肌科学研究部　肌分析研究室　主任研究員
長谷川靖司	日本メナード化粧品㈱　総合研究所　主任研究員 藤田保健衛生大学　医学部　応用細胞再生医学講座　客員助教
赤松浩彦	藤田保健衛生大学　医学部　応用細胞再生医学講座　教授
渡辺晋一	帝京大学　医学部　皮膚科　主任教授
古江増隆	九州大学　大学院医学研究院　皮膚科学分野　教授
山﨑正視	東京医科大学　皮膚科　准教授
坪井良治	東京医科大学　皮膚科　主任教授
坪井　誠	一丸ファルコス㈱　開発部　執行役員　開発部長
外薗英樹	三和酒類㈱　食品素材開発課　チーフ
宮﨑幸司	㈱ヤクルト本社　中央研究所　食品研究部　部長（主席研究員）
飯塚量子	㈱ヤクルト本社　中央研究所　基礎研究一部　主任研究員
山下栄次	アスタリール㈱　メディカルニュートリション　学術担当部長
押田恭一	ケミン・ジャパン㈱　戦略シニアテクニカルマネージャー
佐野敦志	キッコーマン㈱　研究開発本部
山越　純	キッコーマン㈱　研究開発本部
松本　剛	ポーラ化成工業㈱　肌科学研究部　健康科学研究室　室長
佐藤　綾	ポーラ化成工業㈱　肌科学研究部　健康科学研究室
単　少傑	オリザ油化㈱　応用企画開発課　主任研究員
下田博司	オリザ油化㈱　研究開発部　取締役研究開発部長
高橋達治	一丸ファルコス㈱　開発部　製品開発二課　リーダー
野原哲矢	㈱東洋発酵　技術部
河合博成	アークレイグループ　からだサポート研究所　所長
前嶋一宏	日本新薬㈱　機能食品カンパニー　食品開発研究所
永井　雅	金印㈱　総合企画本部　名古屋研究所　主任研究員
熊谷武久	亀田製菓㈱　お米研究所　マネージャー

執筆者の所属表記は，2013 年当時のものを使用しております。

目　次

【第1編　皮膚科学とその評価法】

第1章　バイオロジカルからの皮膚の理解 ― 皮膚の構造と機能 ―

正木　仁

第2章　美肌効果の評価・測定

第3章　肌の評価系 ― 皮膚の色を測る・評価する方法 ―　大島　宏

第4章　幹細胞をターゲットにした再生美容　長谷川靖司，赤松浩彦

第5章　皮膚の老化　渡辺晋一

第6章　アトピー性皮膚炎　古江増隆

第7章　脱毛症　山﨑正視，坪井良治

【第2編　主要素材での評価と開発】

序章　機能性食品の肌の評価法および有効性　山本哲郎

第1章　美肌

第2章　美白

第3章　抗ニキビ

第4章　抗糖化

第5章　抗アトピー

第１章　バイオロジカルからの皮膚の理解
― 皮膚の構造と機能 ―

正木　仁*

1　はじめに

少子高齢化の進行する日本社会において，如何にして健康年齢を高く維持し，活力を保つかは，今後の重要な課題である。この課題において食品は重要な役割を果たしているのは間違いない事実である。

本稿では，食品素材の皮膚美容効果に対する理解を深めることを目的として，皮膚の構造と代表的な美容的皮膚トラブルである皮膚の乾燥，シミの形成，シワの形成メカニズムについて解説する。

2　皮膚の基本的な構造（図１）

皮膚は人体の最外層に位置し，生体を外部の刺激から保護する重要な役割を担っている。皮膚は外側から内側に向かって，表皮，真皮，皮下組織に大きく３層に分類される。表皮と真皮の間には基底膜が存在し，付属器官として皮脂腺と汗腺が存在する。

2.1　表皮

表皮は表皮細胞により構成される器官であり，表皮細胞は，分化（角化とも呼ばれる）の度合いにより名称が変化する。表皮は，基底膜直上に存在する基底細胞から，増殖，分化を経て形成される。具体的には，表皮において分裂能を有する細胞は基底細胞のみであり，基底細胞から分裂した娘細胞は有棘細胞，顆粒細胞，角層細胞へ分化することにより，皮膚の外側へ向かって押し上げられる。この分化に伴い表皮は基底層，有棘層，顆粒層，角層に分けられる。表皮は，この分化の過程において，外部因子による刺激から生体を保護するための機能を獲得する。角層細胞はカテプシンＤやカリクレイン５，カリクレイン７のような酵素により，その接着装置であるコルネオデスモソームが分解され，最終的には垢となって皮膚表面より脱離する[1)]。さらに，基底層には，肌色を決定する色素細胞（メラノサイト）が，基底細胞９に対して約１の割合で存在している。

＊　Hitoshi Masaki　東京工科大学　応用生物学部　教授

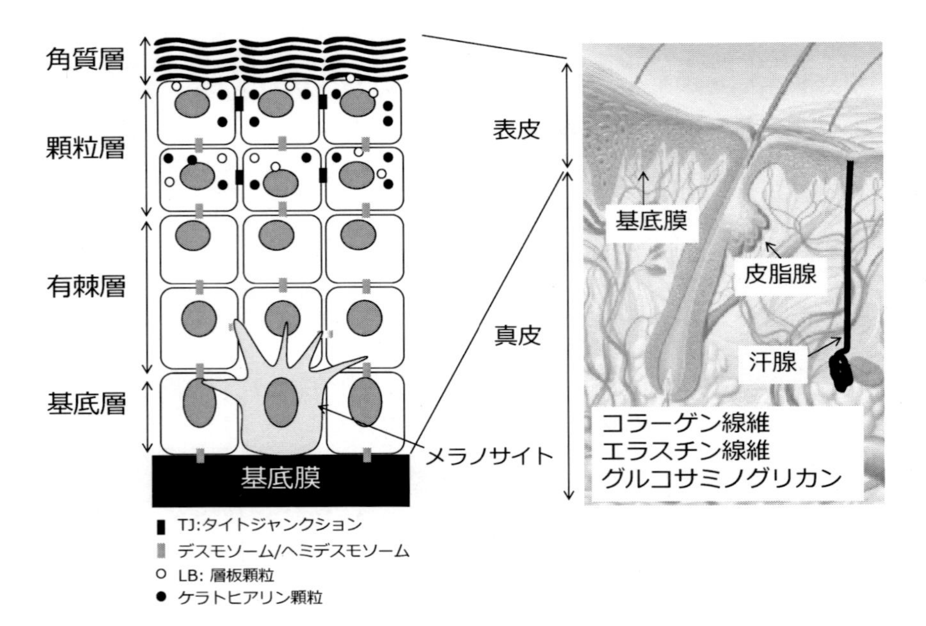

図１　皮膚の構造の模式図

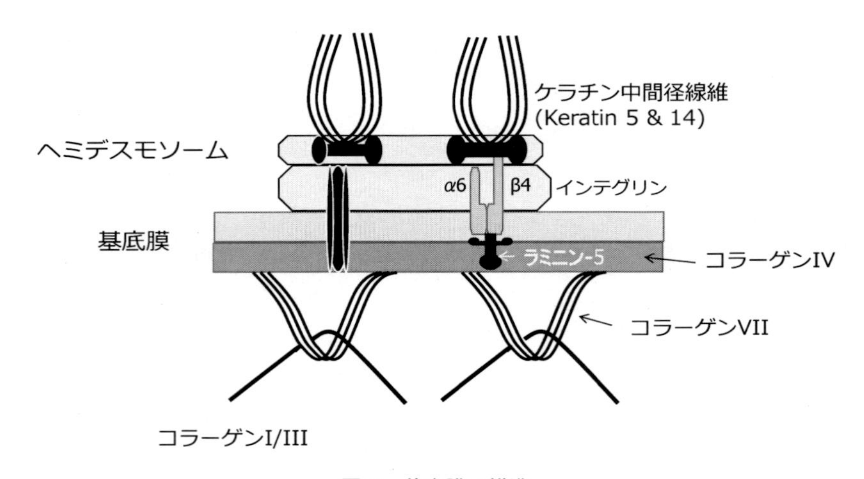

図２　基底膜の構造

2. 2　基底膜

基底膜はⅣ型コラーゲンとラミニン５によって構成されており，表皮側からは表皮細胞（基底細胞）がインテグリン分子を介して接着している。また，真皮側からはⅦ型コラーゲン線維がつり革のように接着し，Ⅶ型コラーゲンのつり革を介してⅠ型，Ⅲ型コラーゲン線維がぶら下がっている（図２)。

2.3　真皮

真皮は，構造タンパクであるⅠ型，Ⅲ型コラーゲン線維束と基底膜に対して垂直に伸びるエラスチン線維の細線維により基本的な構造が維持されている。さらに，多糖類であるグルコサミノグリカン（ヒアルロン酸，コンドロイチン硫酸など）がタンパクと複合体を形成したプロテオグリカンが骨格構造内部を充填している。これらの構造を真皮マトリックスと呼び，この内部に，これら構造タンパク，多糖を合成する線維芽細胞が存在している。

3　表皮の機能

3.1　表皮の終末分化（角化）と角層細胞の構造（図３）

生体の最も外側に位置する角層は角層細胞によって構成されている。角層細胞は細胞としての活動を行わない死細胞である。つまり，表皮細胞は外側へ向かって押し上げられるにつれて細胞内器官と核は消失した角層細胞となる。さらに，角層細胞には，脂質により構成される細胞膜がなくなり，細胞膜の代わりに角層内部から裏打ちタンパク構造が形成される。この裏打ちタンパク構造体をコーニファイドセルエンベロープ（CE：cornified cell envelope）と呼ぶ。この構造体は，有棘細胞によって合成されるインボルクリンや顆粒細胞において合成されるロリクリン，フィラグリンと呼ばれるタンパクがトランスグルタミナーゼ-1によって架橋されることにより形成される。CEは界面活性剤であるSDS（ドデシル硫酸ナトリウム）水溶液内で煮沸処理によっても溶解しないほどの強い構造を持っている。

CEにより囲まれた角層細胞の内部にはケラチンタンパクにより形成される中間径フィラメントが充填している。また，CEの外部には細胞間脂質としてよく知られているセラミドの中のω-ヒドロキシセラミドがエステル結合により結合することにより，角層細胞は疎水的性質を示す[2)]。

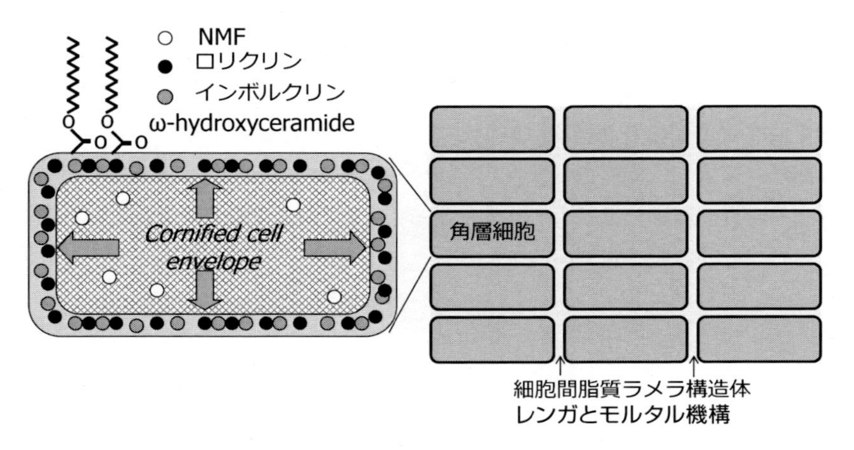

図３　角層細胞と角層の構造

3.2　角層の機能 バリア機能

角層は外環境因子である湿度，紫外線や化学物質，微生物の生体内部への侵入に対する障壁として働き，さらに生体内部からの水分の外部への蒸散を制御するバリア機能を持つ。

角層のバリア機能は，角層細胞と角層細胞間に存在する細胞間脂質ラメラ構造体によって発揮される。角層細胞をレンガに，ラメラ構造体をモルタルに例えた，レンガとモルタル機構により角層バリア機能は説明される。細胞間脂質は，約50%がセラミド，その他の脂質としてコレステロール，遊離脂肪酸，コレステロール硫酸により構成される。これら細胞間脂質は，顆粒細胞にて合成され，内部に生成される層板顆粒内にてラメラ構造を形成して貯蔵される。この層板顆粒が顆粒細胞膜と融合し，内部のラメラ構造体が細胞間へ排出される[3]。排出されたラメラ構造体は，角層細胞に結合したセラミドを足場として，角層間に伸張，重層する（図3）。

3.3　表皮のバリア機能

顆粒細胞層には，タイトジャンクション（TJ）と呼ばれる細胞間接着装置が，皮膚の外側に対して垂直な面に存在する。このTJは，Ca^{2+}やMg^{2+}のような低分子化合物のバリアとして働くことが確認されている[4]（図1）。

3.4　角層の保湿機能

角層の水分は天然保湿因子（NMF）と呼ばれる低分子化合物によって保持されている。NMFの約40%が顆粒細胞で合成されるフィラグリンに由来する遊離アミノ酸によって構成される。フィラグリンはカスパーゼ14，カルパイン，ブレオマイシンヒドロラーゼなどのタンパク分解酵素の連係プレイによって遊離アミノ酸にまで分解される[5]。

また，汗として分泌される乳酸とカリウムイオンが角層の保湿に関わっている[6]。

3.5　表皮の保湿

表皮細胞には細胞内部の水の出し入れに関係する水チャンネルとしてアクアポリンが細胞膜に存在する。表皮細胞では，アクアポリン3（AQP3）が主に発現している。AQP3は，年齢の上昇や太陽光を浴することにより発現が減少してくることが確認されている[7]。高齢化に伴う皮膚の乾燥や日焼け時に生じる皮膚の乾燥と，AQP3の動きが一致している。さらに，AQP3ノックアウトマウスの皮膚表面水分量が大きく低下することからも，AQP3が皮膚の保湿に重要な役割を果たしていることが証明されている[8]。

3.6　乾燥と皮膚トラブル

2011年には化粧品の56番目の効能効果として「乾燥による小ジワを目立たなくする」が承認された。では，皮膚の乾燥はどのような皮膚トラブルを引き起こすのか。乾燥性皮膚の状態について紹介する。

日本では冬期に環境湿度の低下に伴う皮膚の乾燥が引き起こされる。皮膚の乾燥は，皮膚表面水分量の低下，表皮バリア機能の指標である経表皮水分蒸散量（TEWL）の上昇により特徴づけられるが，皮膚の表面状態の変化からも乾燥状態を確認することができる。

皮膚には肌理が存在する。良好な皮膚状態では肌理は毛穴を中心に放射状に皮溝が異方性に伸びている。しかしながら，乾燥状態にある皮膚では肌理は等方性になり，一定の方向に流れ，さらに皮溝が浅くなり不明瞭となる。さらに，状態が悪くなると白く粉をふいたような落屑が観察される。

近年の生物学的分析法の進歩により，テープストリップにより採取された角層細胞を分析することにより乾燥性皮膚の内部で生じている生理的変化を検出することができる。そのパラメーターは，炎症性サイトカインのひとつであるIL-1α(interleukin-1α)である。

乾燥性皮膚では，IL-1αのレセプターアンタゴニスト（IL-1RA）とIL-1αの比（IL-1RA/IL-1α）が上昇する[9]。これは，IL-1αによって惹起される紅斑反応を伴わない皮膚微弱炎症が生じていることを示している。IL-1αは，色素産生を刺激するエンドセリン-1（ET-1：Endothelin-1）の産生を高め，さらにコラーゲン分解酵素の産生を誘導することから，いろいろな皮膚トラブルを引き起こすサイトカインである。

さらに乾燥性皮膚から採取した角層には酸化タンパクの一種であるカルボニルタンパクが多く検出される[10]。これは，乾燥性皮膚の内部で酸化ストレスが高まっているひとつの証拠と考えられる。

4　皮膚の色素沈着

4.1　色素斑の種類

色素斑には慢性的なUV曝露によって生じる老人性色素斑（senile lentigo）や，先天的に存在する雀卵斑（通称「そばかす」と言われる），ホルモンバランスの崩れが原因といわれている肝斑（chloasma，melasma）がある。また，機械的刺激による摩擦黒皮症や化粧のかぶれ，火傷，にきびなどの炎症後に観察される炎症性色素沈着がある。

4.2　メラニン色素の役割

皮膚における不均一な色素（メラニン）産生は，美容上の種々の問題を引き起こす。しかしながら，メラニンは天然のUV吸収剤であることから，メラニン産生は，生体防御反応として捉えるべきである。

メラニン産生は，基底層に存在するメラノサイト内のメラノソームと呼ばれる小胞体内部で進行する。メラノソーム内では，チロシンを基質としてチロシナーゼ酵素（Ty：tyrosinase），TRP-1（チロシナーゼ関連タンパク-1），TRP-2（チロシナーゼ関連タンパク-2）によりメラニンが産生される[11]。メラニンの産生に伴いメラノソームの成熟度が高くなり，成熟したメラノ

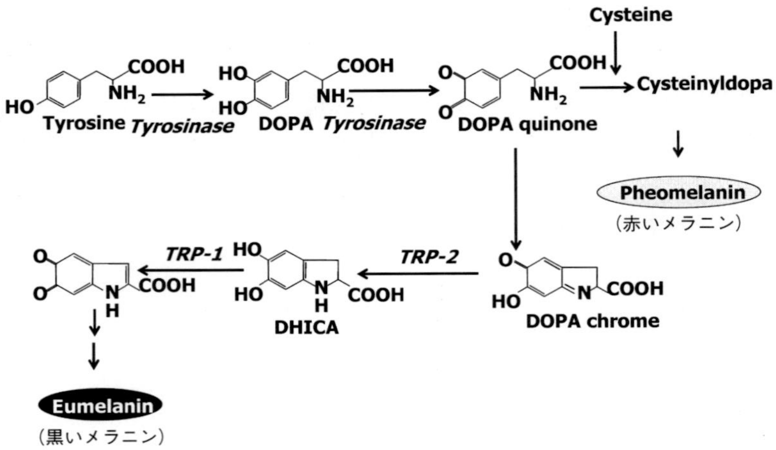

図４　メラノソーム内でのメラニン産生反応

ソームは，メラノサイトの樹状突起の先端へ輸送される。成熟したメラノソームは，最終的には表皮細胞へ移送される（図４）。移送されたメラノソームは表皮細胞の分化に伴い，皮膚表層へ移動し，垢となって剥がれ落ちる。

メラニン産生を刺激する外来因子としては紫外線（UV）があり，その他の因子として炎症も重要である。皮膚に紫外線が曝露された時には，表皮細胞内の核に存在するDNAの損傷が最も早い反応として生じる。このDNA損傷時に生じるDNAフラグメントによってもメラニン産生は誘導される[12]。UVによって産生されたメラニンは表皮細胞へ移送された後に，UVから核を守るように核の上側に配置される。このようなメラニンの状態を核が帽子を被っているような形から「核帽」あるいは「メラニンキャップ」と呼ばれる。この現象からも，メラニン産生は生体防御反応であることが理解される。

4.3　色素産生のメカニズム

UVにより引き起こされる色素産生メカニズムについては，これまで多くの研究がなされている。前述のようにメラニン産生はメラノサイト内で進行することから，初期の研究ではメラノサイトのみに焦点があてられていた。しかしながら，近年では色素産生の誘導は，皮膚全体の作用と考えられている。皮膚へのUV照射は種々のメラノサイト刺激因子が表皮細胞から分泌される。表皮細胞から分泌されたメラノサイト刺激因子がオートクライン的あるいはパラクライン的に表皮細胞，メラノサイトに作用し色素産生を亢進する。メラノサイト刺激因子としてホルモン，サイトカイン，増殖因子が同定されている[11]（図５）。

α-MSH（メラノサイト刺激ホルモン）はプロオピオメラノコルチン（POMC：pro-opiomelanocrtin）を前駆体として産生される。POMCは，特異的なプロテアーゼにより分解されアデノコルチコトロピン（ACTH：adrenocrticotrophin），リポトロピン（LPH：lipotrophin），

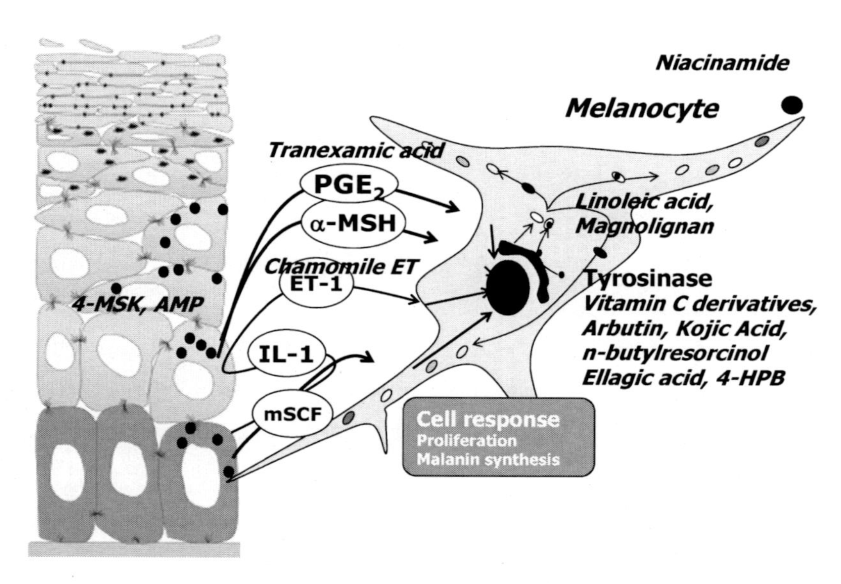

図5　メラニン産生メカニズムと対応素材

エンドルフィン（endorphin）に分解される。表皮細胞から産生される α-MSH，ACTH はメラノコルチン1レセプター（MC1R：melanocrtin 1 receptor）を介して Ty 酵素の生合成を促進する。

エンドセリン-1（ET-1：Endothelin-1）は，血管内皮細胞によって産生され，血管収縮作用を持つ物質として発見された。UVB 照射により分泌された IL-1α がオートクライン的に働き ET-1 の産生が亢進され，エンドセリン-1 レセプターを介して PKC（protein kinace C）と adenylcyclase 系を活性化することによりメラノサイトの増殖および Ty 酵素の産生を増加させる。

また，表皮細胞から分泌された幹細胞因子（SCF：stem cell factor）がメラノサイトに存在する受容体である c-kit に結合することにより生じるシグナルがメラノサイトの活性化に作用する。

その他，炎症性の因子がメラノサイトの色素産生を誘導する。アラキドン酸カスケードのイニシエーターである PLA_2（phospholipaseA_2）によって細胞膜より切り出されたアラキドン酸が PKC を活性化させることにより色素沈着を生じることが報告されている[13]。また，アラキドン酸カスケードの産物であるロイコトリエン C_4（LTC_4）やプロスタグランジン E_2（PGE_2）にメラノサイトの増殖促進作用があることが報告されている[14]。さらに，PGE_2 にはメラノサイトの樹状突起の伸張を刺激する作用もある[15]。

さらに，活性酸素のひとつである一酸化窒素（NO・）ラジカルも，グアニルシクラーゼ系を介して，Ty 酵素の活性化を行う。

老化の症状として現れるsolar lentigoの発生原因としては，ET-1シグナルとSCFシグナルは並行して作用することよりメラニン産生が亢進していると現時点では理解されている[11]。

4.4 チロシナーゼの遺伝子発現機構[11]

メラニン合成における重要な酵素であるTyの遺伝子発現にはMITF（microphthalmia-associated transcription factor）が転写因子として関与している。MITFはMAP kinase（mitogen activated protein kinase）のひとつであるERK2（extracellular-signal regulated kinase 2）のシグナルにより転写活性が調節されている。Ty遺伝子およびTRP-1遺伝子のプロモーター領域にはCATGTGモチーフに代表されるコンセンサス配列が存在し，活性化されたMITFは2量体を形成して結合することによりTy遺伝子およびTRP-1遺伝子発現を調節している。

4.5 メラノソームの表皮細胞への移送メカニズム

成熟したメラノソームは，モータータンパクであるキネシン（kinesin）の作用により微小管上をメラノサイト内の樹状突起の先端へ移送される。さらに最先端へはRab27とミオシンの作用によりアクチンのレール上を運ばれる[16]。そこでメラノソームは細胞外へ放出される。放出されたメラノソームは表皮細胞に貪食される。この貪食にはプロテアーゼ活性化レセプター-2（PAR-2：protease activated receptor-2）が関係している[17]。

4.6 メラニン産生メカニズムから見た美白剤

食品とは異なるが医薬部外品には「日やけによるシミ・そばかすを防ぐ」という効能効果が，薬事法により認められている。これは，食品における特定保健用食品に近いカテゴリーである。既承認された主剤を承認量配合することにより，この効能効果を医薬部外品にて標榜することができる。これまで多くのメラニン産生抑制用の医薬部外品主剤が承認されているが，その多くはTy酵素の活性阻害を主な作用メカニズムとしている。ここでは，既承認主剤の作用機序について紹介する（図5）。

Ty酵素の活性阻害を主な作用メカニズムとしている主剤としては，アスコルビン酸リン酸エステル，アルブチン（Arbutin），コウジ酸（Kojic Acid），エラグ酸（Ellagic acid），ルシノール（n-butylresorcinol），ロドデノール（4-HPB：4-(4-ヒドロキシフェニル)-2-ブタノール）がある。さらに，抗炎症を主作用とするトラネキサム酸（Tranexamic acid）とその誘導体トラネキサム酸セチルや，ET-1のシグナルブロック作用を主作用とするカモミール抽出液であるカモミラET（Chamomile ET）がある。

また，Ty酵素の細胞内分解を促進するリノール酸（Linoleic acid）やマグノリグナン（Magnolignan：2-Hydroxy-2′-hydroxy-5,5′-dipropyl-1,1′-biphenyl），メラニン色素の排出を促進するAMP（アデノシンモノリン酸），4-MSK（4-methoxysalicilic acid potassium salt）などがある。さらに，メラノソームの表皮細胞への移送を抑える作用を主作用とするナイアシンアミド（Niacinamide）がある[18]。このメラノソームの移送阻害作用は，メラニン産生には直接作用はしないが，表皮内へのメラニン色素の拡散が皮膚表面から色素斑として認識されることから，メラニン色素の表皮内への拡散抑制が色素斑の生成抑制および既存の色素斑の改善につながる。

5　皮膚の老化

5.1　生理的老化と光老化

皮膚の老化には生理的な老化と，外環境，特に太陽光線によって加速される光老化がある。日頃，衣服に覆われている体幹部位の皮膚は生理的老化による老化が進行するが，顔面や手背，またデコルテ部位などは光老化皮膚の症状を示す。

光老化皮膚と生理的老化皮膚の外観上の大きな違いは，光老化皮膚では直線状の深いシワを生じるが，生理的老化皮膚では縮緬上のシワを生じる。この違いが生じる理由は，発生する部位の骨格の違いに由来する可能性も否定はできない。さらに，どちらの老化においても皮膚の乾燥症状を呈するが，表皮厚は生理的老化皮膚では薄化してくるが，光老化皮膚では肥厚し，メラノサイトの増加も生じる。

また，生理的老化皮膚と光老化皮膚のいずれの真皮組織においても，コラーゲン線維の減少と細線維構造を有するエラスチン線維の消失と無配向エラスチン線維の増加が生じる。

さらに，ヒアルロン酸に代表されるグルコサミノグリカンは生理的老化皮膚では微減，光老化皮膚では増加し，線維芽細胞も光老化皮膚において増加する。

また，真皮内の循環系は，光老化皮膚では初期には血管の新生が生じるが，最終的には光老化皮膚でも生理的老化皮膚においても血管，リンパ管ともに減少する。

5.2　抗老化のターゲット コラーゲン線維＋エラスチン線維

従来，皮膚老化の生体成分ターゲットは真皮マトリックスの70％を占めるコラーゲンが対象であり，コラーゲンの中でもI型コラーゲンが主なターゲットである。このターゲットの中に，近年ではエラスチン線維が加わりつつある。

5.2.1　コラーゲン線維[19]

コラーゲン線維の減少は，線維芽細胞のコラーゲンペプチド鎖の合成低下と表皮細胞や線維芽細胞から分泌されるコラーゲン分解を担当するMMP類（matrix metalloprotease）の増加によりコラーゲン代謝系が分解に傾いたことが原因と考えられている（図6）。

コラーゲン分子の合成は増殖因子によって制御されている。TGF-βは代表的な増殖因子である。TGF-βは，細胞膜表面に存在するTGF-βの受容体であるTβI-R（TGFβIレセプター）とTβII-R（TGFβIIレセプター）とが複合体を形成しSmadシグナルを走らせることによりコラーゲン合成をする。コラーゲン合成には，Cyr61（Cysteine rich protein 61）によって抑制されるフィードバック機構が存在する。

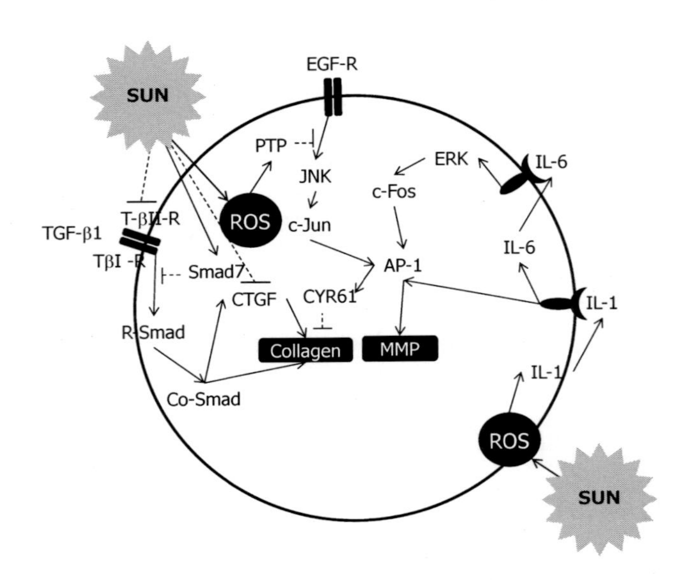

図６　光老化皮膚の形成メカニズム

光老化皮膚および生理的老化皮膚では，TβII-R の発現低下と Cyr61 の発現増加が確認されており，これらの変化がコラーゲン分子の減少に寄与している。

一方，コラーゲン線維の分解は，MMP によって制御されている。この中で，コラーゲン分子を分解する MMP-1 の UV 照射時の産生亢進は，UV 照射時に産生される一重項酸素（$^1O_2$）によって分泌が増加した IL-1α がオートクライン的またはパラクライン的に作用し，IL-6 の産生亢進によって生じることが証明されている[20]。さらに，TNF-α などのサイトカインも MMP-1 の産生を亢進する。この MMP-1 の産生には ROS（活性酸素）が関与している。ROS は，tyrosine phosphatase の -SH 基を -SOOH に酸化することにより活性を低下させ epidermal growth factor receptor（EGF-R）のリン酸化状態を維持する。この結果，EGF-R の活性化による MAP kinase シグナルが走り，c-Jun N-terminal kinase の活性化を経由した activator protein-1（AP-1）増加により下流に存在する遺伝子群の転写活性が亢進される。その結果，MMP-1 遺伝子の発現が亢進する。このシグナルは，同時にコラーゲン合成も低下する。

生理的に老化した皮膚においても，MMP-1 以外に MMP-2，MMP-3 と MMP-9 の発現亢進が観察されている。生理的老化した皮膚でも c-Jun 発現亢進に伴う AP-1 が増加している。この AP-1 の増加も，ROS によって誘導される。これは，細胞内 catalase の減少による H_2O_2 の細胞内蓄積によっても支持される[21]。

MMP は分解活性を持たない proMMP として産生分泌される。分泌後，chymase，tryptase，cathepsin G，plasmin，他の MMP などのプロテアーゼによる部分分解によりコラーゲン分子が分解活性を獲得する[22]。

5.2.2　エラスチン線維

正常エラスチン線維は弾力線維とも呼ばれ，真皮上層部（papillary dermis）では，基底膜方向に向かい燭台様の細線維構造をとり，弾力線維の名称どおり表皮をゴムのように引張り固定しているような構造を示す。光老化皮膚ではエラスチン線維は，真皮上層部での燭台様の細線維構造は完全に消失し[23]，真皮中層部（reticular dermis）での無配向エラスチン線維の増生，蓄積が特徴的所見であったことから抗老化の対象としての取り扱いについて議論があった。

しかしながら，シワ形成部位では皮膚の粘弾性が低下していることが報告されており，このことからもエラスチン線維がシワ形成に関与することが演繹される。そこで，光老化皮膚で消失したエラスチン線維の再生が，新たなシワ改善へのアプローチと考えられる。

Fibulin-5やMFAP-4（microfibrillar-associated protein-4）がインターフェースのような働きでエラスチン線維の形成に関与する。エラスチン線維形成作用は線維芽細胞にて合成されたトロポエラスチン（tropoelastin）のマイクロフィブリル（microfibrils）上へfibulin-5やMFAP-4が吸着を誘導し，さらに架橋形成酵素であるリジルオキシダーゼ（LOXLs）の作用により架橋成熟化する[24,25]。加齢によりfibulin-5が減少することから，エラスチン線維の加齢による細線維構造体の減少，消失が説明される[23]。エラスチン線維の再生のアプローチとしてfibulin-5の合成促進が注目されている。

5.3　真皮マトリックス構造変化における表皮の寄与

真皮マトリックス構造変化は，真皮内での出来事として真皮線維芽細胞への紫外線照射，あるいは活性酸素曝露に対する線維芽細胞の応答性を明らかにするための研究が盛んに行われてきた。しかしながら，表皮細胞からのサイトカインあるいはケモカイン等のシグナル伝達物質が真皮へ拡散し，その結果，真皮線維芽細胞に作用しマトリックス成分の合成と分解を制御している可能性が近年では考えられている。その一例として，恒常的に表皮細胞から分泌されるstratifinは，真皮線維芽細胞に作用しMMP-1の産生を制御していることが確認されている[26]。

また，皮膚への紫外線照射は，皮膚の最外層に位置する表皮細胞に強く影響を及ぼすことは良く知られている。紫外線の中でもUVBは表皮細胞のIL-1αやTNFαのような炎症性サイトカインの分泌を亢進し，その結果，MMP-1の産生を亢進しコラーゲン線維の分解が促進される[27]。

さらにPGE_2のような炎症性のケミカルメディエーターの分泌を高め皮膚炎症を惹起する。この皮膚炎症反応には真皮内の血管，リンパ管の状態が大きく影響する。紫外線照射により生じる真皮内血管新生とリンパ管構造の強度低下は，表皮細胞から産生されるVEGF等によって生じる[28,29]。この変化は，好中球やマクロファージの真皮組織内への浸潤を容易にする。好中球，マクロファージはエラスターゼ，MMP-12を分泌しエラスチン線維の分解を促進する[30,31]。その結果，真皮マトリックスの変性が引き起こされ，シワ形成の要因となると考えられている。

6 おわりに

皮膚の基本的な構造から，美容的皮膚トラブルの発生メカニズムについて紹介した。最後に，美容的皮膚トラブルの発生における著者の個人的な見解を述べることとする。

角層内部での水の分布は，多くの場合，美容的皮膚トラブルの原因として考えられる。簡単に言えば適切な水分保持能と表皮バリア機能のバランスが崩れることにより，そのシグナルが表皮細胞へ送られる。その結果，表皮細胞はIL-1αのような炎症性サイトカインの分泌を高め，皮膚内部で炎症（紅斑）反応を伴わない程度の微弱炎症が誘導される。その結果，細胞内の酸化レベルが上昇し，メラノサイトを刺激し，さらには線維芽細胞を刺激することにより過剰の色素産生や真皮マトリックス構造の変化を誘導する。

よって，食品によるスキンケアにおいて最も重要なことは，適切な水分を皮膚内部で維持するための保湿機能を高めることではないかと考える。

文　献

1) C. A. Borgoño *et al., J. Biol. Chem.*, **282**, 3640 (2007)
2) Y. Uchida *et al., J. Dermatol. Sci.*, **51**, 77 (2008)
3) K. R. Feingold *et al., Dermatoendocrinol.*, **3**, 113 (2011)
4) M. Kurasawa *et al., Biochem. Biophys. Res. Commun.*, **381**, 171 (2009)
5) Y. Kamata *et al., J. Biol. Chem.*, **284**, 12829 (2009)
6) N. Nakagawa *et al., J. Invest. Dermatol.*, **122**, 755 (2004)
7) C. Cao *et al., J. Cell. Physiol.*, **215**, 506 (2008)
8) M. Hara-Chikuma *et al., Arch. Dermatol. Res.*, **301**, 245 (2009)
9) K. Kikuchi *et al., Dermatology*, **207**, 269 (2003)
10) Y. Kobayashi *et al., Int. J. Cosmet. Sci.*, **30**, 35 (2008)
11) G. Imokawa, *Pigment Cell Res.*, 17, 96 (2004)
12) B. A. Gilchrest *et al., J. Investig. Dermatol. Symp. Proc. Sep.*, **4**, 35 (1999)
13) K. Maeda *et al., Photochem. Photobiol.*, **65**, 145 (1997)
14) G. Imokawa *et al., J. Invest. Dermatol.*, **100**, 47 (1993)
15) R. J. Starner *et al., Exp. Dermatol.*, **19**, 682 (2010)
16) M. Strom *et al., J. Biol. Chem.*, **277**, 25423 (2002)
17) M. Seiberg, *Pigment Cell Res.*, **14**, 236 (2001)
18) T. Hakozaki *et al., Br. J. Dermatol.*, **147**, 20 (2002)
19) L. Rittié *et al., Ageing Res. Rev.*, **1**, 705 (2002)
20) M. Wlaschek *et al., J. Invest. Dermatol.*, **104**, 194 (1995)
21) M. H. Shin *et al., J. Invest. Dermatol.*, **125**, 221 (2005)

22) E. D. Son *et al.*, *J. Dermatol. Sci.*, **53**, 150 (2009)
23) K. Kadoya *et al.*, *Br. J. Dermatol.*, **153**, 607 (2005)
24) H. Yanagisawa *et al.*, *Nature*, **415**, 168 (2002)
25) S. Kasamatsu *et al.*, *Sci. Rep.*, **1**, 164 (2011)
26) A. Medina *et al.*, *Mol. Cell. Biochem.*, **305**, 255 (2007)
27) K. Obayashi *et al.*, *J. Cosmet. Sci.*, **56**, 17 (2005)
28) K. Yano *et al.*, *Br. J. Dermatol.*, **152**, 115 (2005)
29) K. Kajiya *et al.*, *J. Invest. Dermatol.*, **129**, 1292 (2009)
30) B. Starcher *et al.*, *Connect. Tissue Res.*, **31**, 133 (1995)
31) U. Saarialho-Kere *et al.*, *J. Invest. Dermatol.*, **113**, 664 (1999)

第2章　美肌効果の評価・測定

1　皮膚粘弾性測定装置 Cutometer DualMPA580

太田広毅*

1.1　はじめに

肌は「弾性（風船のように指で押し込んだ後，離すと直ちに100%元に戻る性質）」と「粘性（粘土のように指で押し込んだ後，離すと形状を維持して戻らない性質）」の2つの性質を併せた粘弾性を持っている。この粘弾性は皮膚内のコラーゲンやエラスチン，角質層の水分量などにより決まり，近年は美肌を表すパラメーターの一つ「ハリ」や「弾力」として表現されることが多くなっている。本編では肌の「粘弾性」を客観的な数値として評価できる計測機器Cutometer DualMPA580（ドイツ Courage+Khazaka 社製）を紹介する。

1.2　装置構成

陰圧吸引装置を内蔵した本体，吸引開口部を備えたプローブ，データ表示用PCから構成される。本体とプローブは直径7mm程の管で繋がれており，本体からの陰圧によりプローブの吸引開口部から皮膚を吸引する。USBケーブルによって本体に接続されたPCにデータを表示して，計測を行う。

また，本体には4つのプローブ差し込み口があり，オプションで水分計測，水分蒸散量計測，皮膚色素計測などのプローブを接続することも可能である（図1）。

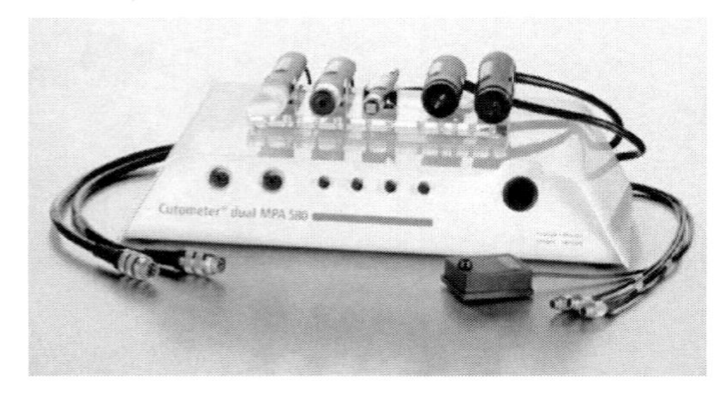

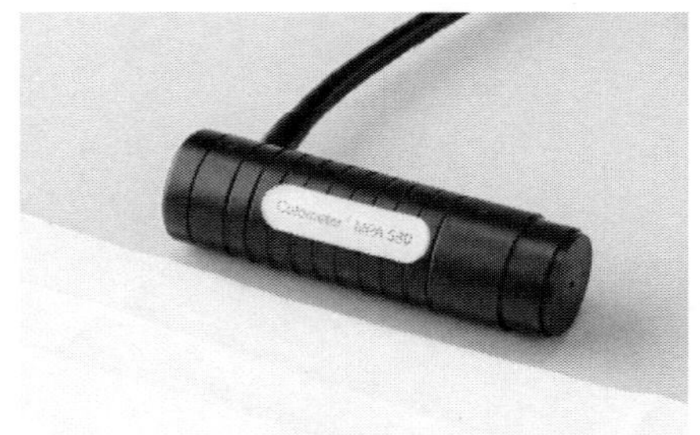

図1　Cutometer DualMPA580（左）と Cutometer プローブ（右）

＊　Hiroki Ohta　㈱インテグラル　皮膚事業部　プロダクトマネージャー

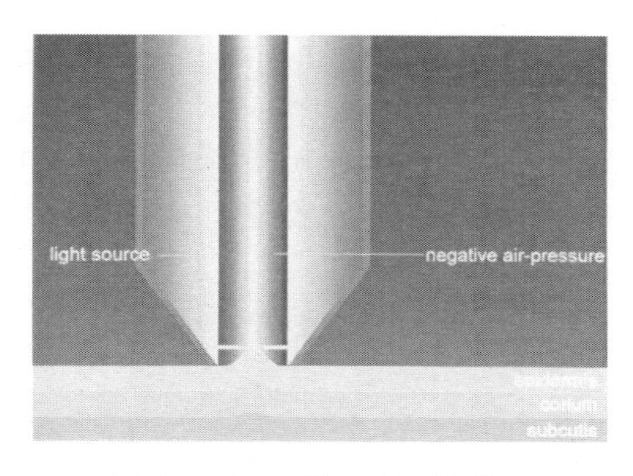

図2　プローブと皮膚の断面図

1.3　原理

本体からの陰圧によりプローブ先端の吸引開口部から皮膚表面を一定時間吸引し，その後開放する。吸引開口部に配置されたプリズムを用いて皮膚の変位を0.01秒毎に1 μmの分解能でモニタリングする。この一連の計測によって作られる粘弾性波形から，皮膚の粘弾性や伸展性などの力学的パラメーターを定量化する。なお，Cutometerに代表されるSuction Methodは，皮膚力学測定の際，世界で広く使用されている計測方法である（図2）。

1.4　特徴

Cutometerはソフトウェアから計測条件を自由にカスタマイズすることが可能である。

陰圧：20 mbarから500 mbar（通常400 mbar程度）

吸引時間：1秒から20秒間（通常2，3秒）

開放時間：1秒から20秒間（通常2，3秒）

吸引・解放の繰り返し回数：1回から50回（通常1回）

通常，ヒト試験の場合，前腕内側や顔面を400 mbar前後の陰圧で吸引することが多い。しかし皮膚の薄いラット，マウスなどの動物の計測時は，低めの陰圧設定で計測が行われている場合もある[1,2]。

また，計測での吸引・開放の繰り返しを複数回にカスタマイズすることもでき，単回の吸引・開放では得ることのできないパラメーター取得も可能である（後述）。

さらにプローブの吸引開口部の径の大きさは2 mm（標準），4 mm，6 mm，8 mmの4種類から選択が可能であり，吸引開口部径の大きいプローブよりも小さいプローブの方が皮膚の表面に近い部分の粘弾性特性を表すとされている[3]。

1.5 計測・評価

プローブの吸引開口部を皮膚に対して垂直に押し当て，ソフトウェア上の「Measurement」ボタンを押下すると計測を開始する。一度の計測で粘弾性波形（図3），R0からR9の計測パラメーターが出力される。R0からR9のパラメーターのうち，代表的パラメーターを下記に説明する。

R0＝Uf 波形の最も高い部分の高さであり，皮膚の固さを表している。値が大きいほど皮膚が柔らかい。

R1＝Uf-Ua 波形の最終的な高さであり，元の状態に戻る能力を表している。

R2＝Ua/Uf 最終的に戻った変位を，最も高い高さで割った値であり，「全体の弾力」を表している。値が大きいほど弾性がある。

R5＝Ur/Ue 解放後0.1秒で戻った変位を，吸引後0.1秒で引き込まれた高さで割った値であり，「実質の弾力」を表す。値が大きいほど弾性がある。

R7＝Ur/Uf 解放後0.1秒で戻った変位を，最も高い高さで割った値であり，全体の吸引に対する弾性の戻り部分を表す。値が大きいほど弾性がある。

加齢により弾力が減少することは広く知られており[4,5]，R7（＝Ur/Uf）値などの戻り率によって皮膚弾力を評価している食品やサプリメントの評価文献が多く出ている[6~9]。このように皮膚粘弾性の定量化が，食品やサプリメントの美肌評価で有効であることがうかがえる。

また最近では，Ohshimaら[10]は吸引・解放繰り返し計測（10回以上）を行っている（図4）。単回計測よりも測定者のハンドリングなどの影響を受けにくく，さらに，繰り返し計測で得られるパラメーター「F3」について，頬部で年齢と強い相関があることを述べている。このデータ

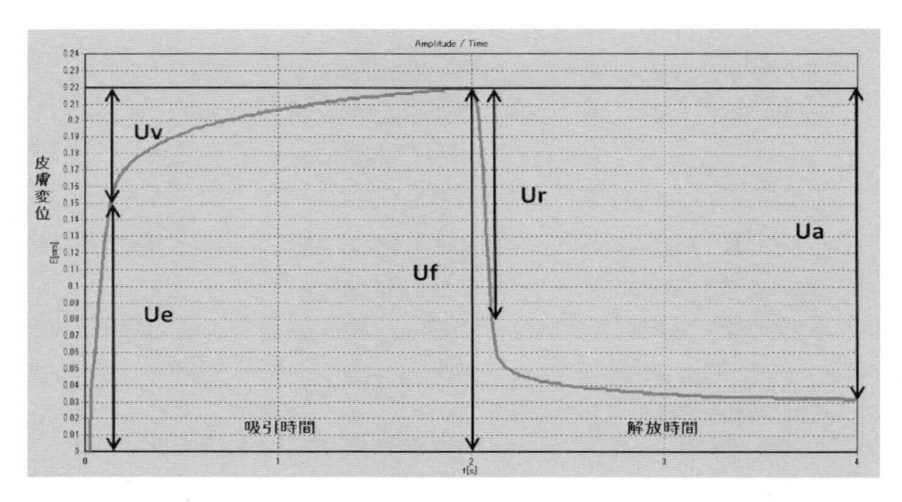

図3 縦に吸引された皮膚の変位
横に吸引秒数と開放秒数をとり，開放直前が最も高い変位高を示す。

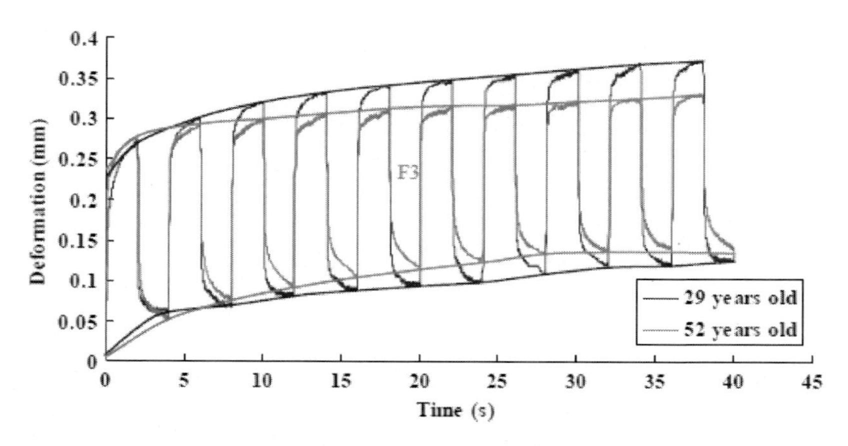

図４　繰り返しの吸引・解放で得られる波形の上部曲線と
下部曲線の間のエリア面積がF3パラメーター
文献10より引用

は食品においても皮膚の弾力やハリの改善効果，アンチエイジング効果を評価する上で有用であると考える。

文　献

1）曽根俊郎ほか，Fragrance journal, **12**, 76（2006）
2）Y. Takema, G. Imokawa, *Dermatology*, **196**, 397（1998）
3）榊幸子ほか，第46回SCCJ研究討論会講演要旨集，33（2000）
4）Y.Takema *et al.*, *British Journal of Dermatology*, **131**, 641（1994）
5）石川治，MB Derma, **15**, 43（1998）
6）速水耕介ほか，新薬と臨床，**49**, 31（2000）
7）菅沼薫，芋川玄爾，Functional food, **2**, 401, 341（2009）
8）塩原みゆきほか，Food style 21, **8**, 44（2004）
9）有井雅幸，Food style 21, **10**, 45（2006）
10）H. Ohshima *et al.*, Use of Cutometer area parameters in evaluating age-related changes in the skin elasticity of the cheek, *Skin Res. Technol.*, **634**（2012）

2　角質層水分計 CorneometerCM825 経皮水分蒸散量計 TEWL 計測 TewameterTM300

太田広毅*

2. 1　はじめに

美肌を象徴する重要な要素のひとつに皮膚の「潤い」が挙げられる。

表皮の最も外側の層である角質層は，水分調整にとって非常に重要な役割を果たしている。角質層には保湿能力があり，その機能は「外的要因（気温，湿度，生活習慣など）」と「内的要因（性別，年齢，ホルモンサイクルなど）」それぞれにより変動する。角質層の保湿能力が損なわれると皮膚は水分を失い乾燥し，皮膚のキメが荒れ，小ジワ，くすみの原因にもなる。食品摂取による皮膚保湿能力改善は「外的要因」の一種として働きかけ，美肌効果を生むものと考えられる。

一般的に皮膚の保湿能力を評価する上で重要な項目には，角質層内の含有水分量と角質層を通して蒸散する経皮水分蒸散量とがある。本編では両者を客観的な数値として定量化するための機器として，角質層水分計 CorneometerCM825 と経皮水分蒸散量計 TewameterTM300（ドイツ Courage+Khazaka 社製）を紹介する。

2. 2　装置構成

プローブ部分である「CorneometerCM825」と「TewameterTM300」をマルチディスプレイデバイス MDD4，前述の皮膚粘弾性測定装置 CutometerMPA580Dual などの本体に接続して計測を行う。MDD4 に接続時は，MDD4 に内蔵されているディスプレイに数値を出力する（図 1)。また，CutometerMPA580Dual に接続時は，USB ケーブルにて接続された PC にデータを表示し計測を行う。

2. 3　原理

2. 3. 1　CorneometerCM825

静電容量法（キャパシタンス）と呼ばれる計測原理である。プローブの先端は櫛型電極が向かいあった形状をしており，ガラス板を介し電界を皮膚に発生させて静電容量を計測する。水の誘電率定数（電気を貯める能力）は他物質に対して突出して高いため，皮膚に水分を多く含有していると静電容量が大きくなる。Corneometer は表面から深度約 15 μm（主に角質層）までに含有する水分量を静電容量に応じ 0 から 120 の相対値で数値を表示する（図 2)。

2. 3. 2　TewameterTM300

プローブの先端の円筒型チャンバー内部に，2 組の高感度温度・湿度センサーが一定の距離で配置されている。皮膚の表面から蒸散する水分が Fick の法則に従って拡散すると仮定し，皮膚にチャンバーを配置した際に計測される 2 組の温度・湿度センサー間の水蒸気圧差を求め，皮膚

---

*　Hiroki Ohta　㈱インテグラル　皮膚事業部　プロダクトマネージャー

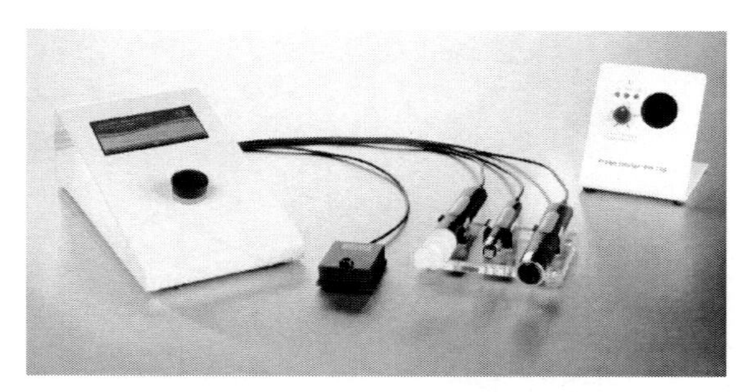

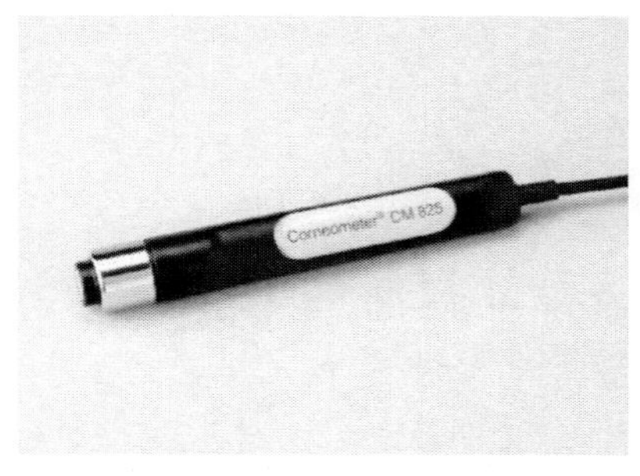

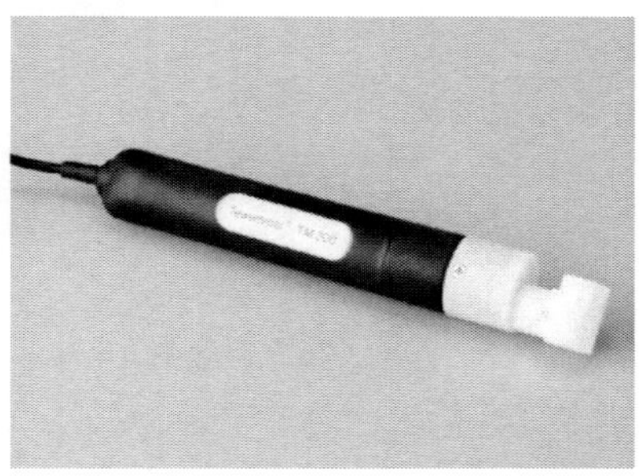

図１　（上）MDD4 本体に接続されたプローブ　（左下）Corneometer プローブ
（右下）Tewameter プローブ

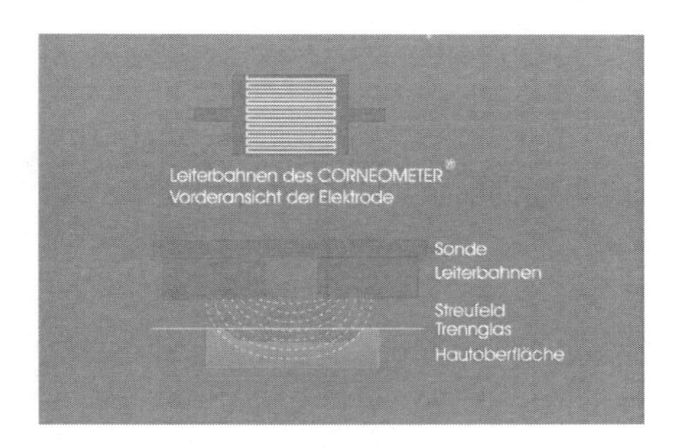

図２　Corneometer プローブ先端の櫛型電極と皮膚とプローブの断面図

1平方メートルの1時間当たりの水分蒸散量であるTEWL（Trans Epidermal Water Loss）を算出する（図3）。

2.4　特徴

2.4.1　CorneometerCM825

Corneometer プローブは小型で高い操作性がある。また，プローブの押し当て圧による数値

図3　Tewameter チャンバーの断面図
上下2組の温湿度センサーが配置されている。

のバラつきを抑えるために約1.5 Nの圧が加わると計測スイッチが入るように設計されており約1秒での計測が可能である。

角質層水分計にはコンダクタンス法を用いたSKICON（IBS社）も知られている。Corneometer と Skicon の違いとしては，前者は再現性が良く，乾燥した部位の計測が可能であるのに対して，後者は水分の増加に対してより敏感であるとされている[1]。

またCorneometer プローブの特長としては電極表面がガラスで覆われており，塗布物など電解質の影響を受けにくいとされている[2]。

2. 4. 2　TewameterTM300

水分蒸散量計には大きく分けて開放型と閉塞型というチャンバーの種類があり，TewameterTM300は開放型にあたる。開放型は皮膚の密閉がないため，閉塞型に比べて蒸れなどの影響が少なく，自然な皮膚の状態を長時間計測でき，次の計測がすぐに可能といった特長がある。しかし，直接センサーにエアコンの風があたるような気流がある場合には数値が安定しないなど計測環境による外的要因を受けやすいため，計測には注意が必要である[3]。

2. 5　計測・評価

Corneometer はプローブ先端を皮膚に対して垂直に押し当てるとソフトウェア上に数値が表示される（図4）。

1部位につき5回程度計測を行い，大きくずれた値を除いて平均値を算出すると押し当てる角度による数値のバラつきを考慮できる。また，頬など柔らかい部位を計測するとプローブの先端に均一に皮膚が接触しないことがあり，値が小さい方向にはずれる。このような現象を防ぐため前腕内側や頬骨の上など均一にプローブが接触することのできる部位を計測した方が再現性の良

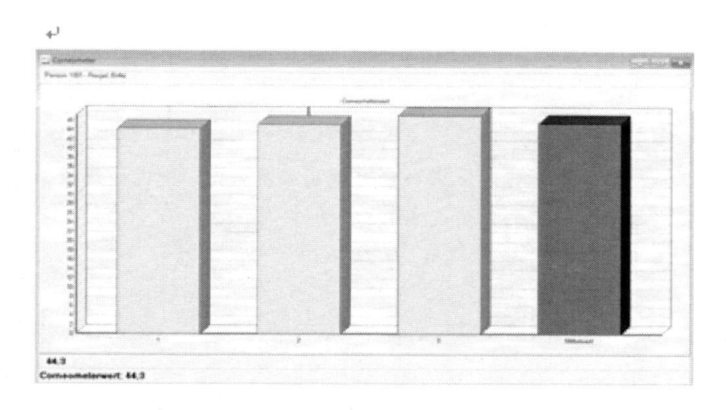

図4　PC 接続時の Corneometer 計測画面

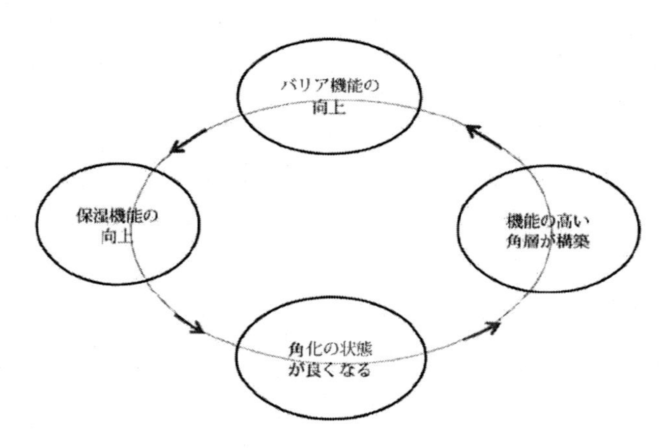

図5　保湿能とバリア能は互いに関係する
文献2より引用

いデータが得られる。

Tewameter は計測部位に対してプローブを垂直に置き，手元のスイッチを押すと計測が開始される。1秒ごとに水分蒸散量をモニタリングし，値が安定したところを最終的に水分蒸散量値（TEWL 値）とする。時間や標準偏差値から TEWL 値が安定したとみなして計測を自動的に終了させることもソフトウェアの設定で可能である。

なお，水分測定，水分蒸散量測定ともに体毛が数値に影響するので，マウスなどの動物を計測する場合は事前に剃毛するかヘアレスマウスを選択する必要がある。

皮膚は外部からの刺激物質の侵入や，皮膚内部の水分の漏出を防ぐ役割を持っており，これをバリア機能という。Corneometer で計測する角質層水分量と Tewameter で計測する TEWL はバリア機能と密接な関係をもっており，角質層の水分が少なくなれば乾燥して角質層の状態が悪化し，バリア機能が弱まる。反対にバリア機能が改善されれば角質層の状態が向上し保湿能力が高まる（図5）。

このように，角質層水分量と経皮水分蒸散量の計測はキメや小ジワ改善の美肌評価だけでなく，皮膚バリア機能を評価する上でも重要なパラメーターであるということがわかる。そしてこれまでにも食品，サプリメントによる皮膚バリア機能，水分保持能改善を評価する際に角質層水分測定と経皮水分蒸散量測定が行われている[4~7]。

文　　献

1）菊地克子，Dermatology Practice, **14**, 10 (2002)
2）高橋元次，COSMETIC STAGE, **5**, 5 (2010)
3）田上八朗，Dermatology Practice, **14**, 2 (2002)
4）佐藤稔秀ほか，Aesthetic dermatology, **17**, 33 (2007)
5）浅井さとみほか，臨床病理，**55**, 209 (2007)
6）春田裕子ほか，Milk science, **58**, 135 (2009)
7）馬場秀彦ほか，Aesthetic Dermatology, **19**, 111 (2009)

3　顔画像撮影解析装置 VISIA

永岡庸平*

3. 1　はじめに

人の健康状態を見るのに「顔色が良い，顔色が悪い」とはよく言われる言葉であり，見た目による顔の色やツヤは，健康や美容を判断する根源的な判断基準である。これらを定量的に表すことができれば，共通の尺度で人と人を，あるいは同じ人でも経時的変化を比較することができる。美容の面からはシワや毛穴やシミが影響を与え，年齢が加わることによりこれらの状態は変化する。

安定した測定を行うには，撮影装置の工夫が必要である。顔の表面の状態は照明光の波長，強さや位置により大きく変化するため，照明光が安定した一定の強さである必要がある。また顔の位置の上下左右，曲りがないように，顔の位置をできるだけ同一にする工夫が必要である。このような条件のもとで撮影された高解像度デジタル画像を一定のアルゴリズムで数値化することによりシミ，シワ，毛穴の定量的評価が可能となる。

3. 2　装置構成

顔画像撮影解析装置 VISIA（米国 Canfield 社製）は，撮影ブース本体と制御用ノートパソコンを USB ケーブルで接続し，動作を行う（図 1）。

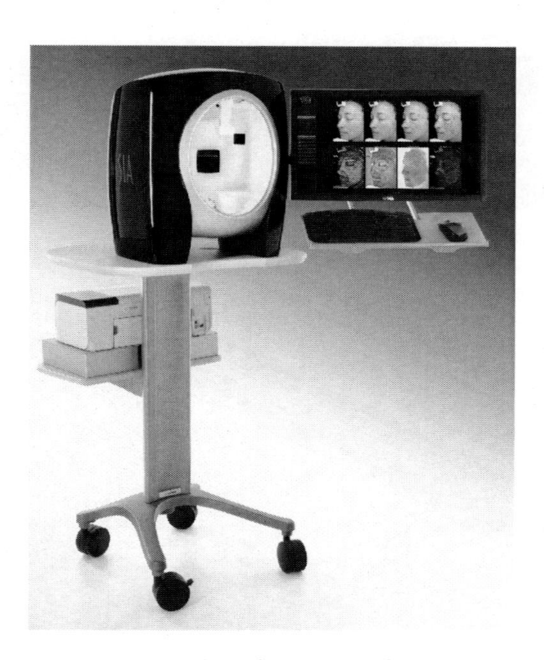

図 1　VISIA 外観（カートはオプション）

*　Yohei Nagaoka　㈱インテグラル　皮膚事業部　プロダクトマネージャー

3.3　撮影法と解析内容

VISIAは，可視光，UV光，偏光（cross polarized）の3種類のフラッシュで撮影し，顔面の解析を行う。可視光画像からはシミ，シワ，色ムラ，毛穴を，UV画像からは隠れシミとP-acne菌の代謝産物であるポルフィリンを，偏光画像からは皮膚の色を構成しているメラニン，ヘモグロビン（赤み）に相当する茶色いシミ，赤みが自動で解析される。

解析範囲は自動もしくはマニュアルで測定部位を設定し，各解析項目のエリア内の個数，スコア（解析エリアに対する面積比と，色の濃さから算出した指数），同年代との比較データが表示される（図2）。

シワや毛穴等凹凸感をより画像で表現するため，疑似的に3D表示を行う機能も搭載されている（図3）。

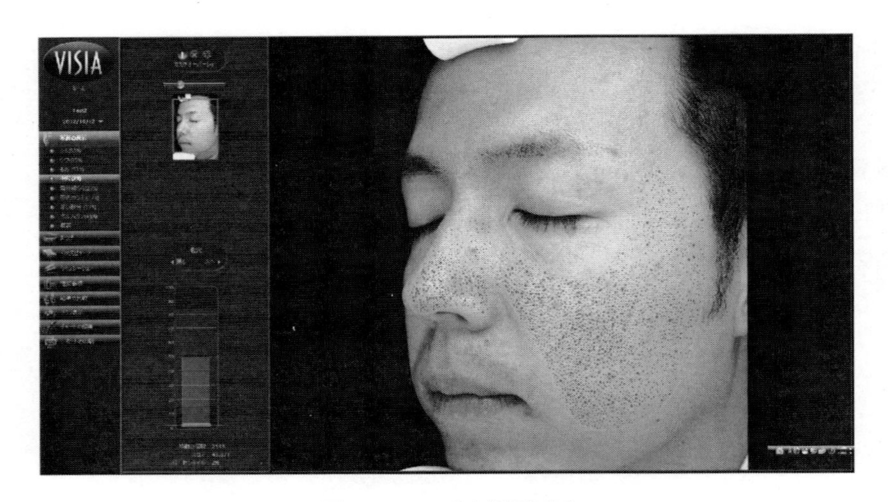

図2　VISIA毛穴解析画面

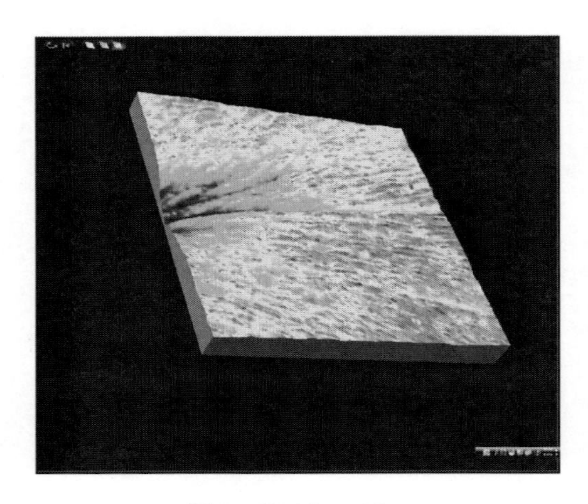

図3　3Dビューワー

3.4 解析内容の背景

各項目の解析アルゴリズムは米国のP&G社が自社製品評価用に開発したソフトが元となっており，白人，アジア人，ヒスパニック，黒人のスキンタイプごとの年齢別計10万人のデータベースもソフトウェアに組み込まれている。

3.5 撮影条件の再現性

VISIAは顔面を撮影ブース本体に入れ，初回撮影時の顔面のポジションをソフトウェア上に表示をしながら，動画で3次元的に位置を重ね合わせ，2回目以降の撮影を行っていく。ブース内での出力を一定に制御されたフラッシュと，前述の機能によりカメラと被写体の角度が規格化され，再現性の高い顔面撮影が可能である。シミ，シワ，毛穴といった皮膚表面の色素や凹凸情報は撮影角度，光源により，見え方（撮像された画像）が異なることから，皮膚の評価において撮影の再現性は結果を左右する大変重要な役割を果たす。

化粧品機能評価法ガイドラインには，シワ写真撮影法について“シワ写真に対して撮影条件の影響が生じにくいように，再現性のある撮影を行える”，“撮影角度のブレを少なくするために試験開始時の写真を参考とし，以降の撮影倍率，角度等を調整する”とし，また色素沈着の撮影について“試験開始前と各評価測定時における色素沈着部位を一定の条件下で撮影をする”と撮影条件の再現性についての記述がなされている[1)]。欧米においても研究論文に使用したデジタルカメラ画像に関し，“Digital photography was collected using standardized lighting and positioning” というようなEvidenceとして提示し得る撮影法を行ったことを記載することが多い。VISIAは香粧品，製薬企業研究所，大学病院，臨床受託試験企業に採用されており，皮膚科学分野においてスタンダードな顔画像解析装置である。またVISIAは全米皮膚科学会（AAD）標準機器とされている[2)]。

文　　　献

1）日本香粧品学会　化粧品機能評価法検討委員会，化粧品機能評価法ガイドライン，日本香粧品学会誌，Vol.30，No.4，別冊（2006）
2）大森喜太郎，ロバート・クレ，アンチエイジング美容マニュアル，南江堂（2008）

4　超音波真皮画像装置 DermaLab

鈴木　博*

4.1　はじめに

皮膚内部観察には，光を用いた共焦点顕微鏡や OCT があるが，さらに深い真皮の部分の観察には超音波装置が有用である。超音波による画像は，音波を皮膚に向け，反射して戻ってくるエコーを画像化したものであり，20 MHz の周波数が標準的に用いられている。

20 MHz の周波数は真皮の密度を見るためには適した周波数である。真皮の密度が高い所はエコーの強度が強く，密度が低い所は強度が低い。

エコーは音波に対して異なる性質を持つ境界面で発生する。この音波に対して異なる性質を，音響インピダンスと言う。組織の中で音響インピダンスが同じである，脂肪層や血液中ではエコーが発生しない。同じ考えでコラーゲン線維が変性し固まってしまうとこの中からはエコーが発生しない。一般に若い人の皮膚ではエコーが強く，年を取るとエコーが弱くなる。この装置ではエコーの強さに応じて色をかえた，疑似カラー表示をして分かり易くしている。

4.2　装置構成

超音波真皮画像装置 DermaLab（Cortex Technology 社製）は，超音波が発生するプローブと PC により構成される。プローブの先端は直径 9 mm の筒状の外形をしており，測定したい部位にこの先端をあて測定する（図 1）。

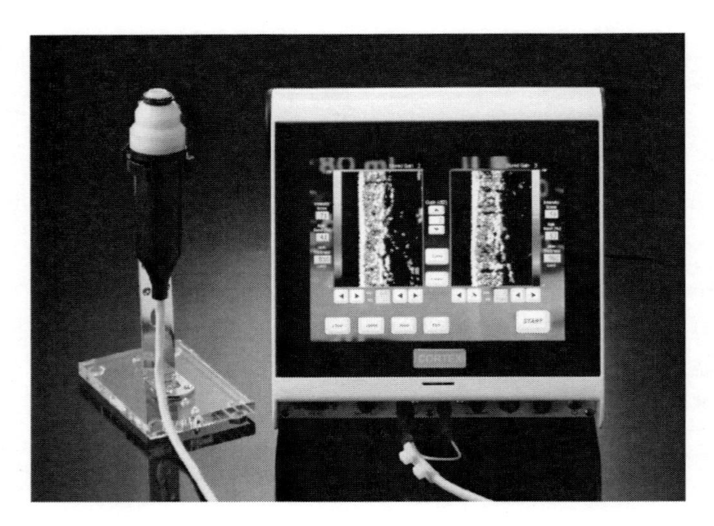

図 1　プローブ（左）と専用コンピュータ（右）

*　Hiroshi Suzuki　㈱インテグラル　皮膚事業部　部長

4.3　原理

プローブの中には超音波を発振する圧電素子が入っている。この圧電素子の部分が走査し画像をつくる。発振された超音波は表皮，真皮で反射し，この反射の強さ（エコー）により画像は256階調の明るさに変換される。

エコーは超音波に対して異なる性質（音響インピダンス）を持つ組織の境界で反射する。真皮中ではヒアルロン酸を含むジェル状の水のなかにコラーゲン繊維，エラスチンや繊維芽細胞があり，水とこれらの物質は音響インピダンスが異なるため，エコーが生じる。

4.4　特徴

この超音波装置は皮膚深さ3 mm程度までの表皮，真皮，皮下脂肪，皮下組織を非侵襲で観察するのに適している。

非侵襲で皮下を光学的に観察する装置はあるが，光学的に観察できる深さは200-400 μm であり，感度良く観察できる範囲は150 μm程度である。

超音波による方法はmm単位の深さまで観察できるため，真皮の状態や真皮と皮下脂肪との境目を観察できる。

この装置は20 MHzのプローブを使用し，皮膚水平方向に200 μm，皮膚垂直方向に60 μmの分解能を有する。

4.5　測定

真皮からのエコー強度を画像化し，強度の平均値を0～100の間で数値化する。この装置では，この数値をコラーゲンスコアと呼ぶ。これはコラーゲンが真皮の乾燥重量で70%を占めるため，エコー強度はコラーゲンの密度に強く関係していることによる。

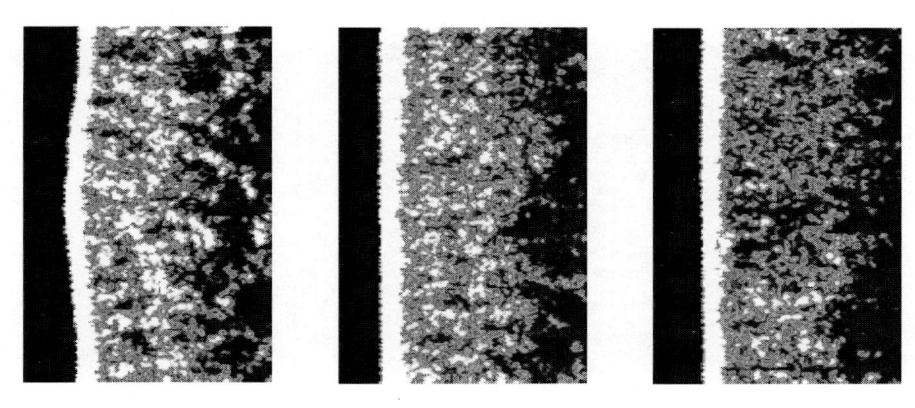

図2　前顔面頬

上下につながる白い帯は表皮の部分，まだら模様は真皮の部分，画像右の黒い部分は皮下脂肪の部分。（左）27歳女性コラーゲンスコア64，（中央）40歳女性スコア61，（右）54歳女性スコア54。54歳女性の真皮にはエコーの弱い黒い部分が現れている。

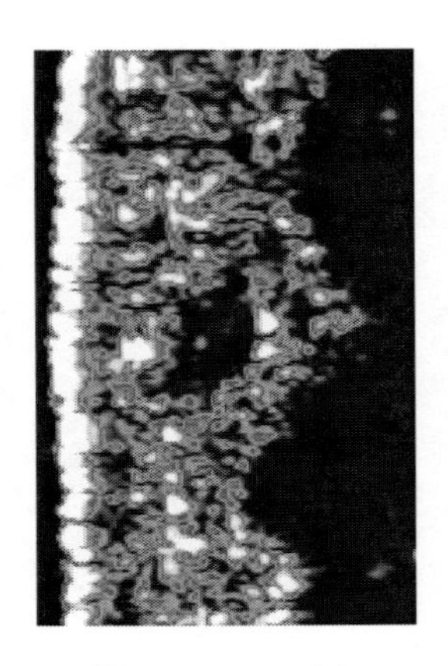

図3　セルライト

コラーゲンスコアは一般に年齢が上がるにつれ低くなる（図2）。光老化と加齢により表皮直下にエコーが弱い部分が広がり，この弱い部分の幅は画像では黒く現れる。このエコーの弱い部分の幅は年齢に比例し広くなる[1)]。

図3はセルライトの画像である。左の皮下脂肪層がその上にある真皮（コラーゲン層）を押し上げ，傘で押し上げたような特有の形状をしている。真皮の内部にも黒い部分があり，押し上げられた脂肪が入り込む形となっている。

この装置は，サプリメントによる真皮コラーゲン繊維の増加の研究に幅広く利用されている。また皮膚若返り療法では，レーザ，IPL，マッサージ等による若返り効果を確認するためにも利用されている。

文　　献

1）J. de Rigal, *J. Invest. Dermatol.*, **93**, 621（1989）

第3章　肌の評価系
―皮膚の色を測る・評価する方法―

大島　宏*

1　はじめに～皮膚はなぜ肌色にみえるのか～

皮膚の色は，表皮のメラニン，赤血球中の血色素（ヘモグロビン），血漿のビリルビンやカロテンなど黄色色素による光の吸収と，真皮，角層による光の散乱という要素によって決定されている。これらの吸光あるいは散乱を生ずる物質は皮膚組織内に渾然一体となって存在しているわけではなく，大雑把に言えば，表面から角層，メラニンの薄層と血液の薄層が真皮上に層状に重なっていると考えられる（図1）[1]。皮膚が肌色に見える理由は，入射した光がメラニンと血液に吸光されるが，真皮という白い板で乱反射（散乱）し，戻ってきた光を我々の目が肌色と認識しているからである。

皮膚の外観を測定・評価することは化粧品の有用性を知る上で，重要なことである。皮膚の外観の測定の中でも皮膚色やシミ，紅斑（赤み）などの測定は身近な例と言え，化粧品の有効性評価でも一般的に行われている。最近では，市販の機器を用いることで，こうした項目は簡便にか

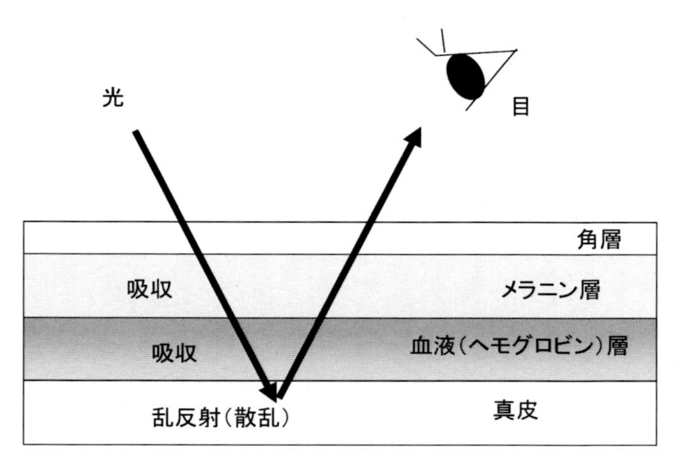

図1　皮膚の多層モデル（文献1を参考に作成）
光が皮膚に入射した際，メラニン層，血液層は往路復路で光を吸収し，真皮層は吸収せず乱反射（散乱）する。

* Hiroshi Ohshima　ポーラ化成工業㈱　肌科学研究部　肌分析研究室　主任研究員

つ客観的に評価できるようになった。本章では皮膚色やシミ・紅斑の計測について概説していく。

2 皮膚色の測定

色を測定するには$L^*a^*b^*$やマンセルバリューを用いることが多いと思われる。マンセルバリューとは，美術教師Munsellによって考案された色を表す1指標であり，人間は色合い，明るさ，鮮やかさ（純色か混ざった色か）により色を区別しているという考えから，この3成分をそれぞれ色相hue，明度value，彩度chromaとして定義した。明度や彩度は大小の方向があり，感覚的に捉えやすいが，色相は変化させていくと，赤→黄→緑→青→紫→赤と環のように戻ってくる。マンセルバリューによる色評価は感覚を数量化した代表的な表示法であり，マンセル（HVC）表色系と呼ばれる[1,2]。この指標を応用した評価法として，スキントーンカラースケール（インフォーワード社製）が挙げられる。この評価法では，日本人の肌色を対象とした色見本を参考に，評価者が被検者の対象部位の皮膚色をスケール化して，色相と明度を簡単に測定できる。本方法は特別な機器を用いないなどの利点はあるが，評価者が事前に訓練などを行い，一定の評価ができるようにしなければならない。更に，照明条件でも色の見え方は異なるので，多施設で異なった評価者が評価したデータを合わせる場合は注意が必要である。

皮膚の色を測定するには$L^*a^*b^*$やマンセルバリューを用いるが，文献では，$L^*a^*b^*$を用いた例を多く見る。L^*は明度，a^*b^*はそれぞれ赤み，黄味を示している。こうしたパラメーターは例えば色差計を用いることで，人間の目では区別しにくい色の差を客観的な数字データとして測定できる。色差計は例えば，コニカミノルタ社製の色差計（CRシリーズ）などが挙げられる。それ以外にも$L^*a^*b^*$を測定するならば，分光反射率も同時に記録できるコニカミノルタ社製の分光光度計（CMシリーズ）によっても測定することが可能である。両機器は接触型であり，皮膚にプローブをあて，光が漏れないようにして測定する。次に，$L^*a^*b^*$の皮膚計測例を紹介する。

ケミカルピーリング（以下CP）施術前後の頬部$L^*a^*b^*$の変化を分光光度計を用いて計測し，CPの改善効果を調べた。その結果，CP施術前後で，L^*値の有意な上昇およびb^*値の有意な減少が認められた[3]。本パラメーターでは皮膚色を明度，赤味，黄味の観点から測定しており，色の変化は把握できるものの，皮膚の色を構成する成分（メラニンやヘモグロビン）の変化は把握できない。メラニンは皮膚の明るさに関連するため，またヘモグロビンは血液成分であるために，シミの計測に明るさを表すL^*値，紅斑の測定に赤みを表すa^*値をそれぞれ測定している例を多く見るが，L^*値は血液などに影響され易く，メラニンもa^*値に影響を与えることから，両者はこれら二つの色素を分離できない。L^*値はメラニンの無い手掌や口唇で一般の皮膚より低い（暗い）ことをみてもわかるように，血液量に大きく影響される。加えて顔色が赤かったり，蒼かったりすればそれだけでかなり変動する弱点がある。血液が明度に影響する例として，シミ部位を擦って一時的に紅斑を起こし，その前後でシミ部位の明度が，どのように変化するかを調べた。理論上，一時的な紅斑ではシミが増強されることはない。しかしながら，画像解析を用いてシミ部位の明度画像（L^*と同じ）を作成し，シミ部位の輝度値を調べたところ，紅斑のありなしで，シミ部位の値が変化した[4]。このように，一時的な紅斑によってL^*値が減少することが明らかとなった。L^*値が血液の影響を受けやすいという問題点を解決するために，シミを計測する場合でも周囲健常部のL^*値も同時に計測し，その差分（ΔL^*値）を指標とすれば，少なくとも血液による顔色全体の変化はキャンセルできる。より正確にシミや血液を測るには，疑似吸光度（$\log_{10}$（1/反射率））の概念[5]を導入した，メラニンインデックス（以下MI）と紅斑インデックス（以下EI）を用いる方法がある。メラニンの程度を測定したい場合には，メラニンの量と相関のあるMI，血液に関しては，ヘモグロビンの量と相関のあるEIを測定する[6,7]。次に，疑似吸光度（$\log_{10}$（1/反射率））の概念を用いたメラニンや紅斑を測定する原理について述べる。

3　メラニン・紅斑を測定する

3.1　メラニン・紅斑を測定する原理

MI，EIを算出する上で重要になる基本的な考え方は，皮膚の反射率を見かけ上の吸光度（log:反射率の逆数の対数）に変換して演算することである。これは，希薄溶液の吸光度（透過率の逆数の対数）はその濃度と比例し（Beer-Lambertの法則）[8~10]，真皮をメラニンやヘモグロビン溶液の下に置いた白い反射板と仮定すれば，反射率は透過率×透過率で代用できるという考え方を応用している。すなわち，見かけ上の吸光度を測定すればメラニンやヘモグロビン濃度を推定できるというのが，両色素成分の測定原理である[1]。次にメラニンやヘモグロビンの吸光度スペクトル（図2）[4,7]および両インデックスを算出する原理について述べる。MIを算出するには，ヘモグロビンの影響を受けにくい長波長領域の2波長を選択すればよい。すなわち，620～650 nmと670～700 nmを選択する。選択した後，両波長の引き算を行い，ヘモグロビンの影響をなるべく除去させる。EIに関しては，理想は中波長のみの吸光度であるが中波長領域にはメラニンも存在する。従って，メラニンの影響を軽減させるよう，540～570 nmと660 nm付近の2波長を選択し，MIと同様に，両波長の引き算を行い，ヘモグロビンと同様に，メラニンの影響をなるべく除去させる[7]。

3.2　分光機器によるメラニン・紅斑の計測と注意点

前述の原理を用いた市販の分光機器があれば，簡単にMI，EI測定ができる。これらの機器は測定プローブを皮膚に密着させ光が漏れないようにする接触型である。例えば，メラニンや紅斑を測定する専用機器として，メグザメーター®（Courage and Khazaka Electronic GbmH社製）[7]が挙げられる。また，MI，EIを測定するための専用機器ではないが，可視光の波長域の反射率を測定することができれば，MI，EIは測定可能である。こうした機器は，例えば，コニカミノ

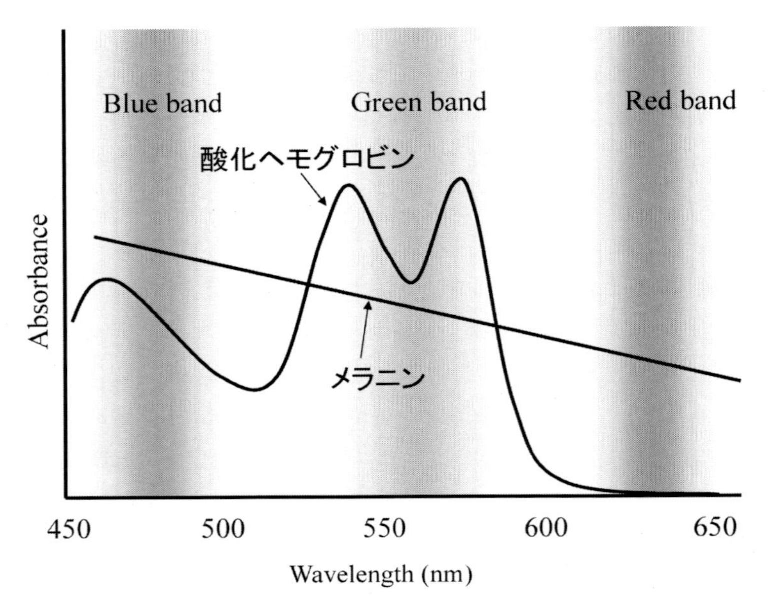

図２　メラニンおよび酸化ヘモグロビンの吸光度スペクトルパターンとRGB画像からMI（メラニンインデックス）およびEI（紅斑インデックス）を導き出す考え方（文献4，7を参考に作成）

ルタ社製の分光光度計があてはまる。メグザメーターは，可視領域だけでなく近赤外領域の波長も利用しているが，分光光度計でMI，EIを算出する考え方と基本的に同じ考え方である。実際，両機器から算出された値同士は相関することも報告されている[7]。分光光度計を用いてMIを算出する場合は，以下の変換式を用いれば良い。

(log (R700) − log (R650))*100　(Dawsonらの変法)[8]

(log (R670) − log (R640))*100　(Featherらの式)[10]

(log (R700) − log (R620))*100　(Kolliasらの変法)[11]

ただしRλは波長λでの反射率を示す。

筆者らはFeatherらの式[10,12]を用いることで，上述したCP施術前後でのMI，EIを調べた。その結果，MIは施術前後で有意に減少していた（図3）。一方，EIは施術前後で有意な差は認められなかった[3]。この結果から，CP施術によるL^*値の上昇はメラニンの減少が関与していることが予想できる。

シミを測定する場合にも，L^*値と同じように周囲正常部とのインデックスの差分（Δメラニンインデックス）をとれば正確さが増す。メラニンインデックスは，血液量に影響されにくいので，シミの測定には良いパラメーターである。こうした接触型光学機器を用いて，MI，EIを測定することは，皮膚に直接測定プローブをあてるため，非常に高感度で計測できるという利点が

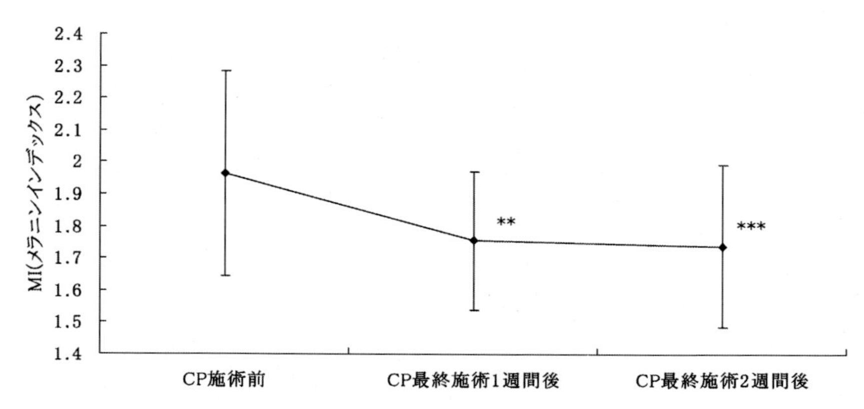

図３　ケミカルピーリング（CP）施術前後の MI の変化（文献３を改変）
平均±標準偏差（n＝15）**；$p<0.01$，***；$p<0.001$（vs CP 施術前）対応のある t 検定

ある。しかしながら，接触型機器は測定プローブを皮膚に接着させるが故に，以下の問題があると思われる。

① メラニンインデックスは酸化ヘモグロビンには影響されなくとも，赤から近赤外にかけても吸光する還元ヘモグロビンには影響されるので，接触圧によって，うっ血状態になると，その影響を受けてしまう可能性が考えられる。

② プローブの接触圧によっては血管が圧迫され，血液に関連する紅斑インデックスに影響を与える。

③ 目の周辺などは湾曲しており，プローブを正確にあてることが難しい。

④ 測定プローブは測定対象範囲が限定されているという問題がある。例えば，大きいシミなどを測定する場合，測定プローブを対象のどの部位に設定するか迷う場合がある。また，小さいシミなど測定プローブ径より明らかに小さい部位を測定する場合など，測定プローブを接着させる部位設定によっては，値が大きく異なる経験がある。このような場合，中～長期の化粧品の連用試験などで再現性よく測定するのが難しい。

上記の問題点を解決する手段として，非接触でメラニンや紅斑を測定する画像解析を用いた報告が最近見られるようになってきた。次に，画像解析による方法について述べていきたい。

3.3　画像解析によるメラニン・紅斑の計測

画像解析による計測の基本的な考え方は，CCD カメラで撮影した皮膚のデジタル画像の色情報をもとに MI，EI の計測を行うというものである。前述の接触型とは異なり，この方法では周囲の環境光を受けやすく，被写体とカメラの距離が異なれば，取得したデジタル画像の明るさが変化するという問題がある。こうした問題を解決するために，市販の顔面画像の解析システム，例えば VISIA®（Canfield 社製），ロボスキンアナライザー®（エムエムアンドニーク社製）などでは，CCD カメラにより，顎と額を固定したボックス内で顔面を撮影する。こうした市販の機器では，照明（UV ランプや蛍光灯）も一様かつ一定になるよう工夫されている。更に，VISIA には，メラニンインデックス・ヘモグロビンインデックス（紅斑インデックスと同義）解析が追加されている。本方法を用いることで，顔面のメラニンや紅斑の分布の可視化を行うことができる。こうした市販の機器を用いれば，一定条件の撮影かつ簡便な解析ができる。筆者も，VISIA シリーズである VISIA-CR™® を用い，顔面を撮影することがある。本機器は，照明強度の変更や偏光フィルターの導入など，種々の条件での撮影が可能であり，目的に合った撮影が容易に行える利点がある。

一方，こうした市販の画像撮影装置がなくても，デジタル画像を一定条件で撮影し，それを反射率や色データに加工する画像解析ソフトを応用すれば，独自のシステムや画像解析法を作ることが可能である。筆者は，フリーソフト *NIH-Image J*（以下 *Image J*）を用い，RGB 画像から MI 画像と EI 画像を作成し[4,13~15]，メラニンや紅斑の測定を行っている。この画像解析による方法も，3.1 で述べた考え方を参考にしている（図 2）。本方法では，分光を用いた機器と異なり，波長を選択するのではなく RGB band を用いるため，RGB を各 band に分ければよい。MI に関しては，長波長領域を用いるので，図 2 に示した赤の領域（Red band）の画像を Beer-Lambert の法則に従い，吸光度画像（logR 画像：実際は -logR）に変換すれば良い。EI に関しても，中波長（緑）領域と長波長（赤）領域を選択すれば良いので，Red と Green の領域の画像を吸光度画像に変換し，両者をもとに計算する。すなわち，この考え方から導かれる EI 画像は，logR-logG 画像である。実際は両画像を作成し，その輝度値を計算して，MI，EI を算出する。なお，本方法の詳しいアルゴリズムおよび解析方法については，滝脇らの報告[1,4,16]を参考にして頂きたい。次に，この画像解析を下眼瞼の MI，EI 評価および背部パッチテスト評価に用いた例を報告する。

4　画像解析を用いた下眼瞼の評価

4.1　下眼瞼の MI，EI 測定

下眼瞼の“くま”は，光による陰影であるとも考えられているが，“くま”の目立つ要因には，メラニンや血液の鬱血もあると考えられている。従って，下眼瞼のメラニンやヘモグロビンを測定することが，“くま”の程度を知る客観評価になると考えられている[17,18]。しかしながら，接触型のメグザメーターや分光光度計で下眼瞼を測定するには，測定プローブが大きすぎて測定しにくいこと，さらに下眼瞼のように皮膚が薄い部位では，接触型プローブの接触圧が皮膚色，特に血液に影響を与えてしまう可能性が考えられた。従って，筆者は，それらの問題を回避するために，画像解析を用いて下眼瞼のメラニンやヘモグロビン（紅斑）を測定することとした。更に，接触型のメグザメーターおよび分光光度計による測定も同時に行い，画像解析による下眼瞼評価と接触型機器による下眼瞼評価の両者の比較も行った[13]。

健常日本人男女 42 名を，2 名の化粧品研究者が肉眼評価により，“くま”のある被験者，“くま”

のない被験者の2群に大別し，両群の下眼瞼を対象に以下の測定を行った。画像解析は*Image J*を用い，取得したデジタル画像からMI画像およびEI画像を作成した後（図4），目の下の部位に一定の測定対象範囲を設定し，各画像からMIおよびEIを算出した。分光光度計によるMIおよびEIは，得られた反射率から見かけ上の吸光度を計算し[5]，Featherらの公式に代入し[10,12]，算出した。

その結果，“くま”のあり・なしの群間では，接触型のメグザメーターおよび分光光度計から算出したMIおよびEIに差は認められなかった。一方，画像解析から算出したMIおよびEIでは，両群間で有意な差が認められた（図5）。すなわち，画像解析による方法でのみ，肉眼で大別した結果と一致した[13]。接触型機器による測定では，接触圧により血液などが影響を受けてしまい，特に紅斑を正確に測定することが難しいが，画像解析ではそのような問題が生じないため，両群の差を捉えたのではないかと考察している。

今回の結果から*Image J*による画像解析法は目の下の“くま”のメラニンや紅斑の程度を測定するのに最適であると思われる。

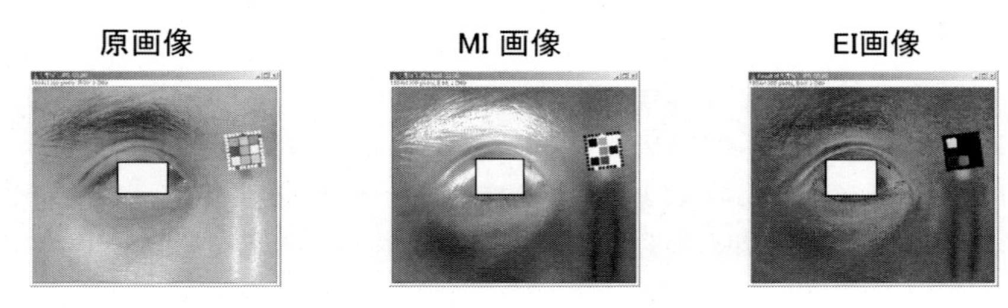

図4　下眼瞼原画像とMI（メラニンインデックス）およびEI（紅斑インデックス）画像（文献13を改変）

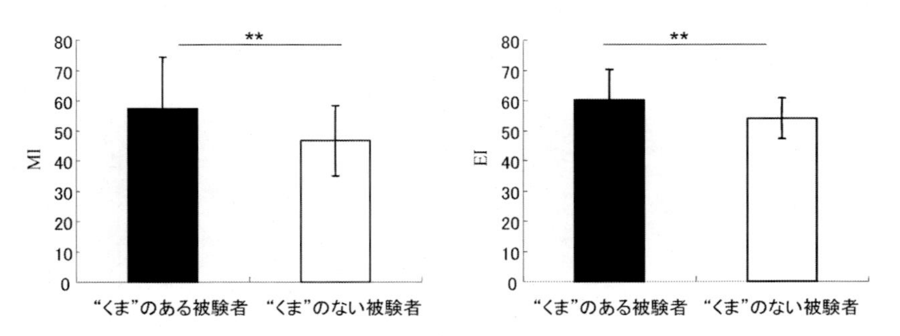

図5　“くま”のある被験者と“くま”のない被験者の下眼瞼部位におけるMI（メラニンインデックス）（左図）とEI（紅斑インデックス）の比較（右図）（文献13を改変）

平均±標準偏差（“くま”のある被験者 n=14，“くま”のない被験者 n=28）

** $p<0.01$　対応のない t 検定

4.2 “くま”のある被験者下眼瞼部位へのビタミンC配合化粧料連用試験

筆者は，本画像解析法が化粧品の有用性評価にも応用できるのではないかと考え，肉眼的に“くま”のある被験者14名を以下の2群に分け，半顔二重盲検法による6ヵ月間の連用試験を行った[14]。

① 10%アスコルビン酸グルコシドを配合したローション（以下AG）と配合していないローション（ベヒクル）をそれぞれ顔面の片側に塗布する群（男性4名，女性4名，平均年齢38.9歳）

② 10%アスコルビン酸ナトリウムを配合したローション（以下ANa）と配合していないローション（ベヒクル）をそれぞれ顔面の片側に塗布する群（男性2名，女性4名，平均年齢37.7歳）

左右下眼瞼部位のデジタル画像からMI画像およびEI画像を作成し，各画像からMIおよびEIを連用前，連用2，4，6ヵ月後に測定し，各測定月ごとに連用前の値からの変化値を計算し，ベヒクルとビタミンC製剤とで比較した。

その結果，MIの変化量はAG，ANa塗布部位において，ベヒクル塗布部位と有意な差が認められなかった。一方，EIの変化量は，ANa塗布部位が全時点を通じて，ベヒクル塗布部位より有意に高値を示した（図6）。すなわち，ANaはベヒクルに比べ，紅斑（ヘモグロビン）の程度を抑制している結果を得た[14]。血液透析患者にビタミンCとビタミンEを6ヵ月経口投与した結果，血流改善されるという報告がなされている[19]。従って，今回の連用試験はビタミンCの外用ではあるが，ビタミンC連用によって血流が改善し，本画像解析でEIの変化を捉えたと考察している。すなわち，本結果から本画像解析法は下眼瞼部位の有用性評価にも応用できる可能性が示唆された。

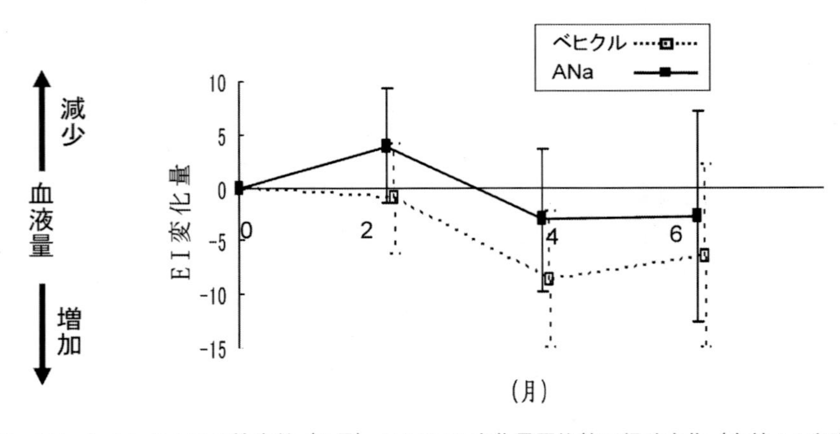

図6　ANaとベヒクルでの塗布前（0月）からのEI変化量平均値の経時変化（文献14を改変）
平均±標準偏差（n=6）ANa vs control　$p<0.05$：繰り返しのある二元配置分散分析

4.3　パッチテストの判定への応用

遅延型アレルギーの原因物質判定に有効であるパッチテスト（PT）は，通常担当医が肉眼判定し診断する。アレルゲンの同定に欠かせない検査であるが，判定は主観的評価で，決められた判定基準はあるものの評価者間での基準は絶対的ではなく施設間差も問題になる。判定の客観的評価をめざし，筆者はPTの紅斑強度を画像解析によって定量し，肉眼判定の結果と比較して，有用性を検討した。

121名の患者でPT陽性と肉眼判定した部位のデジタル画像を*Image J*を用いてEI画像に変換した。PT陽性部位のEIと近接部位のEIとの差分（ΔEI）を算出し（図7），医師が判定したスコア値（接触皮膚炎学会：皮膚刺激判定用新基準に準拠）[20]との相関を検討した。

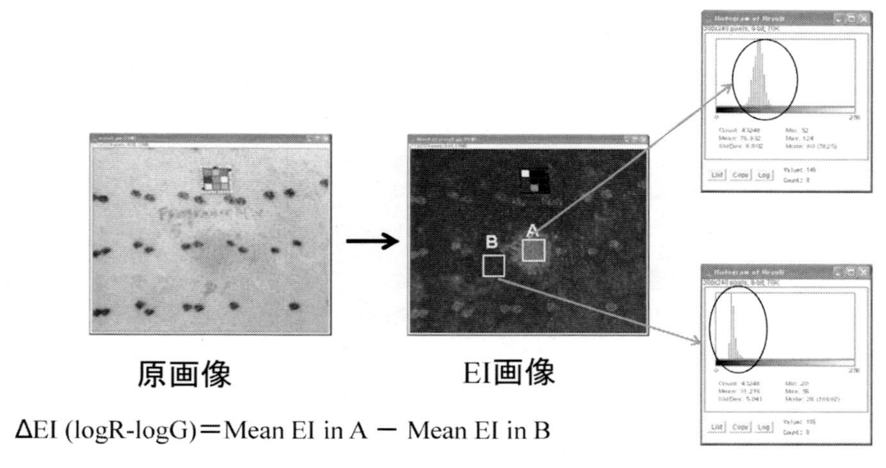

図7　原画像および紅斑指数（EI）画像の例とΔEIの算出法
A：PT部位，B：近接部位，四角部位：解析対象範囲

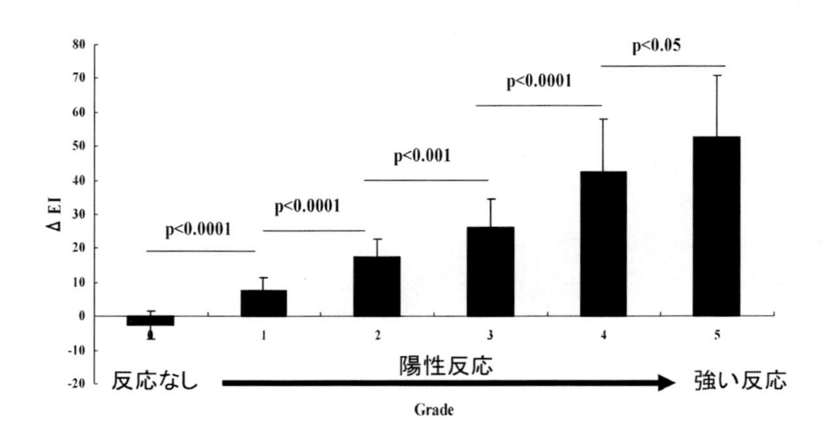

図8　各スコア（grade）間のΔEIの比較（文献15を改変）
平均±標準偏差：ウィルコクソン順位和検定

その結果，ΔEI は肉眼評価値と非常に強い相関関係（r＝0.95）を示した。更に全てのスコア群間で，ΔEI 平均値には有意な差がみられた（図 8）[15]。本結果から，画像解析から得られたΔEI は PT における紅斑の定量的評価に適し，判定に迷う反応の評価や経験の浅い評価者の補助的手段として活用できる可能性が示唆された。

5　画像解析と分光機器の選択

メラニン・紅斑計測は，測定プローブを接触させて，限定された場所のみを測定する分光機器から測定範囲を自由に選択できる画像解析法へと推移している。その理由として，デバイス面では解析ソフトやカメラの技術が進歩し，カメラの価格も手頃になり，画像解析の研究開発が身近になったことが挙げられる。さらに，画像解析法は数字データが得られるだけでなく，メラニンや紅斑の分布が可視化できるといった研究者のニーズも満たしていることも要因として考えられる。今後，画像解析によるメラニン・紅斑計測は更に一般的手法となり，多くの報告がされるものと思われる。

今回，筆者は本稿で画像解析の利点を記載しているため，画像解析が最も優れているという印象を与えるかもしれないが，決してそんなことはない。分光を用いた市販の機器も，直接的に対象部位を測定できるので，高い精度で測定値が得られるという利点がある。一方，画像解析は，広範囲の対象を測定できる利点がある。要は，試験対象や試験デザインによって，機器を使い分ける必要があると筆者は考えている。

文　献

1)　滝脇弘嗣，*Cosmetic stage*, **1**, 11 (2007)
2)　滝脇弘嗣ほか，*Derma.*, **15**, 1 (1998)
3)　大島宏ほか，日本美容皮膚科学会雑誌，**19**, 52 (2009)
4)　T. Yamamoto *et al.*, *Skin Res. Technol.*, **14**, 26 (2008)
5)　H. Takiwaki *et al.*, *Skin Res. Technol.*, **10**, 130 (2004)
6)　H. Takiwaki, "Handbook of Non-invasive Methods and the Skin", p.377, Boca Raton, CRC Press (1995)
7)　H. Takiwaki, "Handbook of Non-invasive Methods and the Skin", p.665, Boca Raton, CRC Press (2006)
8)　J. B. Dawson *et al.*, *Phys. Med. Biol.*, **25**, 695 (1980)
9)　B. L. Diffey *et al.*, *Br. J. Dermatol.*, **111**, 663 (1984)
10)　J. W. Feather *et al.*, *Phys. Med. Biol.*, **33**, 711 (1988)

11） N. Kollias *et al., J. Invest. Dermatol.,* **85**, 38 (1985)
12） J. W. Feather *et al., Phys. Med. Biol.,* **34**, 807 (1989)
13） H. Ohshima *et al., Skin Res. Technol.,* **14**, 135 (2008)
14） H. Ohshima *et al., Skin Res. Technol.,* **15**, 214 (2009)
15） H. Ohshima *et al., Skin Res. Technol.,* **17**, 220 (2011)
16） H. Takiwaki *et al., Br. J. Dermatol.,* **131**, 85 (1994)
17） C. Oresajo *et al., Cosmetics & Toiletries,* **102**, 29 (1987)
18） 舛田勇二ほか，日本化粧品技術者会誌，**38**, 202 (2004)
19） M. Sato *et al., Clin. Nephrol.,* **60**, 28 (2003)
20） 河合敬一，*Visual Dermatology,* **3**, 74 (2004)

第4章　幹細胞をターゲットにした再生美容

長谷川靖司*1，赤松浩彦*2

1　はじめに

2012年7月10日，厚生労働省は，国民の健康づくりの指針となる「健康日本21（第2次）」を公表した[1]。この中で新たな視点として着目されたのが「健康寿命（Healthy life expectancy）」であり，日常生活に制約のない期間を延ばすという考え方が初めて盛り込まれた。「健康寿命」とは，世界保健機関（World Health Organization：WHO）が2000年に打ち出した概念であり，日常的に介護を必要としないで，自立した生活ができる生存期間のことを指す。直近のWHOの保健レポート“World Health Statistics 2010”では，日本人の健康寿命は男性で73歳，女性で78歳，全体で76歳と算出されている[2]。これはWHOが概算した数値であり，その算出方法は明らかではなかったため，今回，厚生労働省が全国22万世帯余りを対象に健康状態などを調査したうえで，改めて2010年現在における日本人の健康寿命の実態を推計した。その結果，2010年現在における日本人の健康寿命の平均は，男性が70.42歳（平均寿命79.55歳），女性が73.62歳（同86.30歳）で，平均寿命より男性は9年余り，女性は12年余り健康寿命が短いことがわかった[3]。すなわち，男性，女性共に人生最後の約10年間は，介護や入院など自立した生活が困難になるという推計である。誰しもが，一生を終えるその日まで，美しく，若々しく，健康でありたいという願いは同じであると思うが，本データを鑑みると，やはり高齢になればなるほど「美容」や「健康」への不安や悩みは高まっていくものと予測される。我々にとって「美容」や「健康」はかけがえのない財産であり，生活の質を高く保つためにも，その維持増進は重要な課題である。このような中，日常生活において美容や健康をサポートする様々なアイテム（化粧品や健康食品など）の研究開発が進み，その市場は年々拡大している。これは，高齢化が加速する我が国特有の市場形態なのかもしれないが，近い将来先進諸国が抱える課題でもあり，今後益々「美容」や「健康」の市場は重要視されていくものと予測される。しかしながら，さらなる本市場の活性化のためには，今まで以上に人々のニーズに応えるための技術革新が求められる。近年の「美容」や「健康」の市場が拡大している背景には，これまでの目覚ましい生命科学の進歩が大きく貢献していることは間違いない。我々の身体で起こっている様々な生理現象や老化現象のメカニズムが解明され，疾病治療や新薬の開発など様々な分野に活かされている。このような最新

＊1　Seiji Hasegawa　日本メナード化粧品㈱　総合研究所　主任研究員
藤田保健衛生大学　医学部　応用細胞再生医学講座　客員助教
＊2　Hirohiko Akamatsu　藤田保健衛生大学　医学部　応用細胞再生医学講座　教授

の生命科学の研究成果を上手く応用活用し，より機能性の高い「美容」や「健康」をサポートする技術へと導くことが本市場の活性化にも不可欠であると考える。現在，筆者らは近年の最先端の生命科学として「再生医療」の分野で注目されている「幹細胞」に着目し，この新しい分野を美容と健康の維持増進のための技術開発に応用すべく研究を進めている。本稿では，近年の美容と健康に関する市場をまとめるとともに，幹細胞をターゲットにした新しい美容として“再生美容”の可能性について概説したい。

2　美容と健康市場の現状について

「健康」とは，「単に病気でない，虚弱でないというのみならず，身体的，精神的そして社会的に完全に良好な状態を指す」と定義されている。この概念は，1948年WHOの憲章として効力を生じ，「健康」の基本的な概念として現在も不変である。生活が豊かになり，さらに高齢化が進む我が国では，人々の「美容」や「健康」への意識が益々高まり，いつまでも若々しく美しく健康でありたいという欲求に応えるために，化粧品や健康食品などのアイテムが日常的に使用されるまでに至っている。実際に健康食品の市場は，戦後急激に拡大し2005年には1兆2,850億円に達した。しかしその後，国による健康食品の規制や世界的な景気の低迷などにより，じわりじわりとその市場にも後退がみられた。2010年になり，ようやくその市場も若干ながら上向きに転じる様子が見られ，再び消費者の「美容」と「健康」に対するニーズの高まりが期待される重要な段階にあると考えられる（図1）。このような中，内閣府消費者委員会は，2012年2月28日から3月5日にかけて，日本に在住する20歳から79歳までの「健康食品」を利用している男女10,000人を対象とした，消費者の「健康食品」の利用に関する実態調査（インターネットに

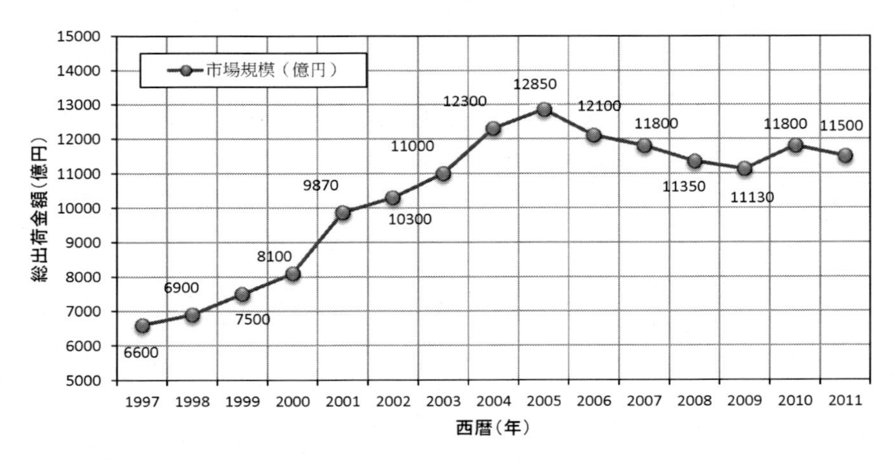

図1　健康食品の市場規模の推移
（総務省統計局より改変）

よるアンケート調査）を行った[4]。この中で，消費者が「健康食品」として認識している食品を調査したところ，「特定保健用食品（通称トクホ）」や「サプリメント・ビタミン剤」だけでなく，「発酵食品（納豆，ヨーグルトなど）」なども，一般的に健康食品として認識されていることがわかった（図2）。また，これら健康食品を購入する際に参考にする情報を調査（複数回答）したところ，「機能性（効果・効能）」（63.4%）と回答した方が最も多く，次いで「含有成分名・含有成分量」（61.0%），「原料名」（54.8%）と続いた（図3）[5]。以上の調査結果から，昨今の消費

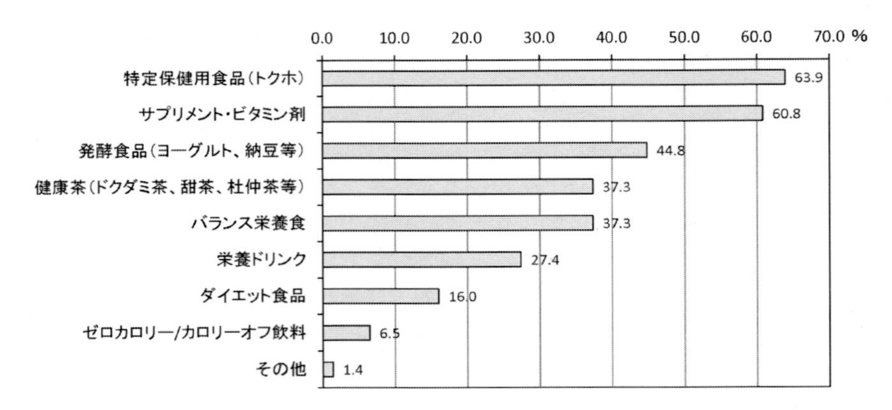

図２　「健康食品」の利用に関する実態調査
（内閣府消費者委員会による消費者の「健康食品」の利用に関する実態調査より）

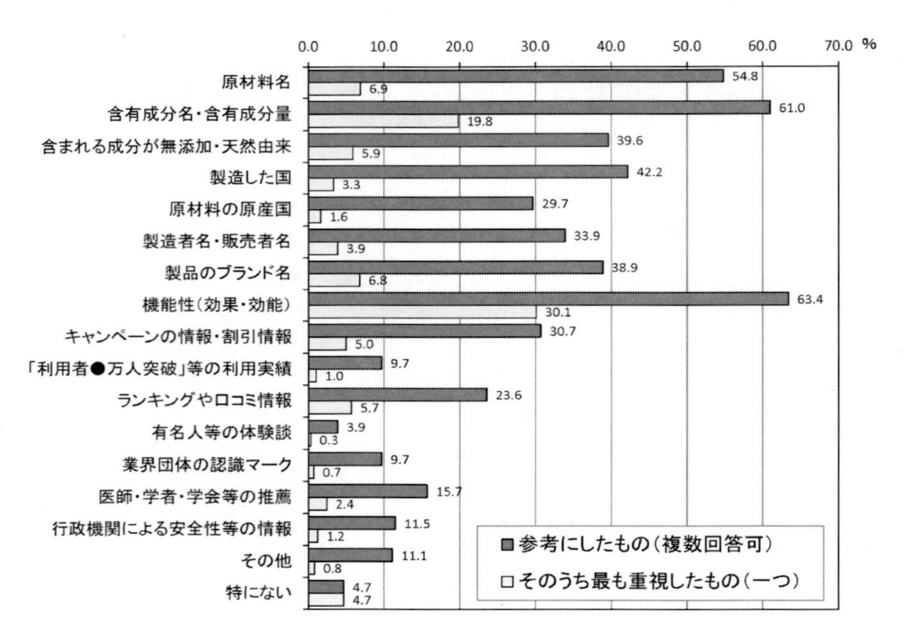

図３　消費者が健康食品を購入する際に参考にする情報
（内閣府消費者委員会による消費者の「健康食品」の利用に関する実態調査より）

者が，健康食品に期待する事柄としては，日常で摂取する商品形態やその効果・効能はもちろんであるが，配合されている原料にまでもしっかりと目を向けていることが明らかとなった。すなわち，どのような原料がどのように効果を示すのかをよく理解した上で，はじめて購買に至るものと予測される。このような消費者のニーズに応えるために，各メーカーは数多くの有効な原料を開発し健康食品として市場に投入している。例えば，美容に関する健康食品としてコラーゲンやヒアルロン酸のような，アンチエイジングにおける代表的な原料は着実に市場規模を伸ばしている（図4）。その他にも，数多くの原料が開発され，魅力ある製品として消費者のニーズを掴んでいる（表1）。いずれの原料もその時代に合わせた最新のエビデンスを上手く示しながら，消費者のニーズに応える努力をしていることが市場拡大につながっているものと考えられる。「美容」や「健康」に潜在する様々なニーズに対して，最新の考え方や実際のエビデンスを示しつつ，合わせてオリジナリティーの高い原料を見出し商品として提供することが市場の維持，拡大につながると予測される。しかしながら，情報化社会を迎えた現代では，消費者はより最新で最先端の情報を好きなだけ手に入れることが可能となっている。このような情報通な消費者を満足させるのは非常に難しい。最新の情報といえば，2012年10月8日，ノーベル医学生理学賞の発表があった。本賞は，世界で最も権威がある賞であることは周知の事実であり，毎年国民が関心を寄せる発表でもある。そして本年，この賞を受賞したのが京都大学の山中伸弥教授である。山中教授らが確立したiPS細胞（人工多能性幹細胞）の技術は，まさに生命科学において革新的な技術であり，今後の難病治療や創薬研究において極めて期待が持てるものである。さらに，iPS細胞を含めた「幹細胞」と呼ばれる特殊な細胞は，「再生医療」への応用に向けた研究が進

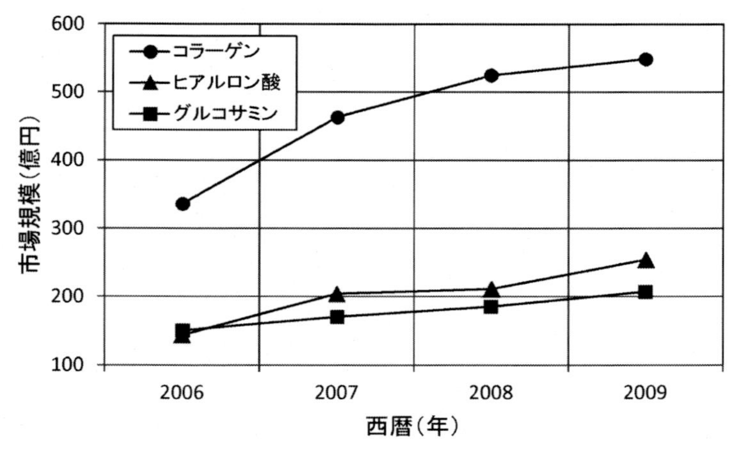

図4　美容・アンチエイジング・エイジングケア向け代表素材の市場動向
（矢野経済研究所 2011年調査結果サマリーより）

表1　美容・アンチエイジング・エイジングケア向け素材

素材	年間需要量推定	平均価格	主な機能
明日葉	約 140 t	約 5,000～10,000 円 /kg（国産粉） 約 3,000 円 /kg（海外産粉末）	血糖値低下，抗アレルギー，コレステロール抑制など
アスタキサンチン	約 1.1 t（純品換算）	約 10～15 万 円 /kg（5％オイル）	眼精疲労軽減，視機能改善，美肌など
α-リポ酸	約 17 t	約 3～5 万 円 /kg	抗酸化，抗糖化，解毒など
イチョウ葉	約 40 t	約 4～8 万 円 /kg	抗酸化，血液循環改善，血液凝固抑制など
ウコン	約 300 t（エキス末） 約 200 t（粉末）	約 22,000～23,000 円（クルクミノイド高含有エキス末） 約 900～1,500 円（粉末）	肝機能改善，抗酸化，脂質代謝促進など
エラスチン	約 3.6 t	約 12～18 万 円 /kg	美肌，血管機能改善など
L-カルニチン	約 130 t	約 12,000～16,000 円 /kg	脂肪燃焼，運動パフォーマンスの向上，抗疲労など
キトサン	約 160 t	約 5,000～8,000 円 /kg	コレステロール上昇抑制，脂質代謝改善，腸内環境改善など
グルコサミン	約 1200 t（グルコサミン塩） 約 600 t（N-アセチルグルコサミン）	約 3,000～5,000 円 /kg 約 20,000～25,000 円 /kg	関節炎対応，美肌，血管内皮細胞活性など
クロレラ	約 500 t	約 1,500～5,000 円 /kg	メタボ予防，認知障害進行抑制，紫外線予防など
CoQ10	約 31 t	約 11～17 万 円 /kg	抗酸化，エネルギー産生など
コラーゲン	約 7000 t	約 1,800～2,000 円 /kg（豚由来） 約 2,000～3,000 円 /kg（魚由来）	美肌，骨・関節対応など
コンドロイチン	約 260 t	約 7,500～10,000 円 /kg	関節炎対応，美肌，カルシウム吸収促進など
スピルリナ	約 150 t	約 5,000 円 /kg	コレステロール上昇抑制，抗酸化，抗炎症など
セラミド	約 15 t（3％粉末換算）	約 12～14 万 円 /kg（3％粉末換算）	美肌，神経細胞活性化，免疫賦活など
ノコギリヤシ	約 23 t	約 3 万 円 /kg	前立腺肥大抑制，前立腺炎症抑制など
ヒアルロン酸	約 15 t	約 13～20 万 円 /kg（発酵品 95％） 約 25,000～30,000 円 /kg（抽出品 5％）	美肌，関節痛改善など
ビルベリー	約 80 t （アントシアニン 25％以上エキス末）	約 8～9 万 円 /kg （アントシアニン 25％以上エキス末）	視機能改善，循環機能改善，抗酸化・抗炎症など
β-グルカン	約 5 t（純品換算）	約 80～95 万 円 /kg（黒酵母由来 80％品） 約 10 万 円（パン酵母由来 70％品，大麦由来 70％品）	免疫賦活，抗腫瘍，コレステロール上昇抑制など
マカ	約 100 t（原末換算）	約 4,000～7,000 円 /kg（原末） 約 20,000～35,000 円 /kg（エキス末）	滋養強壮，男性性機能向上，女性ホルモンバランス改善など
松樹皮抽出物	約 4～5 t	約 20～50 万 円 /kg	抗酸化，血流改善，抗炎症など
ルテイン	約 30 t（20％品換算）	約 4～12 万 円 /kg（20％品換算）	加齢黄斑変性症（AMD）予防，白内障予防など

（50 音順，食品と開発 Vol.47（No.3）2012 より抜粋）

められている。「幹細胞」は，現段階では一般の消費者が理解するのは難しい研究分野であるとは思うが，山中教授のノーベル賞受賞を皮切りに急速にその認知度と期待度は高まっていくと予測される。それとともに，美容や健康の市場においても，幹細胞の研究を応用活用した商品開発が進められ，その革新的な技術は本市場に活性化をもたらす起爆剤となる可能性は十分にあると考える。このような中，筆者らは，いち早く幹細胞研究に着手し，「美容」と「健康」のための技術開発に応用すべく研究を進めてきた。

3　美容と健康と幹細胞について

近年の研究から，幹細胞は我々の生体組織の再生において重要な役割を果たしていることが明らかとなってきた。幹細胞は，自己複製能と多分化能を備え持つ特殊な細胞であり，その時々の環境に応じて自身が増殖し必要な細胞に分化することで，根本的な組織の再生を可能としている。現在，幹細胞は胚性幹細胞（Embryonic stem cell，ES 細胞），体性幹細胞（Somatic stem cell），人工多能性幹細胞（Induced pluripotent stem cell，iPS 細胞）などいくつかに分類され，各々の幹細胞について，その応用性に関する研究が進められている（図5）。近年，これら幹細胞の再生能力を利用することで，組織そのものを根本的に再生させる治療法として「再生医療」の研究が全世界で進められている。すなわち，幹細胞は，組織の機能を根本的に修復，再生させ

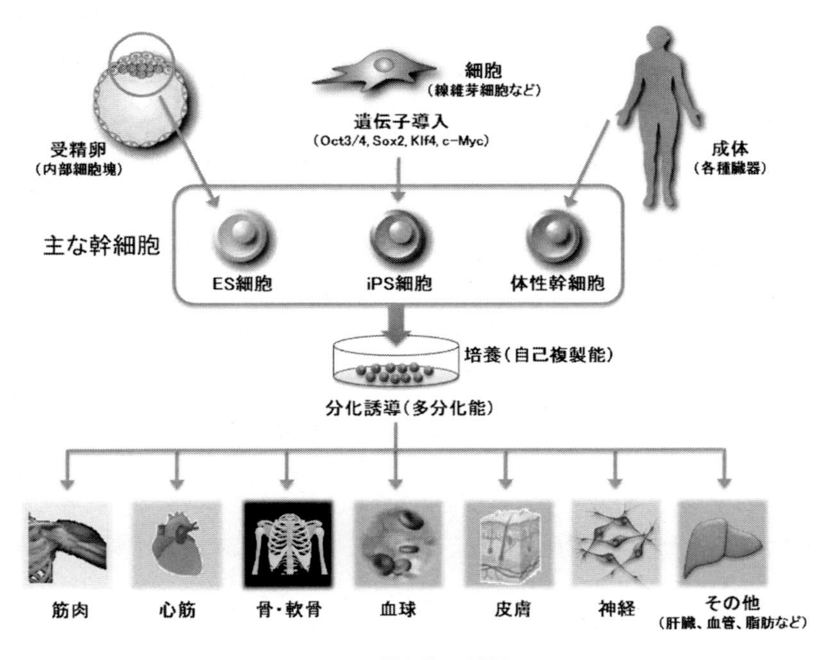

図5　幹細胞の種類

る能力があると考えられており，医療の分野だけではなく我々の美容と健康においても極めて重要な細胞であると認識している。次に，美容において重要な組織である皮膚における幹細胞に着目したこれまでの研究をまとめるとともに，皮膚の幹細胞をターゲットにした新しい美容の考え方について概説する。

3.1 皮膚の老化と幹細胞について

皮膚の幹細胞の研究は，表皮を中心に1970年代より始められたと認識している。マウス表皮における細胞増殖の実験から，基底層において細胞周期が静止期もしくは極めてゆっくりと細胞周期が回る細胞（slow-cycling cell）が散見されて以来，現在は，この細胞が表皮の幹細胞であると考えられている[6)]。また，基底層に存在するこのslow-cycling cellは，大きさが小型でかつ未分化な状態であり，この細胞を起源とし基底層が構成され，さらに分化が進むと上方の層へ移行するにつれて細胞が大きく扁平化し，最終的に鱗屑となって剥がれ落ちる。すなわち，この一連の連続した工程が，現在いわれているところの「ターンオーバー」であると考えられる[7)]。このように，皮膚の幹細胞は組織の再生や恒常性維持を担う重要な細胞として研究が進められ，現在では，表皮，毛包のバルジ，真皮，皮下脂肪，皮脂腺などに，それぞれ幹細胞が存在していると報告されている[8～10)]。これら幹細胞が協調して，皮膚を構築し，組織としての機能を維持しているものと考えられる。ゆえに，これら幹細胞は，皮膚の美容にとって非常に重要な細胞となる可能性が高いと思われる。

美容では，その老化現象をいかに食い止めるか，または改善するかが課題となる。具体的な皮膚の老化現象としては，シワ，シミ，乾燥，萎縮，キメの消失など様々な現象が加齢とともに現れる。このような，皮膚の老化現象と幹細胞との因果関係については今のところ明確な答えはない。そこで筆者らは，皮膚の経年加齢に伴う幹細胞の動態解析を行うことで，皮膚の老化と幹細胞の関係について検討を進めている[11)]。これまでの研究から，皮膚（表皮，真皮，皮下脂肪）において多分化能を有する幹細胞の存在を確認している。この皮膚の幹細胞は，p75NTR（p75 Neurotrophin Receptor：CD271）と呼ばれる受容体タンパク質を発現しており，増殖能，多分化能ともに優れた能力を有していることが確認された[12)]。また，この幹細胞（p75NTR陽性細胞）をターゲットに20歳代と60歳代の女性の皮膚におけるその動態変化について解析したところ，60歳代の皮膚では幹細胞の数が顕著に減少している様子が観察された（図6）。これらの結果から，皮膚の幹細胞は，加齢に伴って減少していることが明らかとなった。以上の結果は，加齢に伴う皮膚の幹細胞の減少が，皮膚の再生能力の低下を招き，その結果として様々な老化現象が誘起される可能性を示唆していると考える。現段階では，皮膚の老化現象と幹細胞との間にどのような因果関係があるのかは未だ不明である。今後，皮膚の幹細胞の研究が進展するに従い，その関係が紐解かれていくことと期待される。しかし，合わせてその研究成果をいかに我々の実生活における美容や健康につなげていくかについても考えていく必要があり，その試みについては未だ始まったばかりである。

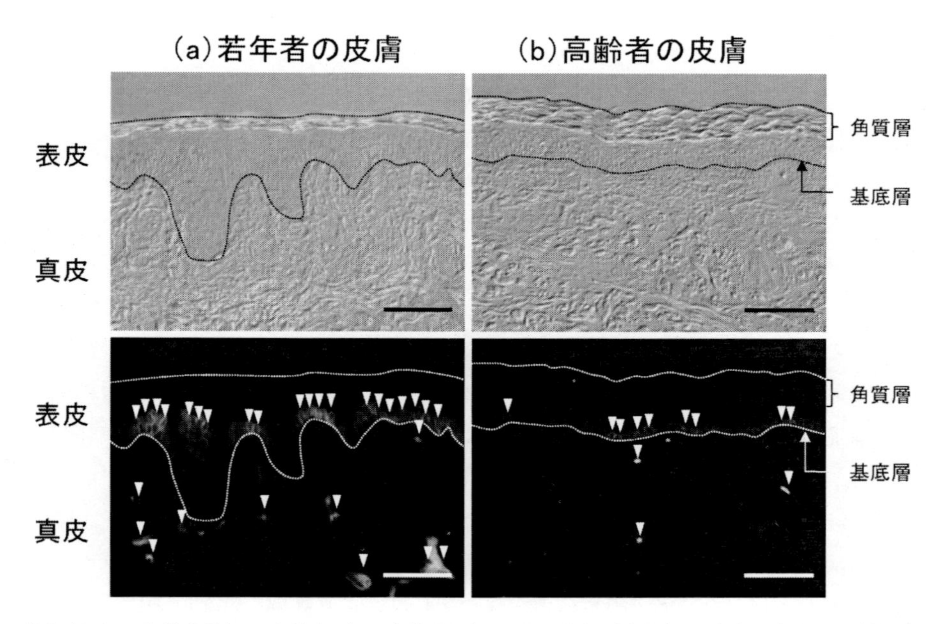

図6　若年者（20歳代女性）と高齢者（60歳代女性）の非露光部（腹部）の皮膚に存在する幹細胞の比較
若年者の皮膚（a）では，基底層の表皮突起の浅い部位に幹細胞が存在しており，その数も多い（矢頭）。これに対して，高齢者の皮膚（b）では，表皮突起が消失し，幹細胞もまばらに存在するようになり，その数も減少している（矢頭）。また，若年者に比べ高齢者の真皮においても，幹細胞の数が減少している様子が観察される（矢頭）。なお今回は，皮膚の幹細胞マーカーとしてp75NTRを指標にしている。(Bar = 100 μm)

3.2　幹細胞をターゲットにした美容の可能性について

既述したように，幹細胞は皮膚の再生能力や恒常性維持にとって欠かせない存在であることがわかってきた。また，皮膚の老化とも密接に関与している可能性も見え始めている。今後，皮膚の幹細胞の研究が進展するに伴い，この特別な細胞をターゲットとした新しい美容技術の開発が進んでいくものと予測される。このような中，筆者らは日常的にケアができる化粧品や健康食品に注目している。これらアイテムは，手軽に一般消費者が自分の意思で購入し日常的に使用することができることから，皮膚の美容と健康を維持する手段として広く受け入れられていると認識している。また，その技術レベルも進歩しており，今では作用が緩和である化粧品や健康食品でさえも，恒常的に皮膚を美しく健やかな状態に保つために必要なアイテムであることは，社会的にも認知されていると考える。しかしながら，現在のところ幹細胞研究を上手く応用活用した化粧品や健康食品はほとんどない。そこでまず本項では，皮膚の幹細胞をターゲットにした美容や健康に応用可能な原料探索について以下にまとめたい。

まず，幹細胞をターゲットにした美容や健康を考えた場合，先にも記したが，我々の皮膚に存在する幹細胞の能力を見極め，かつ老化現象との因果関係を明らかにすることは必須である。また，この細胞の持つ性質をよく理解し，上手く制御する技術や新規有効性原料が必要であり，これらを開発できれば根本的な皮膚の若返りが期待できると考える。このような概念は，これまでは机上の空論と思われてきたが，近年の幹細胞研究の進歩をみると現実味を帯びてきている。例えば，これまでに幹細胞をターゲットとした新規有効性原料の開発も進められており，皮膚の幹細胞の機能を保護する原料の登場[13]や，また，幹細胞をターゲットとした皮膚外用剤（クリーム）の有効性として，実際に臨床試験での効果も報告されるようになってきた[14]（図7）。このように，今後，我々の美容と健康を維持・増進するための新しいアイテムとして，幹細胞をターゲットとした化粧品や健康食品が登場し，そしてそこに配合される新規有効性原料の市場は益々拡大していくものと考える。さらに，このような幹細胞をターゲットにした具体的な美容と健康の技術開発を発展させるためにも，幹細胞を用いた様々な評価系の構築は必須である。この課題に対して筆者らは，これまでに皮膚の幹細胞研究を進める中で，皮膚の幹細胞を用いた皮膚細胞（角化細胞，線維芽細胞，皮下脂肪細胞）への分化誘導技術や，ES細胞を用いた分化過程（間葉系細胞，メラノサイト）を評価する技術の開発を行ってきた[9,15]（図8）。その他にも，国立がん研究センターの落谷らは，ヒトの間葉系幹細胞を用いた新規の毒性・安全性試験について検討している[16]。また，現在iPS細胞を活用した，多くの新しい評価技術の開発も進められている[17,18]。このような幹細胞を活用した評価・解析技術が進歩すれば，より詳細な幹細胞を含めた様々な細胞の能力が解明され，また，それらを制御する技術の開発に繋がっていくものと期待される。さらに将来的には，これらの技術がこれまでの美容を次のステージに進展させ，幹細胞を制御することで組織そのものを再生させる新しい考え方として“再生美容”の礎になるものと期待される。

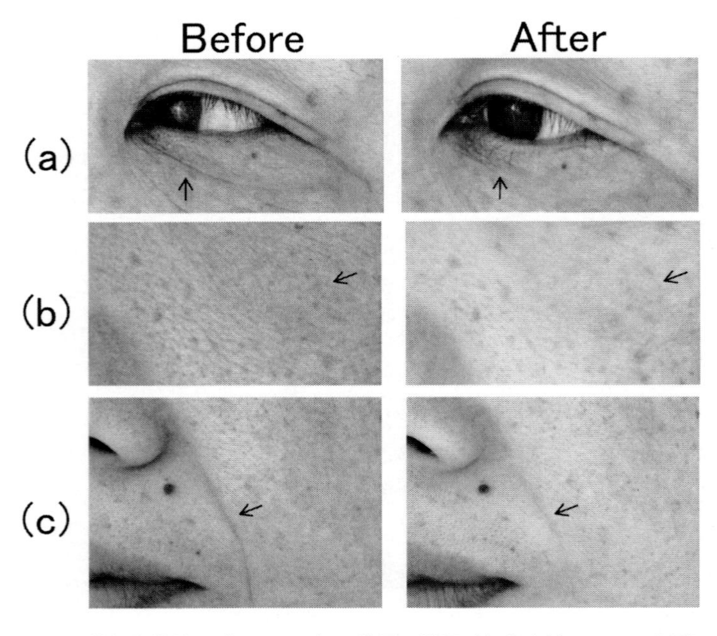

図7　幹細胞化粧品（クリーム）の効果の検証（参考文献14より改編）
幹細胞を活性化する原料を配合したクリームを，3ヶ月間継続使用した場合の皮膚の変化。（a：目もとのシワ，b：キメ，c：ほうれい線）

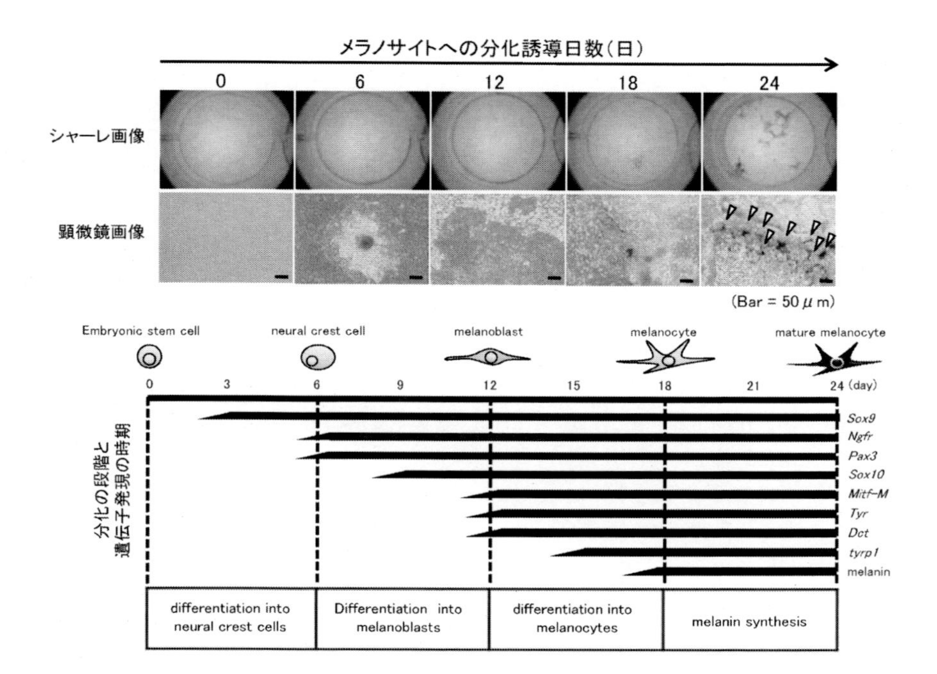

図8　ES細胞を用いたメラノサイトへの分化誘導と遺伝子発現の変化（参考文献15より改編）
マウスES細胞を用いて，メラノサイトへの分化誘導系を確立した。ES細胞からメラノサイトへの分化過程における遺伝子発現の変化について解析を行った結果，神経堤細胞（nural crest cell）からメラノブラスト（melanoblast），そしてメラノサイト（melanocyte）の段階を経て最終的にメラニンを合成する成熟したメラノサイト（矢頭）へと分化することが確認された。

4　おわりに

ここ数年で幹細胞の研究は急速に進歩した。しかしながら，これら研究成果が，我々の実生活へ還元されている実感は今のところ薄いと考える。今後，本研究分野は実用化に向け，様々な応用研究のステージに移っていく段階にあると考えられる。ここまで研究が進められたのは，これまで粘り強く研究を進めてきた多くの研究者たちの努力の賜物であり，間違いなく近い将来，我々のQOL（Quality of Life）向上のための技術として“形”あるものに仕上がっていくと確信している。その中の一つが“化粧品”や“健康食品”であり，いつまでも健康で若々しく美しくありたいと願う人々の夢を実現させる重要なアイテムとして進化を遂げさせる必要がある。既述してきたように，幹細胞には組織を根本的に若返らせる能力が秘められている。この能力は，今までの美容や健康で目指してきた究極の能力である。これまでの幹細胞研究から，ようやくこの究極の能力の一端を評価できるようになってきた。しかし，まだまだ不明な部分も多く残されており，これらを新しい技術として確立するためには更なる研究が必要不可欠である。また，将来的には幹細胞がものづくりに活かされ，様々な製品やサービスが登場してくると予測されるが，近年では，十分な安全性や科学的検証もなされないままに，ビジネス優先で誇張な宣伝がなされるケースもみられる。今後“幹細胞”や“再生医療”という言葉だけが独り歩きせず，世の中の人々が安心して活用できる真の次世代の技術として確立していくことが重要であると考える。

文　献

1) 厚生労働省，http://www.mhlw.go.jp/bunya/kenkou/kenkounippon21.html （2012.10.9 現在）
2) World Health Organization（WHO），http://www.who.int/whosis/whostat/2010/en/index.html （2012.10.9 現在）
3) 2012 年ノーベル医学生理学賞 , http://www.nobelprize.org/ （2012.10.9 現在）
4) 厚 生 労 働 科 学 研 究　健 康 寿 命 の ペ ー ジ，http://toukei.umin.jp/kenkoujyumyou/ （2012.10.9 現在）
5) 内 閣 府　消 費 者 委 員 会 事 務 局，http://www.cao.go.jp/consumer/iinkaikouhyou/2012/houkoku/201205_report.html （2012.10.9 現在）
6) J. R. Bickenbach *et al.*, *Cell Tissue kinet.*, **19**, 325 (1986)
7) C. S. Potten, *Cell Tissue Kinet.*, **7**, 77 (1974)
8) V. Vasioukhin *et al.*, *Cell*, **104**, 605 (2001)
9) Y. Hasebe *et al.*, *J. Dermatol. Sci.*, **62**, 98 (2011)
10) T. Yamada *et al.*, *Biochem. Biophys. Res. Commun.*, **396**, 837 (2010)
11) N. Yamamoto, *J. Dermatol. Sci.*, **48**, 43 (2007)
12) T. Yamada *et al.*, *J. Dermatol. Sci.*, **58**, 36 (2010)
13) 来島正浩ほか，*FRAGRANCE JOURNAL*, **39**, 34 (2011)
14) 音田愛ほか，皮膚と美容，**43**, 28 (2011)
15) Y. Inoue *et al.*, *Pigment Cell Melanoma Res.*, **25**, 299 (2012)
16) 落谷孝広，移植，**44**, 173 (2009)
17) M. Galach, J. Utikal, *Exp. Dermatol.*, **20**, 523 (2011)
18) H. Inoue, S. Yamanaka, *Clin. Pharmacol. Ther.*, **89**, 655 (2011)

第５章　皮膚の老化

渡辺晋一[*]

1　皮膚の老人性徴候（老徴）

老化による皮膚の変化を老徴といい，皮膚表面の乾燥・粗造化，皮膚の萎縮，シワ，皮膚のたるみ，黄褐色調の皮膚色，皮膚の蒼白化，皮膚温低下，髪の毛の軟毛化と脱毛，白髪，耳の毛や眉毛の伸長と硬毛化，爪の縦溝・縦線，爪甲の肥厚と黄色化などがみられる（表1）。

2　老化の機序

老化の機序は充分解明されているわけではないが，今までに報告された老化の機序には以下のような説がある。

①　プログラム説：老化遺伝子

遺伝子レベルで老化が運命づけられているというものであるが，今のところ誰もが認める老化遺伝子はみつかっていない。

②　エラー説

遺伝子の複製のミスや遺伝子や細胞に生じた傷が蓄積されることによって老化が生ずるとの考え。

③　フリーラジカル説：活性酸素種（reactive oxygen species：ROS）

生体は酸素を消費して生体の活動や恒常性を保っているが，この時に生ずる活性酸素という細

表１　皮膚の老人性徴候（老徴）

・弾力性の低下⇒シワ
・色素沈着
・黄褐色調
・光沢を失う
・乾燥して粃糠様落屑を付着（dry skin）⇒瘙痒⇒老人性皮膚瘙痒症
・長期間紫外線を受けた部位：萎縮，毛細血管拡張，色素沈着，脱色素斑⇒水夫皮膚 sailor’s skin，農夫皮膚 farmer’s skin（項部菱形皮膚 cutis rhomboidalis nuchae）
・毛：白髪 canities，頭髪の減少，長毛（眉毛，外耳道，鼻毛）
・爪：発育速度の低下，光沢の低下，黄色調，肥厚，縦線

＊　Shinichi Watanabe　帝京大学　医学部　皮膚科　主任教授

胞毒が生体に傷害をあたえ，これらの傷害が蓄積されて老化が生ずるという考えで，エラー説に属する考えである。

④　プログラム細胞死（アポトーシス：apoptosis）説

プログラム説に近い考えであるが，アポトーシスに関与する遺伝子は老化遺伝子ではない。アポトーシスとは生体にとって不必要な細胞（癌細胞やウイルスに感染した細胞など）が自ら死んでしまうように遺伝子レベルでプログラムされていることをいうが，この制御ができなくなり，正常細胞もアポトーシスに陥るというものである。その結果，機能維持ができなくなり，老化するという説である。

⑤　テロメア説

テロメアは染色体の両端に存在するが，生殖細胞以外は細胞分裂を繰り返すごとにテロメアが短縮する。そしてテロメアが消失すると細胞分裂ができなくなり，死に至るというものである。

以上のような諸説があり，どれが正しいかはわからないが，いずれにせよ，テロメアの短縮やアポトーシスなどにより細胞は死に，また生体に生じたフリーラジカルなどにより老化は促進されると考えられる。

3　老化による皮膚の変化

3.1　肉眼的変化

老化によって認められる皮膚病変には表2のようなものがある。例えば図1には色素斑（老人性色素斑）と色素脱失斑（老人性脱色素斑）が同時に認められるし，図2ではシワが目立ち，また老人性のイボ（老人性疣贅：別名脂漏性角化症）が多発し，一部には皮膚癌が発生している。さらに図2では頬部に毛細血管拡張が見られる。このように老化に伴い種々の皮膚病変がみられるが，だれにでもみられる代表的な皮膚病変はシミ，シワである。しかしシミは皮膚科の教科書では肝斑と同意語となっているが，世間でいうシミには種々の色素病変が含まれ，世間でいうシ

表2　老化によって認められる皮膚病変

・色素沈着，あるいは色素斑（老人性色素斑）などのいわゆる「シミ」
・色素脱失（老人性白斑）
・血管の脆弱性による出血斑（老人性紫斑）
・いわゆる「シワ」（老人性皮膚萎縮症）
・項部菱形皮膚
・老人性疣贅（脂漏性角化症）の発生
・老人性角化種などの皮膚悪性腫瘍の発生
・脱毛
・白毛
・皮膚の乾燥化（老人性乾皮症）

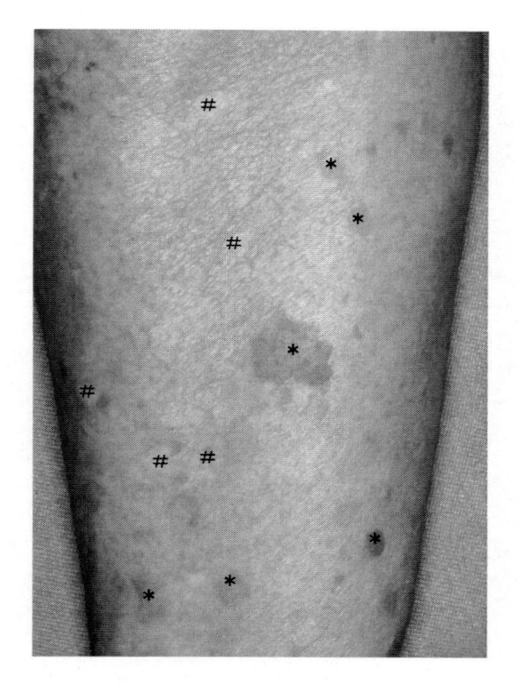

図1　高齢者の腕に見られた老人性色素斑（*）と老人性白斑（#）

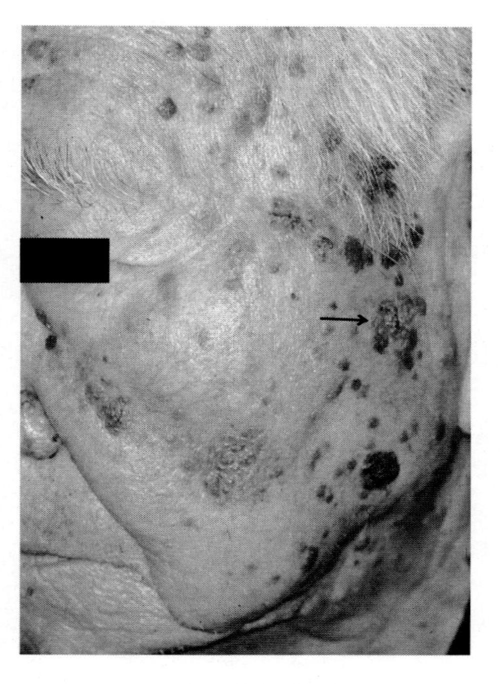

図2　高齢者の顔面
シワが目立ち，老人性疣贅（脂漏性角化症）が多発している。一部には基底細胞癌（矢印）が生じ，頬部には毛細血管拡張が見られる。

表3　老化に伴う皮膚病変

・老人性色素斑	senile pigment freckle
・老人性疣贅	verruca senilis（脂漏性角化症）
・有茎軟腫	acrochordon
・老人性白斑	leucoderma senile
・老人性血管腫	senile angioma
・老人性紫斑	senile purpura
・老人性脂腺増殖症	senile sebaceous hyperplasia
・老人性面皰	senile comedones

ミの6割は老人性色素斑（日光色素斑）であるので[1]，肝斑と区別するために，老人性色素斑を「老人性のシミ」ということもある。その他「老人性」とついた皮膚病変には表3のようなものがあるが，これらは必ずしも高齢者だけに見られる疾患ではなく，20歳代から発症することもある。例えば老人性血管腫（図3）は別名 cherry angioma と呼ばれ，20歳代から見られることもあるし，老人性疣贅も20歳代のヒトにみられることもある。

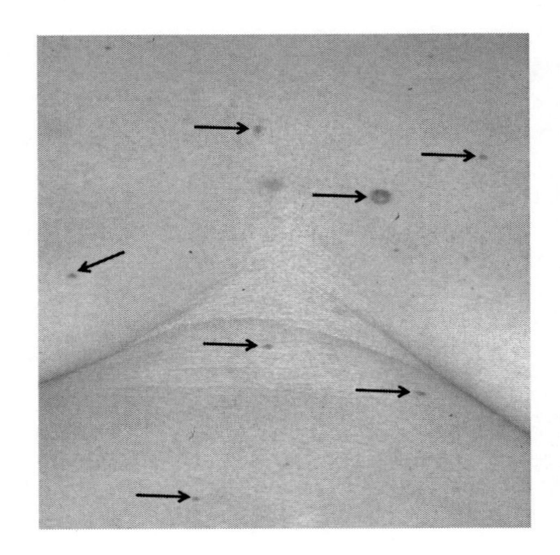

図３　体幹に生じた老人性血管腫（矢印）

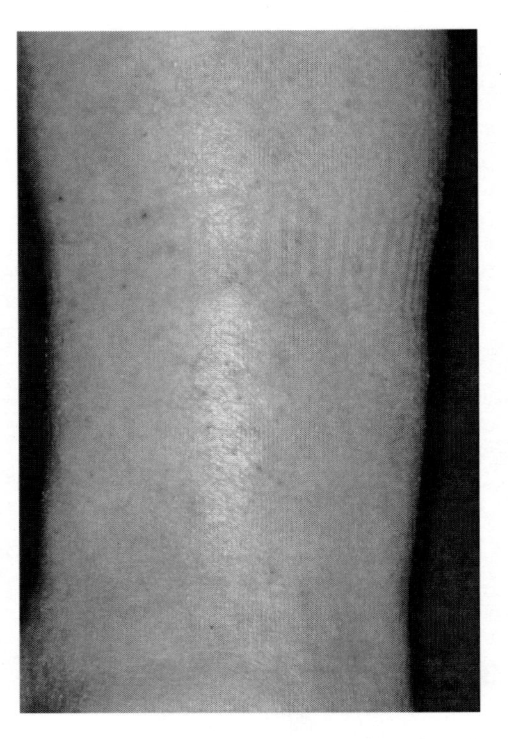

図４　下腿に生じた老人性乾皮症（皮脂欠乏性湿疹）
皮膚の乾燥と落屑がみられ，瘙痒による点状あるいは線状の掻破痕が見られる。

3.2　組織学的変化（表 4）

表皮は薄くなり，平坦化するため，表皮は真皮と剥がれやすくなるため，外力により簡単に皮膚が裂けやすくなる。色素を産生するメラノサイトは減少するため，老人性白斑（図 1）といった小型の白斑を生ずるが，メラニンの限局的増加により老人性色素斑が生ずる（図 1）。ただし老人性色素斑は老化により，表皮の一部が異常となり，その部位のターンオーバーが減ずるため，メラニンが蓄積して色が濃くなったものと考えられ，メラノサイトの老化によって生じたものではない。エクリン汗腺は萎縮・減少するため，老人では汗をかきにくくなる。ただしアポクリン汗腺はあまり変化しないようである。脂腺の分泌は年とともに低下し，特に女性では 20 歳代をピークとして徐々に減少する。しかし男性では，特に顔面は中年の頃まで脂腺の活動は落ちないことが多い。そのため，男性では中年になっても顔が油ぎっている人が少なくない。また脂腺の活動は部位によっても異なり，脂腺の分泌低下は下腿から始まって，年齢とともに徐々に上半身に移動する。そのため老人性乾皮症（皮脂欠乏性湿疹）（図 4）は最初下腿に始まることが多い。

真皮では膠原線維が細くなり，また減少する一方で，ムコ多糖類，ヒアルロン酸／デルマタン

表４　老化に伴う皮膚の組織学的変化

・表皮：薄くなり，平坦化する
・メラノサイト：減少，ただし限局的増加あり
・エクリン汗腺：萎縮・減少
・アポクリン汗腺：あまり変化なし（高齢者では分泌は低下）
・脂腺：高齢者では分泌は低下（女性の方が早い）
・真皮：
　— 膠原線維が細くなる
　— ムコ多糖類／コラーゲンの減少
　— ヒアルロン酸／デルマタン硫酸の減少
　— コラーゲン架橋の増加

表５　老化に伴う皮膚の微細構造の変化

・表皮：
　— ケラトヒアリン顆粒の減少
　— 暗調な基底細胞の出現（アポトーシス）
　— 真皮への表皮細胞の微小絨毛突起（foot like projection）の消失
・真皮：
　— 線維成分：anchoring fibril の減少，膠原線維束の太さの減少，線維束間の開大，膠原細線維の繊細化と大小不同，microfilament が細線維間に多数出現，弾性線維の amorphous material の減少，細顆粒状物質の増加，小空胞状構造の出現，microfibril の減少
　— 細胞成分：線維芽細胞の粗面小胞体の発達の低下とライソゾーム様構造の増加
　— 血管：基底板様構造の重層化

硫酸も減少するため細胞間基質が減少し，シワが生ずると考えられている。またコラーゲン架橋の増加や弾性線維の減少により皮膚の弾力や張りがなくなると考えられている。そのためシワの治療には真皮にコラーゲンやヒアルロン酸を注入する方法があり，有効であることが確かめられている。ただし注入した物質はやがて吸収されるために，その持続期間は半年程度のことが多い。このようにシワの成因として，老化により真皮成分が減少することによって生ずると長い間考えられており，コラーゲンやヒアルロン酸の注入療法でシワが改善することから，その考えが正しいことが実証されている。しかし最近ボツリヌス毒素を表情筋に注射し，表情筋の麻痺を起こすことによって，顔に生ずる深いシワが消失することがわかり，顔に生ずるシワの多くは表情筋の持続的収縮によっても生ずることがわかってきた。

皮膚の微細構造も表５のような変化を生ずるため，皮膚の弾力や張りがなくなるものと考えられている。また血管の基底板様構造の重層化などにより血管壁は危弱となり，ちょっとした外傷で血管壁が破れ出血しやすくなる。このようにして生じた出血斑を老人性紫斑（図５）と呼ぶ。

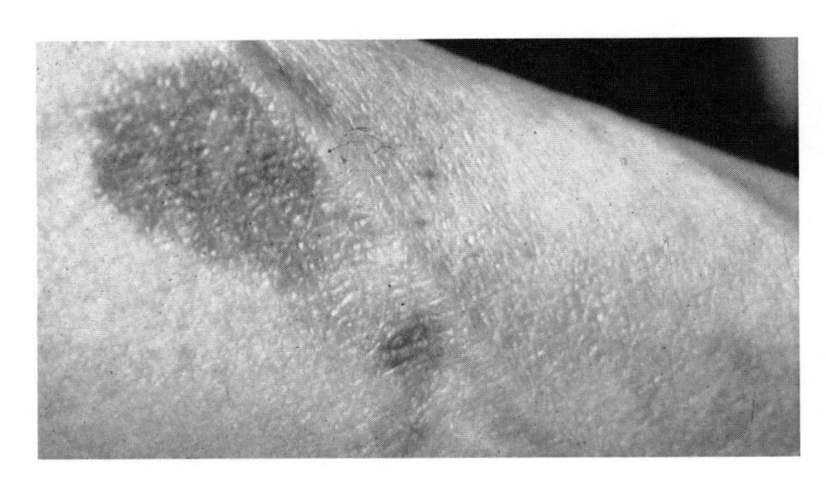

図５　腕に生じた老人性紫斑

4　成因からみた皮膚の老化の種類

老化とともに皮膚には様々な変化が見られるが，皮膚の老化を考える場合は加齢に伴う生理的な老化（chronological aging）と紫外線（ultra violet：UV）による光老化（photoaging）の２種類が存在することを念頭に置く必要がある。例えば臀部の皮膚は生涯にわたって殆ど日光に暴露されることはないためシミはないが，老化に伴い皮膚は薄く，たるみ，細かいシワがあり，乾燥し，ざらざらする。これが生理的老化である。一方，顔面や手背は大量の紫外線をあび，シミや深いシワが生じ，皮膚も厚くごわごわし，臀部の皮膚とは全く異なった症状を示す。つまり日光暴露部位とそうでないところは老化に伴う皮膚の変化が全く異なり，皮膚老化のシンボルとして一般に認識されるシミ，シワなどの老人性皮膚徴候は，日光暴露が大きく関与していることがわかる。これを生理的老化と区別して光老化と呼んでいる。このように歳をとった皮膚には生理的な老化と光老化があり，両者は基本的に異なるものであるが，実際は両者が入り交じっているため，厳密には両者を区別することができないことが多い。しかし皮膚の老化を研究する場合，両者を正確に区別して議論しなければならない。

5　生理的老化（chronological aging）

日光暴露と関係なく，生理的老化によって生ずる皮膚の変化には種々のものがあるが，主なものは以下の通りである。そしてその発生メカニズムは表６のように考えられている。

5.1　角層の変化

角層では老化とともに角層の保水機能が低下する。これは生理的老化により，皮脂腺の活動性

表6　皮膚の生理的老化に伴う皮膚病変の発症メカニズム

・角層：角質の保水機能の低下（角層細胞間脂質・天然保湿因子の減少）⇒乾燥肌，バリア機能の低下⇒被刺激性の亢進⇒皮脂欠乏性湿疹
・表皮：菲薄化，平坦化，表皮を構成する細胞の減少，基底細胞の障害⇒日光角化症⇒有棘細胞癌
・真皮：線維芽細胞の減少・機能低下，膠原線維やグリコサミノグリカンなどの細胞外基質の産生減少や分解亢進⇒皮膚の張力の減退と萎縮，弾力線維の変性（光線性弾性線維症）*⇒皮膚の弾力性の低下⇒シワ，たるみ
・皮膚血管：血管支持組織の減少・変性⇒老人性紫斑
・皮下脂肪織：顔，手，下腿，足などで減少⇒たるみの一因；腰，腹部，大腿などで増加⇒肥満
・付属器：毛嚢の色素脱失⇒白髪，皮膚付属器の萎縮，脂腺の肥大，汗腺の減少

光線性弾性線維症*は主に光老化によって生ずる

の低下や角質細胞間脂質の減少，また角層の吸湿性を保持する作用をもつアミノ酸を主体とする可溶性の低分子物質（天然保湿因子：NMF）が減少することに起因する。この結果，角質水分含有量は低下し，皮膚は乾燥・粗造化し，いわゆる「老人性乾皮症」の状態となる。このような状態になると皮膚のバリア機能が低下し，外的刺激やアレルゲン，微生物が容易に角層を通過しやすい状態となり，その結果，これらの刺激は痒みを引き起こし，掻破行動の繰り返しにより湿疹，いわゆる皮脂欠乏性湿疹（図4）となる。

5.2　表皮細胞の変化

表皮細胞や線維芽細胞の分裂能や増殖能の低下あるいはこれらの細胞の代謝機能の低下やターンオーバーの低下によって生じ，皮膚は細胞の減少により薄くなり，また細胞外基質も減少する。そのため，表皮では表皮突起が消失し，扁平化する。その結果，真皮と表皮の接触面積が減少することになり，皮膚は外力に対して弱くなり，表皮が剥けやすくなる。

5.3　真皮の変化

真皮では膠原線維や細胞間基質の産生減少や分解亢進により皮膚の張力の減少や弾力性の低下が起こり，シワやたるみが生ずる。しかし顔面のシワの発生には先に述べたように表情筋の持続的収縮によることが多いことが最近わかってきた。また血管壁や血管支持組織の減少，変性により，容易に出血しやすくなり老人性紫斑（図5）が生ずる。

5.4　皮膚付属器の変化

加齢により性ホルモンの低下あるいは変化が生じ，皮脂腺の分泌や毛嚢に影響を及ぼし，ニキビ，老人性脂腺増殖症（図6）や脱毛などの変化をきたす。ただしこの時注意すべきことは，毛嚢・脂腺構造はそれが存在する部位により，性ホルモンレセプターの発現が異なり，年齢とともに，男性では毛髪は薄くなるが，耳毛，鼻毛，眉毛は長くなる。また頭髪では特に前頭部から頭頂部にかけての脱毛が目立つようになる。

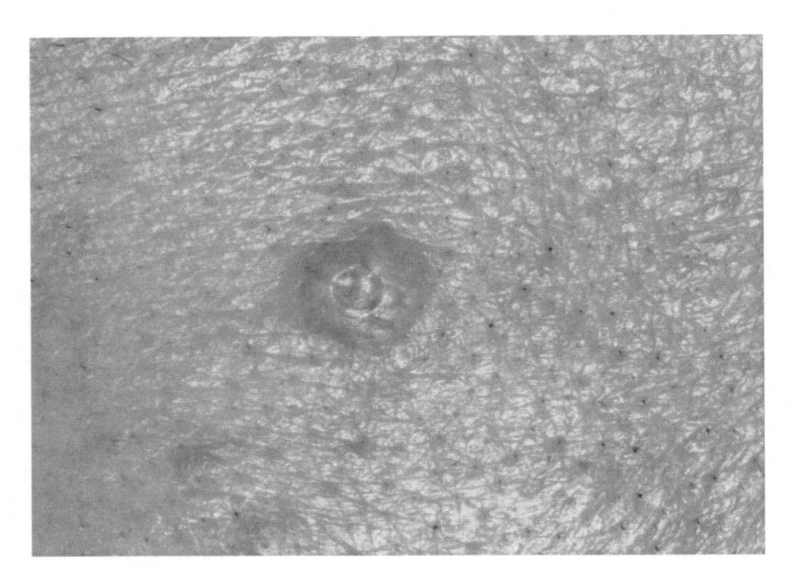

図６　頬部に見られた老人性脂腺増殖症

6　光老化（photoaging）

6.1　紫外線の分類

光老化を生ずる紫外線（ultra violet：UV）は波長によりUVC（180-280 nm），UVB（280-320 nm），UVA（320-400 nm）に分類されているが，そのうちどれが光老化に大きく関与しているかは充分にわかっているわけではない。おおまかに言えることは，紫外線の波長が短いほど高いエネルギーを有しているので，生体に及ぼす傷害が強い。ただしUVCは通常オゾン層に吸収され，地上には到達しないため，UVBとUVAが光老化を起こす紫外線となる。この中でもUVBはUVAよりもエネルギーが高いため，DNAや蛋白の変性を引き起こす作用が強く，皮膚癌やシミの原因となる。しかしUVBは雨や曇っている日には地上には到達せず，また通常のガラスを透過しないため，室内にいる限り我々がUVBに暴露されることはほとんどない。一方，UVAは，光のエネルギーはUVBより小さいものの，曇った日にも地上に到達し，通常のガラスを透過するので，UVAに暴露される機会が高く，蓄積された紫外線の総照射量は，決して無視できない。

6.2　紫外線による表皮の変化

光老化による皮膚病変で最も頻度が高いものは老人性色素斑（日光色素斑）（図1）で，俗に老人性のシミと呼ばれている。また老人性疣贅（脂漏性角化症）（図2）も老化に伴って生じる比較的ありふれた良性腫瘍であるが，これは日光裸露部に好発するが，被覆部位にも発生するので，必ずしも光老化によるものとはいえないかもしれない。そのほか光老化の主な皮膚症状には老人性角化腫があり，これは一種の前癌状態である。さらに癌化すると有棘細胞癌となり，その他の皮膚悪性腫瘍，例えば基底細胞癌（図2）や悪性黒色腫もその発生に紫外線が大きく関与する。実際に紫外線を防御する役割を担うメラニン色素が少ない白人では，日本人の10倍以上皮膚癌が多いことが知られている。

紫外線による発癌のメカニズムは，紫外線が核酸に吸収され，チミジンダイマー（ピリミジン基の2量体）が形成されるためと考えられている。つまりチミジンダイマーなど核酸に傷をもった細胞がアポトーシスなどによって排除されているうちはよいが，それが蓄積され，さらにp53癌抑制遺伝子の変異などが加わると，日光角化症などの前癌状態となり，やがて有棘細胞癌などに変化すると考えられている（表7)。

6.3　紫外線による真皮の変化

真皮では光老化により光線性弾性線維症がみられる。これは本来病理学的にエオジン好性に染まる膠原線維で占められている真皮上層から中層が，淡い灰青色の不定形の線維あるいは凝集塊に置換されている状態である。この物質は弾性線維が変性したものではなく，線維芽細胞が産生する弾性線維自体に変化が起こったものと推測されている。組織学的にはミクロフィブリルの抗原性を失っており，この部位に一致してプロテオグリカンや糖鎖（advanced glycation endproducts：AGEs）も証明されている。しかしその発生機序はいまだに充分解明されているわけではないが，紫外線により直接あるいはサイトカインを介してcollagenaseやelastaseが活性化され，膠原線維や弾性線維が減少し，さらにmatrix metalloproteinase（MMP）が活性化され，この酵素により細胞間基質が減少するために生ずると考えられている（表7)。

表7　紫外線によるシミ・シワの発症メカニズム

・表皮
　—UV⇒チミジンダイマー（ピリミジン基の2量体）⇒アポトーシスまたは日光角化症⇒p53癌抑制遺伝子変異⇒有棘細胞癌
・真皮
　—UV⇒collagenase産生の増加，collagenase geneの発現の亢進⇒typeI，typeII collagenの減少
　—elastin産生能の低下
　　・UVB⇒skin fibroblast elastaseの増加⇒皮膚の弾力性の消失⇒小ジワ
　—真皮collagenの架橋（histidinohydroxylysinonorleucine：HHL）の増加
　—UV⇒大型コンドロイチン硫酸プロテオグリカン（versican）の増加，小型コンドロイチン硫酸（decorin）の減少，ヒアルロン酸の減少
　—UV⇒ROSの産生⇒TNF-α産生⇒細胞外マトリックス蛋白の破壊，collagenase（matrix metalloproteinase：MMP-1）を誘導
　—UV⇒ROSの産生⇒IL-1，IL-6産生⇒collagenase産生の増加
　—UV⇒ROSの産生⇒matrix metalloproteinase（MMP)-2を誘導

UV：ultraviolet紫外線，ROS：reactive oxygen species活性酸素

このような光線性弾性線維症が生じた皮膚では大小不規則な深いシワを形成する。特にこの変化の代表的なものは項部菱形皮膚と呼ばれるもので，これは項部に深いシワが出現し，そのシワに囲まれた皮野が菱形を呈するものである。昔は農夫皮膚（farmer's skin），漁師皮膚（fisherman's skin）と表現され，戸外労働の特徴でもあった。

7　皮膚の老化に対する対策

7.1　生理的老化に対する対策

生理的老化に対する対策は，それが生理的な変化であるがゆえに，今のところ有効な手段はない。日常生活では暴飲，暴食など不規則な食事を避け，バランスのよい食事をとり，規則正しい睡眠を取ることである。勿論過剰なストレスを避けることも大切で，これは長年言われ続けた長生きの秘訣となんら変わることはない。そのため，皮膚の老化対策は，次項の光老化対策が主なものとなる。

7.2　光老化に対する対策

7.2.1　紫外線対策

光老化に対する対策は紫外線対策である。つまり紫外線にあたらないようにすることである。できるだけ日中の外出は避ける。特に午前10時から午後2時の間の外出を避ける必要がある。また日中外出する場合は，帽子，サングラス，日傘などを使用し，さらに長袖の服を着るなどなるべく肌を露出しないようにして，紫外線を避けることが大切である。そして服はなるべく目が詰った，光を透過させない素材の服が望ましい。その上でサンスクリーン剤をまめにつけなければならない。ただしサンスクリーン剤は汗で流れてしまう可能性があるので，数時間おきにつけなければならず，汗をかきやすいときには，2時間おきにつけるべきである。またサンスクリーン剤に記載されてあるSPFはUVBを防御できる能力を数字で示したもので，PAは＋から＋＋＋に強さが分類され，これはUVAを防御する能力を示している。そこで必ずSPFとPAの表示があるサンスクリーン剤を使用する。ただしこれらのサンスクリーン剤はある一定の厚さに塗った場合の紫外線防御能を示すもので，皮膚に薄く延ばした場合は，この表示どおりの紫外線防御能を示さない。必要十分な量を，適切な厚さで，皮膚に塗ることが大切である。そして誤解してはいけないことは，サンスクリーン剤は紫外線を100％カットするものではないことである。つまりサンスクリーン剤を使用したからといって安心して肌を日光に露出してはいけないということである。そしてサンスクリーン剤の使用はできるだけ子供のうちから行うべきである。

7.2.2　シミの治療

不幸にして老人性色素斑（老人性のシミ）が生じてしまった場合は，レーザーをはじめとする美容皮膚科治療により，治すことが可能になった[2]。ただし美容的皮膚科治療の中で，Qスイッチレーザーによる治療が老人性色素斑に対し，最も確実で安全性が高い治療法である[3]（図7）。

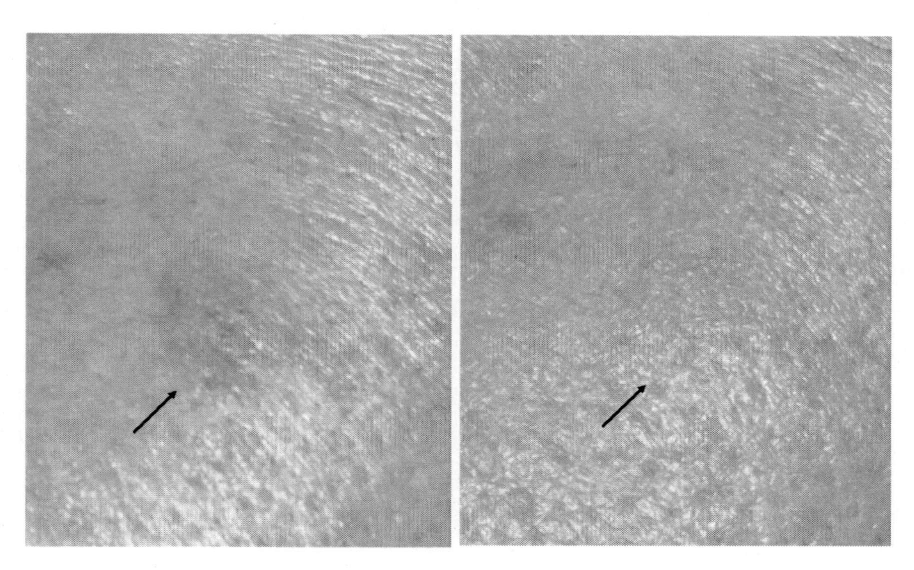

図７　老人性色素斑に対するＱスイッチルビーレーザー照射による治療効果（左図：治療前，右図：レーザー治療１回後）
矢印が示す老人性色素斑はレーザー照射１回で消失

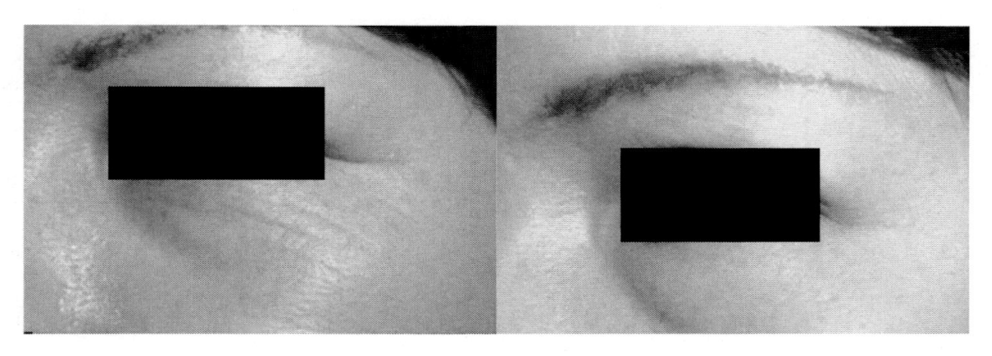

図８　シワに対するコラーゲン注入療法の治療効果（左図：治療前，右図：治療後）
目の下のシワはほぼ完全に消失（神田美容外科征矢野進一博士提供）

また世間でいう顔面に生ずるシミには老人性色素斑ばかりでなく，肝斑や顔面真皮メラノサイトーシス（facial dermal melanocytosis：FDM）[4]がある。これらの色素病変は肉眼的には同じように見えても成因が異なるため，治療法も異なる。例えば，肝斑はハイドロキノンなどのメラニン合成阻害剤の外用[5]と紫外線を避けることであるし，FDM に対しての治療法は唯一，Ｑスイッチレーザー照射のみである。

7. 2. 3　シワの治療

シワに対しては，コラーゲンやヒアルロン酸の注入療法（図８），あるいはボツリヌス毒素注入療法が行われており，いずれも有効であるが，治療効果は半年ほどしか持続しないことが多い[3,5]。コラーゲンやヒアルロン酸の注入療法はどのようなシワの治療も可能で，すぐに効果が見られるが，一般にコラーゲンの場合は表皮直下に注入しないと，治療効果は得られず，ヒアルロン酸の場合は真皮浅層に注入すると，皮膚の隆起が目立ってでこぼこした感じになることが多い。一方，ボツリヌス毒素注入療法は表情筋を麻痺させてシワを伸ばす方法であるため，注入する部位と投与量さえ間違わなければ，注入する深さを考慮する必要がないので，初心者でも比較的気軽に行える治療法である。ただし口囲に注入すると表情がなくなり，能面のようになるので，口囲のシワ治療には使用できない。また眼瞼下垂などの副作用もある。

7.2.4　壮年性脱毛症の治療

多くの男性で年とともに前頭部から頭頂部にかけて髪の毛が薄くなるのは，壮年性脱毛症と呼ばれ，ある程度致し方ないことと諦められていたが，最近壮年性脱毛症に対する治療法が開発された。男性ホルモンの一つであるテストステロンをジヒドロテストステロンへ変換する酵素である5-アルファ還元酵素（5α-reductase）を選択的に阻害するフィナステリドの内服がそれである。これにミノキシジルの外用を行えば，相乗効果があることが示されている。ただしこの治療法でも髪の毛が元通り，ふさふさするわけではない。そのほか自家植毛があるので，希望があれば試みてよい治療法である。

文　　献

1）渡辺晋一，香粧会誌，**24**，287（2000）
2）S. Watanabe, *Arch. Dermatol. Res.*, **300**（Suppl 1），S21（2008）
3）渡辺晋一，皮膚の科学，**7**，703（2008）
4）S. Watanabe, Facial dermal melanocytosis: Nevus of Ota and its related dermal melanocytoses, p. 283-291, Asian skin and skin diseases, special book of the 22nd World Congress of Dermatology, Medrang Inc., Seoul（2011）
5）渡辺晋一，日臨皮会誌，**27**，457（2010）

第6章　アトピー性皮膚炎

古江増隆*

1　要旨

アトピー性皮膚炎は，とてもかゆい湿疹が皮膚に起こる病気である。目のまわり，耳のまわり，首，肘や膝のくぼみなど屈曲するところによくできる。かゆいために掻き壊しが続くと，急速に全身に発疹が拡大し，しばしば重症化する。アトピー性皮膚炎という病名なので，アレルギーがとても関与しているように考えられがちであるが，花粉症や食物アレルギーとは異なり，アレルギーの関与は少なく，むしろ皮膚の弱い体質あるいは皮膚のバリア機構が不十分な人に発症する皮膚の病気である。そのため，バリアを補完するためのスキンケア，皮膚の炎症を抑えるためにステロイド外用薬やタクロリムス外用薬，かゆみを軽減させる抗ヒスタミン薬内服，かゆみを助長させるような増悪因子に対する環境整備・対策が治療の基本となる。幼小児の12%程度と頻度の高い疾患であるが，患者の80%は軽症，15%が中等症，5%が重症・最重症である。80%は5歳までに自然軽快するが，軽快しないで持続しながら悪化するタイプ，いったん軽快しても思春期頃に再発重症化するタイプなど経過には個人差がある。本稿では，本症の診断，病態，治療などについて概説したい。

2　診断

とてもかゆい湿疹が繰り返し出現する。かゆいので掻くとさらにかゆみが増して掻くので，治療しなければ湿疹は拡大していく。湿疹は屈側部位に好発するが，年齢によって若干臨床像は異なる。日本皮膚科学会診断基準が邦文および英文で論文掲載されている[1,2]。

①　かゆみ

アトピー性皮膚炎のかゆみは発作的に激烈になることが多く，かゆみによる掻破のために，皮疹はさらに悪化し，かゆみが増し，また掻破するという悪循環を繰り返すことが多い。かゆみは発汗，入浴や就寝時の体温の上昇，冬季の乾燥，ストレス時，大掃除の後（ホコリの吸入）などで誘発されることが知られている。

②　特徴的皮疹と分布

皮疹は湿疹病変で，急性病変と慢性病変が混在する。急性病変は赤み，掻き壊し，滲出液などが混在する（図1，図2）。慢性病変では硬みのある赤みや苔癬化（皮膚のゴワゴワ）が混在し（図

---

*　Masutaka Furue　九州大学　大学院医学研究院　皮膚科学分野　教授

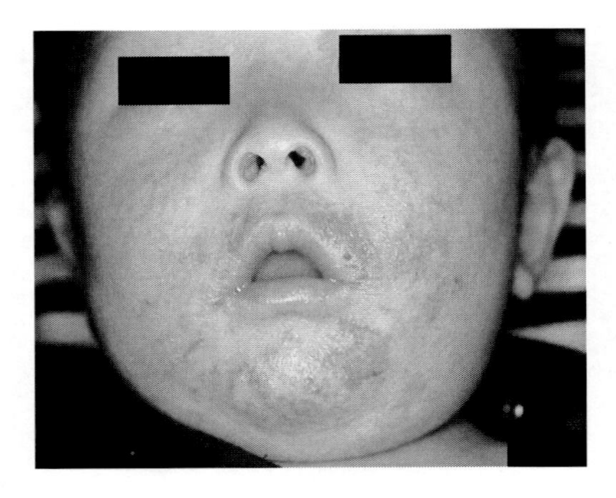

図１　乳児のアトピー性皮膚炎

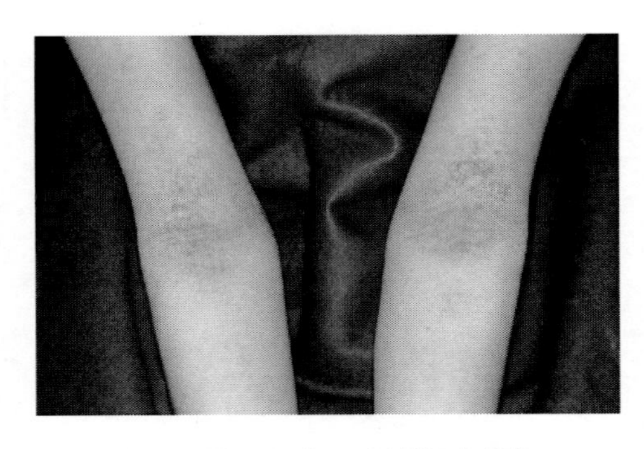

図２　肘のくぼみの屈側部皮膚炎

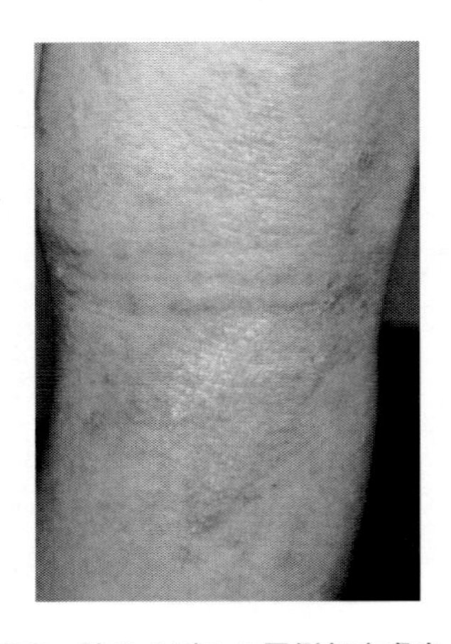

図３　膝のくぼみの屈側部皮膚炎，苔癬化（皮膚のゴワゴワ）

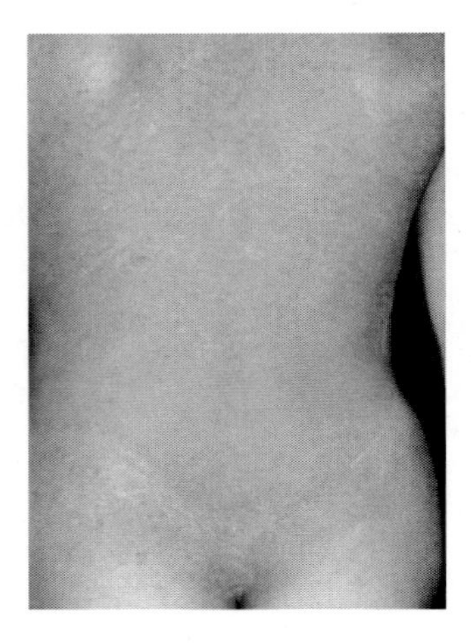

図４　肌が著明に乾燥し粉がふいたようにみえる Atopic dry skin とよばれる

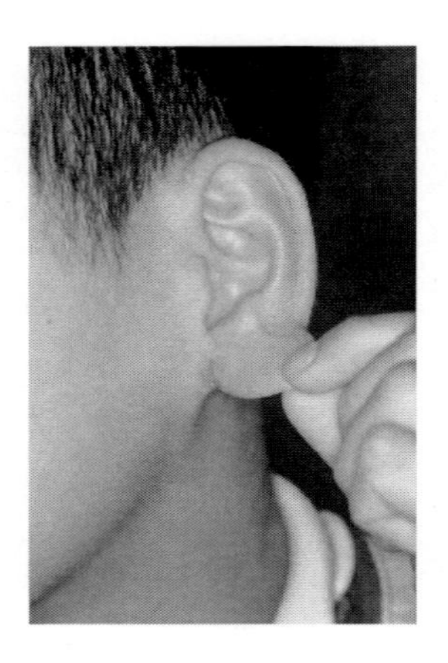

図５「耳切れ」もよくでる症状である

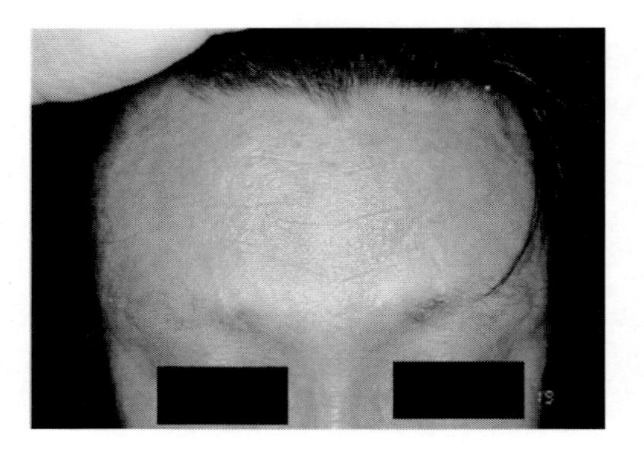

図６　成人期アトピー性皮膚炎の顔面病変

3)，炎症に伴う色素沈着が加わる。皮疹は左右対側性に分布し（図2)，好発部位は前額，眼囲，口囲・口唇，耳介周囲，頸部，四肢関節部，体幹である。

乳児期（2歳未満）では，通常頭部，顔面に初発する（図1)。生後1～2ヵ月後より，口囲，頬部に赤みが出現し，滲出液を伴う。細菌感染を伴うと滲出液はさらに増加する。ついで躯幹や四肢にも赤みが出現するようになる。前頸部，膝窩，肘窩，手首，足首などしわのある屈曲部位に好発する。

幼小児期（2～12歳）では，発疹は全体に乾燥性となり，乾燥によって皮膚は粉をふいたようにみえる。躯幹や四肢では毛孔が目立ち鳥肌様にみえる。いわゆるアトピー性乾燥肌（atopic dry skin）といわれる状態である（図4)。額，眼囲，頸部や四肢屈曲部位では慢性的な掻破による苔癬化，色素沈着を認めるようになる（図3)。耳周囲にはしばしば赤みや亀裂（耳切れ）が認められる（図5)。耳切れは本症に頻繁に認められるので，耳介周囲の観察は重要である。

思春期や成人期になると，発疹は再び上半身に強い傾向を示す。顔面～前頸部～上胸部，上背部，肘窩には特に好発する。成人期の下肢の発疹は通常軽度である。顔面の著明な潮紅を認めることも多い（いわゆるアトピー性赤ら顔）(図6)。

以上述べたような症状が乳児期では2ヵ月以上，その他の年齢では6ヵ月以上出現する場合，本症と診断する。注意すべき点は鑑別すべき診断で，接触皮膚炎，疥癬，ネザートン症候群，全身性紅斑性狼瘡，皮膚筋炎，免疫不全による疾患，光線過敏症，薬疹，その他の湿疹・皮膚炎群などが重要である。さらに，ハンセン病，菌状息肉症，成人T細胞リンパ腫も誤診される場合がある。本症の長期的臨床経過は，乳児期に発症し2歳未満で軽快するタイプ，乳児期に発症しゆっくり軽快するタイプ，一端治癒していた発疹が思春期以降再発するタイプ（この場合，再発

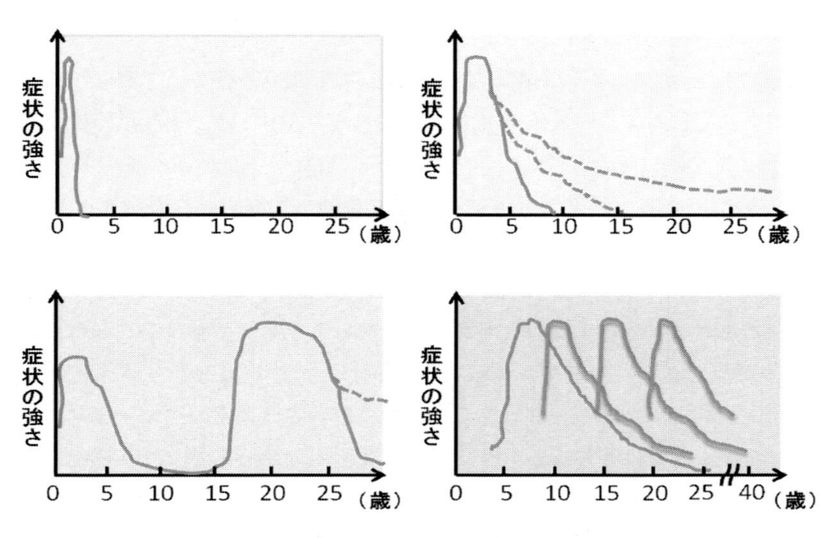

図7　アトピー性皮膚炎の臨床経過
症状のあらわれ方には個人差がある

皮疹はそれ以前の皮疹に比べ治りにくくしかも長く続くことが多い)，5歳以降に初発するタイプなど，個々人によって多様であることも本症の特徴の一つである（図7）。特筆すべきことは，犬もヒトと同じようにアトピー性皮膚炎が自然発症し，その臨床像や診断基準はヒトにきわめて類似している。人畜で同じ疾患が比較的高頻度に自然発症することはまれであり興味深い[3)]。

3 アトピーの定義

さて，アトピーの定義であるが，1923年Coca & Cookeは喘息とアレルギー性鼻炎が同一人にあるいは同一家系内に合併しやすく，また遺伝しやすいことを指摘し，これらの疾患を「奇妙な」疾患という意味で，アトピー：atopy（ギリシャ語の a・topia＝out of place＝strange）と呼ぶことを提唱した[4)]。当時すでに喘息やアレルギー性鼻炎の患者では，上述した屈側部皮膚炎も合併しやすいことが知られており，それまでいろいろな診断名で呼ばれていたこの皮膚病を1930年代に入ってアトピー性皮膚炎と呼ぶことが提唱された[5,6)]。同時に，アトピー疾患（喘息・アレルギー性鼻炎・アトピー性皮膚炎）の患者は，いろいろな食物抗原や環境抗原に対して皮膚反応が陽性になりやすいことも報告された[4~6)]。「皮膚反応が陽性になりやすい」というのは，現代流にいえば，患者の血液中にいろいろな食物抗原や環境抗原に対するIgE抗体という蛋白質がたくさん産生されやすいことと同義である。こうしてアトピーの定義は二つの意味で用いられることになった。一つは既往歴や家族歴に喘息・アレルギー鼻炎・アトピー皮膚炎を合併しやすい体質，もう一つはIgE抗体を産生しやすい体質をさしている。

4 検査所見

検査値では血中IgE値の上昇や好酸球増多が患者の70〜80%程度に認められる。また乳児期には卵白やミルクなどに対する特異IgE抗体が陽性となりやすいが，1歳以降になるとダニ抗原に対する特異IgE抗体陽性率が急増し，年齢を経るにしたがい真菌抗原や穀物抗原に対する特異IgE抗体が上昇してくる。通常，好酸球数，総IgE値，特異IgE抗体（ヤケヒョウヒダニ，コナヒョウヒダニ，カンジダ，ピチロスポリウム，アルテリナリア，スギ，卵白，牛乳，コメ，コムギなど）などの血液検査が行われる。一般に総IgE値が高いほど，特異IgE抗体が陽性となるアレルゲン数も増加する。本症の大多数は，ヤケヒョウヒダニやコナヒョウヒダニに対する特異IgE抗体値が最も高く，他のアレルゲンの特異IgE抗体値は低いというピラミッド型を呈する。筆者の臨床経験上，ダニピークピラミッド型の患者では通常の標準治療で問題なく加療でき，特別なアレルゲン対策は要しない。さまざまな要因が増悪因子となりうるという表現に異論はないが，仕事や学業上のストレス，睡眠不足，気温や湿度の急激な変化，スキンケア不足，化粧品かぶれ，仕事上の化学物質や洗浄剤などが増悪因子のほとんどを占め，食物アレルギーの関与は乳幼児期に若干見られる程度というのが筆者の臨床経験である。

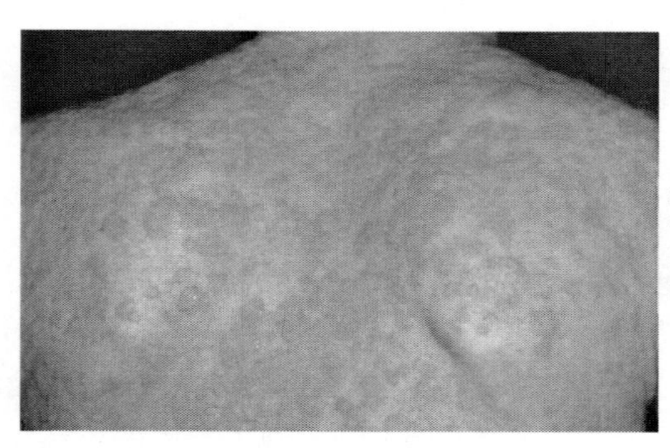

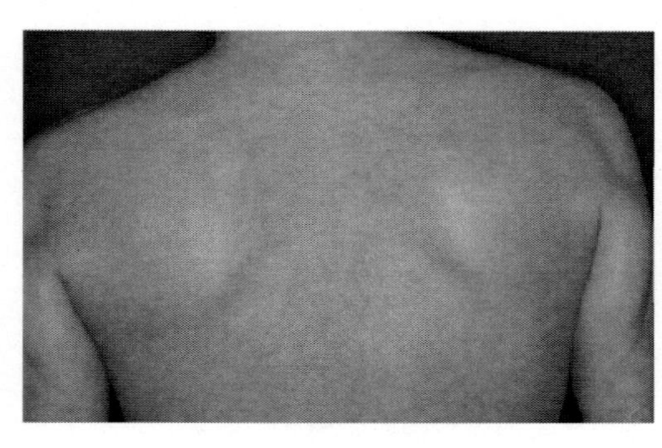

図８　治療前後の血中 TARC 値，IgE 値，好酸球数率の経過

血清 thymus and activation-regulated chemokine（TARC）値は病勢の有用なマーカーである[7)]。幼小児では 750 pg/ml 以下，思春期成人期では 450 pg/ml 以下が正常域である。たとえば，図８に示す重症例の治療前 TARC 値は 47100 pg/ml であったが，治療１ヵ月後には 1000 pg/ml に低下した。一方，IgE 値や好酸球率は高値であるにもかかわらず治療前後でほとんど不変である。TARC 値は悪化するとまたすぐに上昇し病勢とよく相関する。保険適応となった今日，患者の病勢を数値で表せるので，医師患者双方にとって治療の目標の設定に欠かせないマーカーとなりつつある。健常人でも皮膚の乾燥度が高いと TARC 値は高くなる傾向があり，皮膚の乾燥度を反映する一つの指標としても注目される[8)]。

5　病因

本症の病因は不明であるが，遺伝的な皮膚のバリア機能異常に加え，免疫調節異常が関与していることが遺伝学的研究から明らかになっている。皮膚のバリア機能異常として filaggrin 遺伝子や OVOL1 遺伝子など，免疫調節異常として ADAM33 遺伝子，interleukin13 遺伝子，ACTL9 遺伝子，KIF3A 遺伝子などの近縁の１塩基置換の関与が報告されている[9, 10)]。遺伝的な皮膚のバリア機能異常によって皮膚は乾燥脆弱となり，かゆみを伴い，掻破によって皮膚炎が起こり，さらに乾燥・かゆみが増悪し，そこに細胞性免疫の調節異常も加わり，IgE 増多や好酸球増多も顕在化すると考えられる。

6　合併症

本症では，皮膚のバリア機能異常および免疫調節異常のため，皮膚の感染症が起きやすくなっている。黄色ブドウ球菌や溶血型A群連鎖球菌による細菌感染症，Kaposi水痘様発疹症，伝染性軟属腫が合併あるいは重症化しやすい。眼の合併症として，眼瞼皮膚炎，角結膜炎，円錐角膜，虹彩毛様体炎もみられる。重要なものとして白内障，網膜剥離には十分注意する。眼病変は掻破に伴って眼球が機械的に摩擦・圧迫されるためか顔面皮疹の重症例では特に起こりやすい。本症に魚鱗癬が合併することも多いが，そのような患者では著しい乾燥症状を呈し，また手掌の多紋理を認めることが多い。

7　治療

7.1　アトピー性皮膚炎のスキンケア

皮膚バリアの脆弱化がアトピー性皮膚炎の発症病態の根底にあることを考えると，保湿剤によるスキンケアが本症の治療の中で最も重要な位置をしめるのは当然である（図9）[1]。初診患者への説明で筆者がもっとも重点を置いているのは，治療のゴール（目標）の設定と保湿の説明である。治療のゴールは，患者を次のような状態に到達させることにある。①症状はない，あるいはあっても軽微であり，日常生活に支障がなく，薬物療法もあまり必要としない。②軽微ないし軽

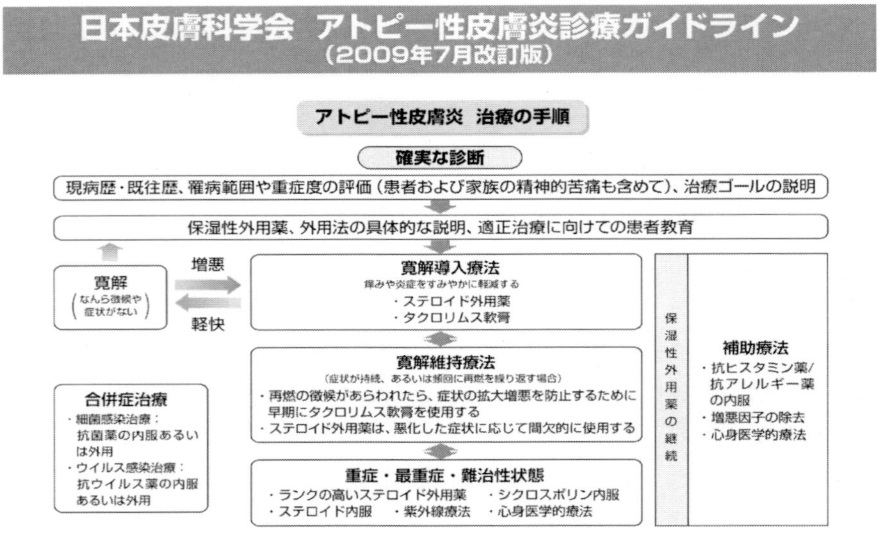

図9　アトピー性皮膚炎診療ガイドライン

度の症状は持続するも，急性に悪化することはまれで悪化しても遷延することはない。しかし，重症の患者の場合には，6ヵ月後の目標設定の話をしてもなかなか許容できない。まずは，眠れないほど強いかゆみを3～7日以内に30%以下に軽減しましょう，少なくとも5時間はぐっすり眠れるようになりましょう，掻き壊しを止めて布団に血がつかないようにしましょう，ここのゴワゴワを1週間ぐらいで軟らかくしましょう，など身近な目標設定を積み重ねていくことが大切である。個々の患者にマッチした目標を設定するためには，患者の話に傾聴し，患者の求めている直近の問題点を理解する必要がある。眠れないほどかゆいという皮膚疾患特有の症状を鎮静化させるためには，他臓器の疾患とは異なる目標設定が必要なのは当たり前のことである。

次に保湿であるが，1日2回の保湿剤（ヘパリン類似物質含有製剤）の外用は，無処置群（無外用群）に比べてアトピー性皮膚炎の炎症の再燃を有意に抑制することを考えると[1)]，治療の最上位として患者に充分に理解してもらう必要がある。そのためには患者に具体的な塗り方の説明をしなければならない。保湿剤は乾燥している全身にたっぷり外用する必要があるが，外用時間が長すぎると毎日継続することは難しくなりアドヒアランスが低下する。「軟膏処置にどのくらいの時間を要しますか？」と市民公開講座などで聞いてみると，大体20分くらいがピークとなる。なかには保湿剤を指先で全身に塗るので40分くらいかけている人もいる。外用に時間がかかっても几帳面に継続してくれる患者もいる一方，裸になり朝晩20分ずつかけて毎日外用するなんて土台無理だという患者もいる。そこで，筆者は外用法のアドバイスとして以下のように説明している。①入浴後タオルでふいたあと，すぐに塗る。②全身にさっと塗る。2分以内に終わらせるのがこつ。長続きする。③保湿剤は手のひらに多めに取り，手のひらを使って，皮膚表面にまんべんなくたっぷり塗りのばす。④皮膚のしわは，体軸に対して横方向に走っている。しわに沿って塗るようにすると，すばやくしかも塗り残しがない。8の字あるいは円を描くように塗る。⑤毎日塗る。夏はローション，冬はクリームと使い分ける。初診患者には実際に塗ってあげながらこれらの注意点を説明すると，患者の理解と協力が格段に増すように思う。もちろん，このような具体法はエビデンスがあるわけではないので，一つの目安として理解していただきたい。

7.2　薬物療法

アトピー性皮膚炎の炎症を鎮静化させるための薬物療法としてのステロイド外用薬，タクロリムス外用薬には十分なエビデンスがある。問題はやはりその具体的な使用方法にあると思う。副作用がこわいという感覚は患者に定着しているので，副作用を起こさないようなやり方を患者と一緒に構築するというスタンスが大事だと思う。まず，①ガイドラインにも記載されているように，finger tip unit（患者の人差し指の先端から第1関節までの軟膏量が，患者の両手の面積に匹敵する塗付量である）の説明を行い，しっかりとした外用量が必要だということを知ってもらう[1)]。②たとえば，お母さんの手で5枚分位の発疹があるお子さんの場合には，1日1回塗るとして4日間くらいで5gチューブを使いきってくださいと具体的に説明できるようになる。③次に外用を続ける期間であるが，赤みやかゆみは比較的すぐに良くなるが，皮膚のゴワゴワは指でつまんでみるとまだ硬くて残っていることが多い。この硬さはまだ炎症反応が残存しているということなので，外用を中止するとすぐにかゆみが再発するのはそのためである。皮膚のゴワゴワは指でつまんで硬さがなくなるまで，すなわち10日間は継続して外用してもらう。上記の3つを説明し，1週間で何本のステロイド軟膏，タクロリムス軟膏，ステロイドローション剤を使用してほしいと具体的に指示し，上記の血中TARC検査を行う。次回来院時には使用量をしっかりと確かめる。血中TARC値の説明しながら，1ヵ月後，2ヵ月後にTARC値が1000 pg/ml程度になるといいねとか，これだったら500 pg/ml以下に抑えることができるかもしれないとか，ひょっとしたら300 pg/mlぐらいまで（ほとんどかゆみはなく，触診で肌はほんの少しカサカサする程度で外見的にはアトピー性皮膚炎とは全くわからない状態）にできるかもね，などと具体的な目標値を設定していくと，患者から本当に喜ばれる。

TARC値が1000 pg/ml以下になってからはプロアクティブ療法がきわめて有用である。プロアクティブ療法は特別な治療法ではなく日常診療の中で時々行われていたやり方をWollenbergらがみごとに体系化したもので，その外用法の概念はきわめて有用である[11,12]。従来のリアクティブ療法は症状がでたところにしっかりと薬物療法を行っていく（図10）方法であるが，プロアクティブ療法はあらかじめ漸減方法をある程度画一化して行っていく方法である（図11）。プロアクティブ療法によって患者をTARC：500 pg/ml以下に維持することがたやすくなり，最終的には少ない外用量でしかも休薬日が設けられるので副作用の心配もなくコントロールできるようになる。

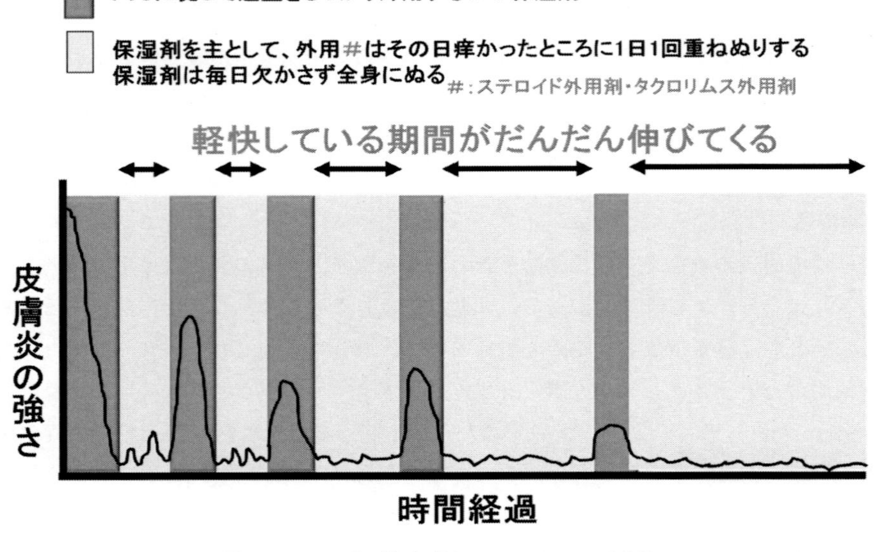

図10　アトピー性皮膚炎のリアクティブ療法

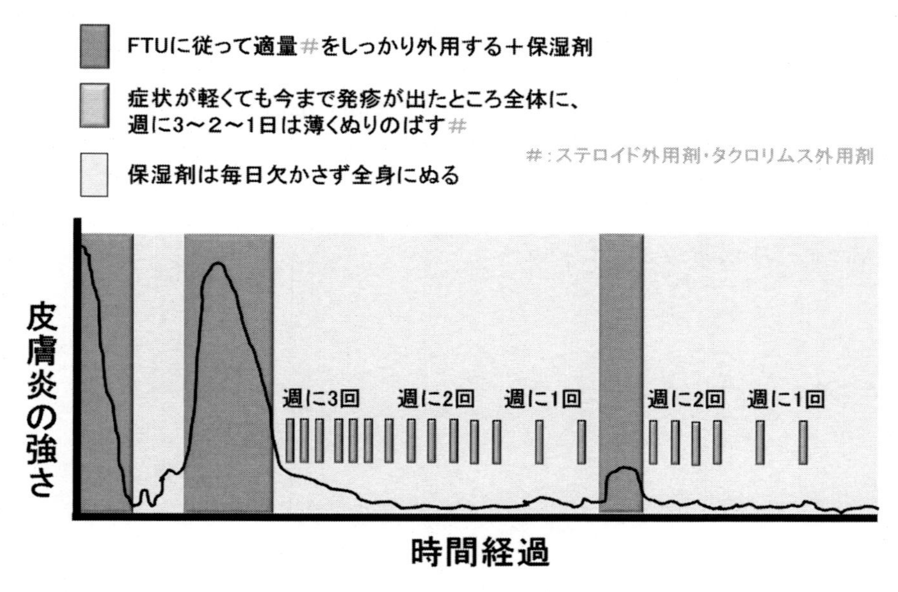

図11　アトピー性皮膚炎のプロアクティブ療法

内服療法としてはかゆみを軽減させるために抗ヒスタミン剤が頻用されている[1)]。抗ヒスタミン剤の重要な副作用の一つとして鎮静作用（眠気）があるが，鎮静作用は「かゆみの軽減」とは無関係であることから[13)]，鎮静作用の少ない抗ヒスタミン剤の処方が推奨されている[1)]。また筆者らは2重盲検プラセボ比較法を用いて，漢方薬である補中益気湯あるいは健康食品である *Lactobacillus paracasei* K71を投与することで，アトピー性皮膚炎の薬物療法の使用量を減量させ得ることを報告している[14, 15)]。

文　　献

1）古江増隆ほか，アトピー性皮膚炎診療ガイドライン，日本皮膚科学会雑誌，**119**, 1515（2009）

2）H. Saeki *et al.*, *J. Dermatol.*, **36**, 563（2009）

3）Y. Terada *et al.*, *J. Dermatol.*, **38**, 784（2011）

4）A. F. Coca, R. A. Cooke, *J. Immunol.*, **8**, 163（1923）

5）M. B. Sulzberger, *J. Allergy*, **3**, 423（1932）

6）L. W. Hill, M. B. Sulzberger, *Arch. Derm. Syph.*, **32**, 451（1935）

7）玉置邦彦ほか，日皮会誌，**116**, 27（2006）

8）M. Furue *et al.*, *J. Dermatol. Sci.*, **66**, 60（2012）

9) L. Paternoster *et al.*, *Nat. Genet.*, **44**, 187 (2011)
10) H. Y. Tang *et al.*, *PLoS One*, **7**, e35334 (2012)
11) U. Darsow, *J. Eur. Acad. Dermatol. Venereol.*, **24**, 317 (2010)
12) A. Wollenberg, T. Bieber, *Allergy*, **64**, 276 (2009)
13) 川島眞ほか，臨床医薬，**27**, 563 (2011)
14) H. Kobayashi *et al.*, *Evid. Based Complement. Alternat. Med.*, **7**, 367 (2010)
15) M. Moroi, *J. Dermatol.*, **38**, 131 (2011)

第7章　脱毛症

山﨑正視[*1]，坪井良治[*2]

1　はじめに

脱毛の原因として多くの疾患があり，壮年性脱毛症（男性型，女性型），休止期脱毛，円形脱毛症，全身疾患に伴う脱毛，薬剤性脱毛症，トリコチロマニア（抜毛症），瘢痕性脱毛症，先天性脱毛症などが挙げられる。その中でも特に外来受診患者数が多い疾患は，壮年性脱毛症（男性型，女性型），休止期脱毛，円形脱毛症，全身疾患（栄養欠乏を含む）に伴う脱毛である。本章では，これらの疾患の疾患概念，臨床症状，治療方針を大まかに解説し，最後に脱毛と食事との関係について言及する。

2　壮年性脱毛症

2.1　疾患概念と症状

壮年性脱毛症は男性では男性型脱毛症（male pattern hair loss，MPHL），女性では女性型脱毛症（female pattern hair loss，FPHL）とも呼ばれ，思春期以降に始まり徐々に進行する脱毛症である。全身症状は伴わないが，外見上の印象を大きく左右するので社会的な影響は大きい。その病態は，毛周期を繰り返す過程で成長期が短くなり，休止期にとどまる毛包が多くなることにある。臨床的には男性型では前頭部と頭頂部の頭髪が，軟毛化して細く短くなり，最終的には額の生え際が後退し，前頭部や頭頂部の頭髪がなくなってしまう[1,2]。20歳代後半から30歳代にかけて著明となり，徐々に進行して40歳代以後に完成される（図1A）。また，女性型脱毛症では男性と異なり，頭頂部の比較的広い範囲の頭髪が薄くなるパターンとして観察される（図1B）。

2.2　発症機序

男性ホルモンは，前頭部や頭頂部などの男性ホルモン感受性毛包において軟毛化を起こす。前頭部，頭頂部の毛乳頭細胞に運ばれたテストステロンは5α-還元酵素Ⅱ型の働きにより，さらに活性が高いジヒドロテストステロン（DHT）に変換されて受容体に結合する。DHTの結合した男性ホルモン受容体はTGF-βなどを誘導し，毛母細胞の増殖が抑制され，成長期が短縮する

＊1　Masashi Yamazaki　東京医科大学　皮膚科　准教授
＊2　Ryoji Tsuboi　東京医科大学　皮膚科　主任教授

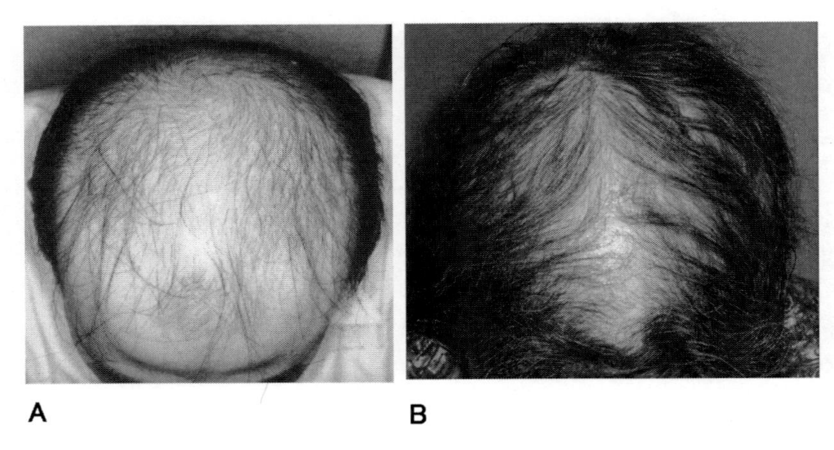

図1　壮年性脱毛症
A：男性型脱毛症　36歳，男性，B：女性型脱毛症　69歳，女性

ことが報告されている[3)]。女性型脱毛症での男性ホルモン受容体の関与については議論のあるところである。

2.3　診断と分類

男性型脱毛症ではNorwood-Hamilton分類[4)]（図2）が病型と進行度を示すのに有用である。女性型脱毛症では，頭頂部の薄毛が全体的に進行するタイプと，前頭部に三角形の脱毛領域を形成するタイプがあり，それぞれの進行度の指標にLudwigの分類，Olsenの分類がある[5)]（図3）。男性型脱毛症の診断は比較的容易であるが，ophiasis型の円形脱毛症が合併していることがある。女性型脱毛症の鑑別診断としては，徐々に進行した全頭型円形脱毛症，慢性休止期脱毛，膠原病や慢性甲状腺炎などの全身性疾患に伴う脱毛などが挙げられる。

2.4　治療方針

壮年性脱毛症の治療は，2010年4月に公表された，日本皮膚科学会のガイドライン[6)]に詳しく述べられている。推奨度の高い治療法は，男性の場合フィナステリド（プロペシア®）内服と5%ミノキシジル（リアップX5®）外用であり，女性の場合1%ミノキシジル（リアップレジェンヌ®）外用である（表1）。フィナステリドは，テストステロンをDHTに変換する5-α還元酵素II型に対する阻害剤である[7)]。ミノキシジルは毛乳頭細胞のカリウムチャンネルのスルフォニルウレア受容体に結合後，アデノシン産生を介してvascular endothelial growth factor（VEGF）やfibroblast growth factor（FGF）-7産生を促進する[8,9)]。これらの治療に反応しない例では，自毛植毛やかつらを検討する。フィナステリド内服やミノキシジル外用といった，ガイドラインで推奨されている治療法の効果にも個人差があり，個々の患者の治療では，その患者に特有な背景や

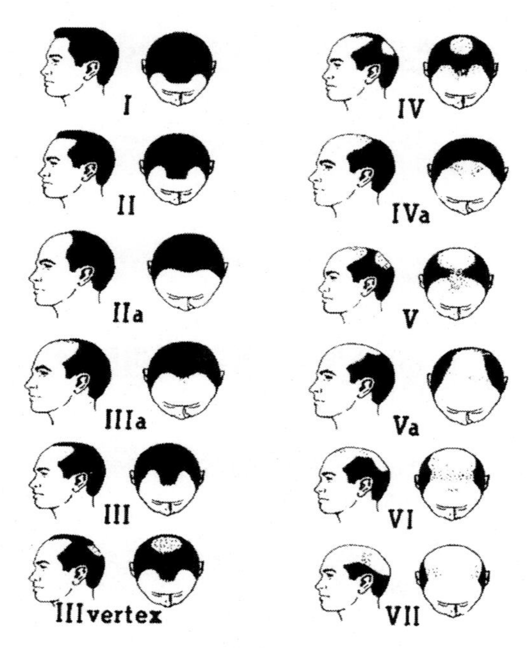

図２　男性型脱毛症の進行パターン
Norwood-Hamilton 分類（文献 4）

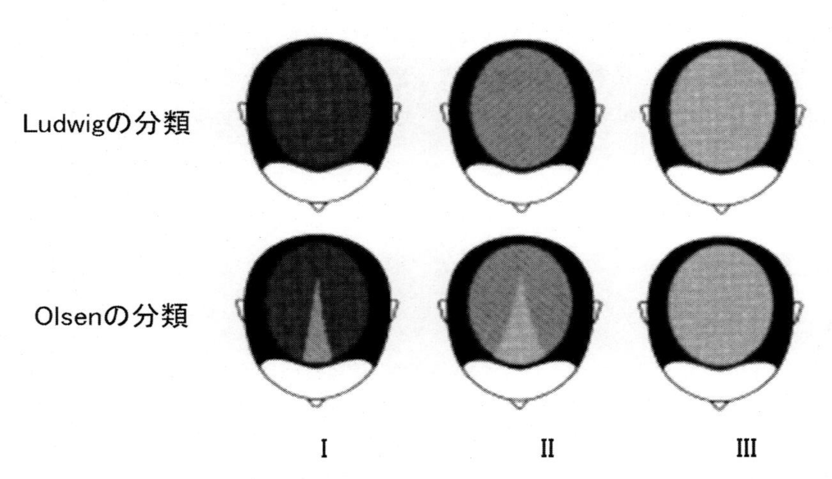

図３　女性型脱毛症の進行パターン
Ludwig の分類では頭頂部から前頭部にかけてびまん性に進行する。一方，Olsen の分類では前頭部の三角形の領域から進行し，この状態は frontal accentuation と呼ばれている[5)]。
（文献５より一部改編）

表1　壮年期脱毛症の治療の推奨度

推奨度	治療
A	・フィナステリド内服（男性） ・ミノキシジル外用（男性・女性）
B	・自毛植毛術
C1	・塩化カルプロニウム外用 ・医薬部外品・化粧品の外用育毛剤
D	・フィナステリド内服（女性） ・人工毛植毛術

推奨度の分類（文献6より改編）
A：行うよう強く勧められる。B：行うよう勧められる。
C1：行うことを考慮してもよいが，十分な根拠がない。
C2：根拠がないので勧められない。D：行わないよう勧められる。

病態に配慮しながら最適な治療法を提供することが重要である。また，治療を継続していても加齢による毛髪量の減少が生じ，治療を中断してしまうと，それまで治療を行わなかった場合と同程度まで脱毛が進行してしまうので，根気よく継続する必要があることを説明する。その他，バランスの良い食事を取り，精神的・身体的に余裕のある生活をさせる。抜け毛を気にせずに，1-2日に1回はシャンプーをさせる。また，かつらの使用は発毛に影響しないことも説明しておく必要がある。

3　休止期脱毛

3.1　疾患概念と症状

休止期脱毛（telogen effluvium）とは，様々な原因で毛周期の成長期が同時に休止期に移行した，あるいは慢性的に休止期が延長した状態であり[10]，頭部全体の毛髪量がびまん性に減少する。抜けた毛根は根棒状で，正常の休止期毛と同様である。

3.2　発症機序

表2に示すように，さまざまな原因で休止期が同期あるいは延長する[11]。特に頻度が高いのは出産後のもので，分娩後2-3ヵ月から生じ，6ヵ月で脱毛数は減少して自然に回復する。妊娠中

表2　休止期脱毛の原因

1. 出産
2. ストレス 外傷，手術，発熱，感染症，ダイエット，精神的ストレス，大出血
3. 薬剤 ヘパリン，インターフェロンα，エトレチネート，リチウム，バルプロ酸，カルバマゼピン，経口避妊薬
4. 内臓疾患 甲状腺機能異常，肝障害，腎障害，膠原病，各種の栄養欠乏症

（文献11より一部改編）

の高いエストロゲン血中濃度が，出産後に妊娠前まで低下するため発症すると考えられる。その他，外傷，手術，発熱，感染症，ダイエット，精神的ストレス，大出血など，さまざまなストレス，薬剤投与，さまざまな内臓疾患により休止期脱毛が起こりうる[12]。

3. 3　診断と分類

休止期脱毛は大きく分けると急性休止期脱毛と慢性休止期脱毛に分けられ，急性型の原因として出産やストレス，慢性型の原因として薬剤や内臓疾患が挙げられる。診断のポイントは，脱毛が頭部全体に平均的に生じ，毛根が棍棒状であることを確認し，詳細な問診により，発症の2-3ヵ月前の誘因を確認することである。慢性休止期脱毛では，しばしば女性型脱毛症との鑑別が必要になるが，女性型脱毛症が頭頂部や前頭部で脱毛が進行していくのに対し，頭部全体の毛髪量がびまん性に減少する点で異なる。

3. 4　治療方針

急性型では原因の除去だけでも回復が望める。慢性型の場合は，明確な原因が発見されないことも多く，壮年性脱毛症に順じてミノキシジルの外用を行う。

4　円形脱毛症

4. 1　疾患概念と症状

円形脱毛症は後天性脱毛症の代表的疾患である。軽症例では円形の脱毛斑が頭部に単発あるいは数個多発するが，進行例では全頭性，全身性に生ずる。自覚症状はないことが多いが，脱毛前に僅かなかゆみや違和感と紅斑を合併することがある。活動期には感嘆符毛，毛包内黒点を認め（図4A），軽く引くだけで容易に抜ける。抜けた毛の直接鏡検では，成長期の下部毛包が破壊され，dystrophic anagen hair の像を呈する（図4B）。毛髪以外では，爪甲に点状陥凹を生じることがある[13]。

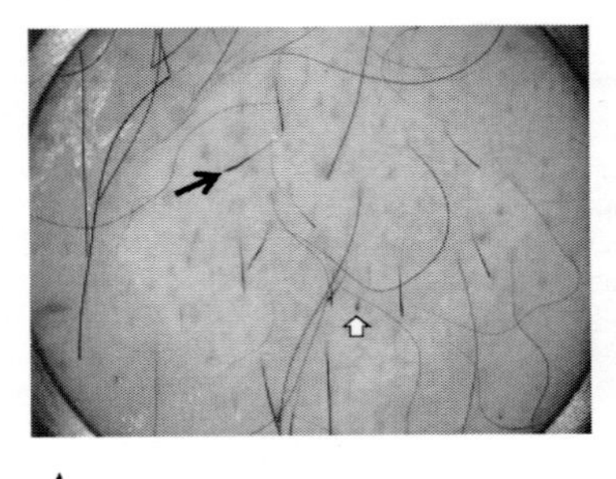

A

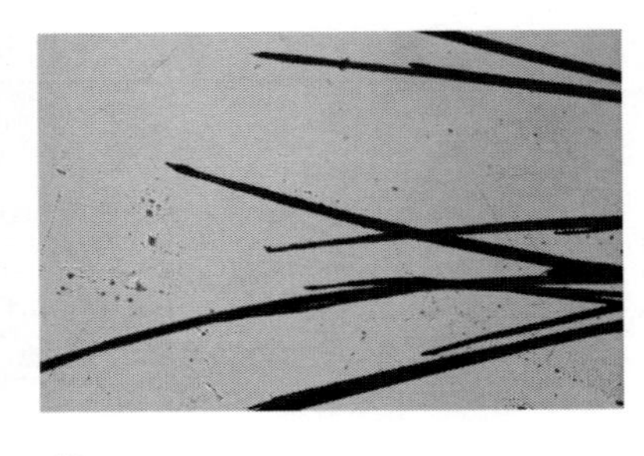

B

図4　円形脱毛症の毛髪
A：ダーモスコピー像　感嘆符毛（矢印黒），毛包内黒点（矢印白）を認める。
B：直接鏡検像　dystrophic anagen hairを認める。

4.2　発症機序

現時点では毛包組織に対する自己免疫疾患と考えられている[14]。急性期では，病理学的に毛包周囲にリンパ球の浸潤を認める。橋本病などの甲状腺疾患，尋常性白斑，全身性エリテマトーデスなどの自己免疫疾患，アトピー性皮膚炎などのアトピー疾患を合併することが知られており[15]，これも自己免疫説を支持する根拠となっている。一般的に，精神的ストレスが発症要因となるとも言われているが，現時点では明確なエビデンスはない[16]。

4.3　診断と分類

① 単発型：脱毛斑が単発のもの。
② 多発型：多数の脱毛斑を認めるもの（図5A）。
③ 全頭型：脱毛が頭部全体に及ぶもの。このうち，急激に進行するタイプを急速進行型と呼ぶ。
④ 汎発型：頭部だけでなく，眉毛，睫毛，髭，体毛にも及ぶもの（図5B）。
⑤ 蛇行（ophiasis）型：生え際が帯状に脱毛するもの（図5C）。

特に③－⑤では予後が悪い。

脱毛部の診察で特に観察すべき点は，活動期によく見られる感嘆符毛，毛包内黒点の有無（図4A），pull test（軽く毛髪を引いて抜けるかどうか）が陽性かどうか，また回復期にしばしば認められる軟毛（vellus hair）の有無である。

4.4　治療方針

円形脱毛症の治療は，2010年8月に公表された日本皮膚科学会のガイドラインに詳しく述べられている[17]。推奨度が高い治療法は，ステロイドの局所注射と局所免疫療法である（表3）。局所免疫療法とはsquaric acid dibutylester（SADBE）あるいはdiphenylcyclopropenone

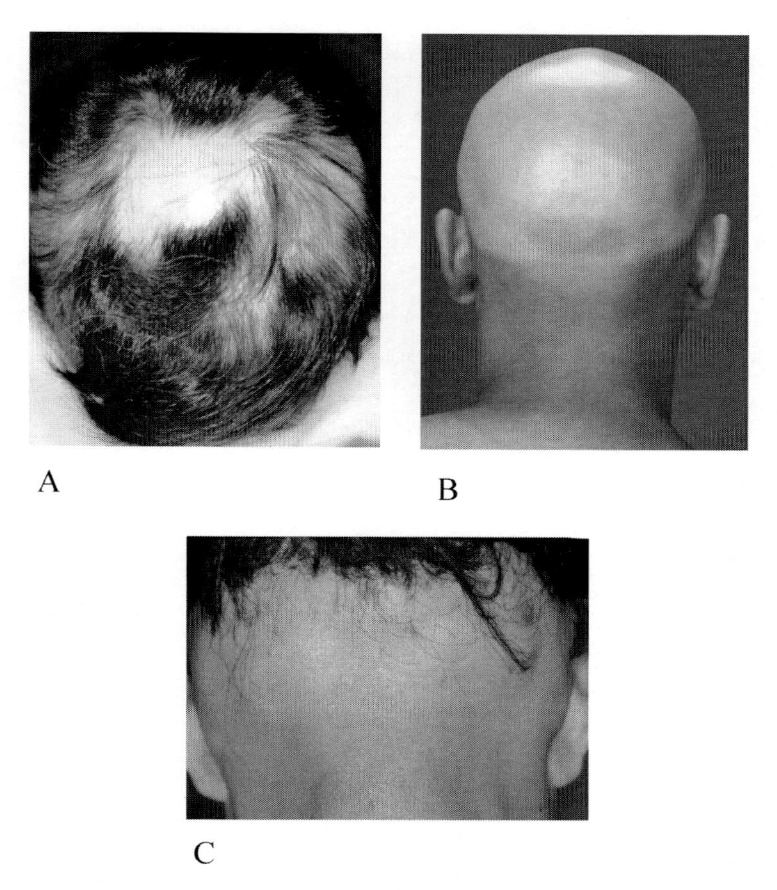

図 5　円形脱毛症の臨床像
A：多発型，B：汎発型，C：蛇行（ophiasis）型

（DPCP）で軽度の接触皮膚炎を起こす方法で，作用機序は明確ではないが，全身的副作用が少なく，特に慢性的に寛解・増悪を繰り返す症例において有用である。ステロイドの全身投与は効果的であるが，副作用の発現も多いので，症例を選んで慎重に行う必要がある。

筆者らの施設で行っている各臨床型別の治療方針を述べると，単発型・少数多発型ではステロイド薬外用と第二世代抗ヒスタミン薬の内服，単発大型・少数多発型遷延例ではステロイド薬外用と局所注射，多発型（頭皮の 25% 以上）では局所免疫療法を行っている。Ophiasis 型を含む多発型・全頭型・汎発型では局所免疫療法を中心に，病変部に応じてステロイド薬外用や局所注射，液体窒素療法等の補助療法を組み合わせている。急速進行型ではステロイド薬の内服を行うことが多く，プレドニゾロンで 15-20 mg/日を 3 ヵ月ほど内服させ，十分な発毛を認めた後に漸減している。生活指導としては，円形脱毛症が自己免疫疾患であることから，比較的重症な症例では繰り返し発症すること，したがって軽快しても油断しないこと，また長い期間脱毛が続いて

表3　円形脱毛症の治療の推奨度

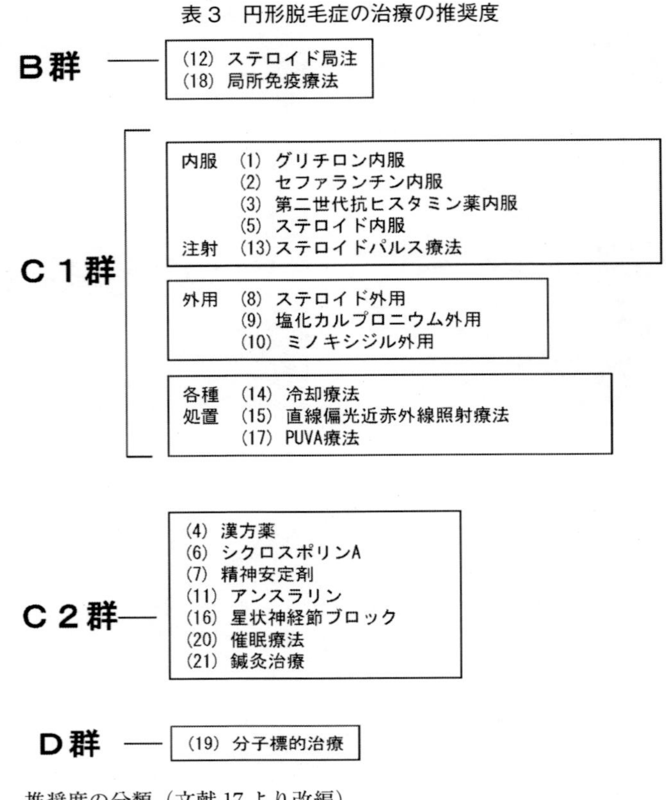

推奨度の分類（文献17より改編）
B：行うよう勧められる。C1：行うことを考慮してもよいが，十分な根拠がない。C2：根拠がないので勧められない。D：行わないよう勧められる。

も軽快することがあることを患者さんに説明している。そして精神的にも肉体的にも余裕のある生活を心がけさせている。

5　内科的全身疾患に伴う脱毛

5.1　疾患概念と症状

内科的全身疾患で脱毛を合併するのは，内分泌代謝異常[18]，膠原病[19]がある。前者では休止期脱毛を主体とし（図6），後者ではそれに加え，各膠原病の局所の病変が続発性の瘢痕性脱毛症を生じる（図7）。さらに円形脱毛症の合併も少なからず認められる。栄養欠乏による脱毛も代謝異常の一部に分類されるが，本稿では次の項目で取り上げる。

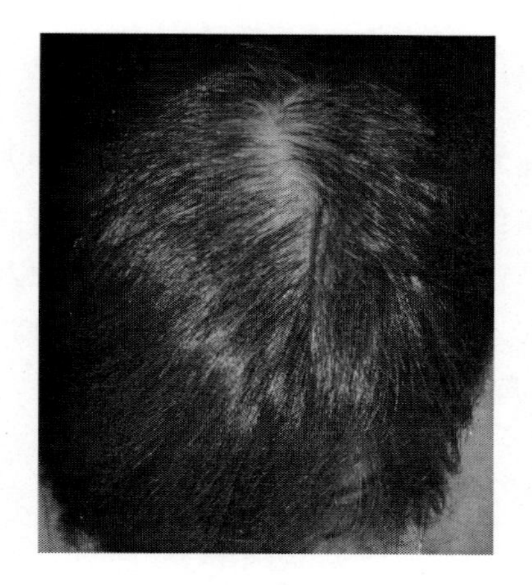

図6　甲状腺機能亢進症に伴う脱毛
51歳，女性，赤色に染毛している。甲状腺腫あり，甲状腺ホルモンが高値であった。治療により脱毛が改善した。

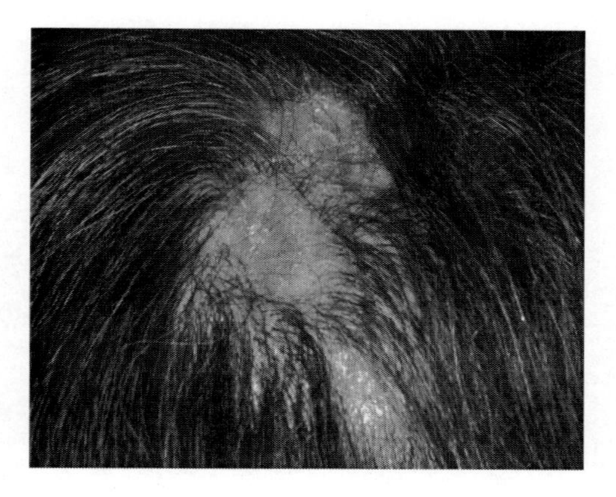

図7　皮膚エリテマトーデス
64歳，女性。瘢痕性脱毛を呈し，紅斑を伴う。

5.2　発症機序

① 甲状腺機能低下症・亢進症

甲状腺ホルモンは毛母細胞の増殖を促進して成長期を延長する作用を示すため[20]，その低下により慢性休止期脱毛を生じる。亢進症での脱毛の機序は不明であるが，筆者らは代謝が異常に活発になることから，局所の低栄養状態が惹起されるためと推測している。

② アジソン病

副腎皮質ホルモンに含まれるアンドロゲンの分泌低下により，体毛の脱毛を生じることがある。

③ 全身性エリテマトーデス

エリテマトーデスの皮膚病理組織の特徴は，血管炎と液状変性である。液状変性とは表皮・真皮境界部にリンパ球が帯状に浸潤し，表皮基底層が変性した状態である。これは上皮幹細胞を豊富に含む毛包バルジ領域にも及び，毛包は萎縮・消失して瘢痕となる[21]。全身性エリテマトーデスでは，その他前頭部のびまん性脱毛を合併し，いわゆるループスヘアと呼ばれている。

④ 強皮症

剣創状強皮症や斑状強皮症（モルフェア）では，真皮の線維化が起こり，毛包が消失する。

5.3　治療方針

元疾患の治療を優先する。瘢痕性脱毛症に対してはステロイド薬の局所注射を行い，休止期脱毛にはミノキシジルの外用を行う。

6　脱毛と食事との関係

表4に示すように，種々の栄養の欠乏により，脱毛や疎毛を生じることがある[22, 23]。蛋白／カロリー欠乏症では脱毛，疎毛，低色素毛髪を起こすが，具体的には消耗症，kwashiorkor（蛋白質の欠乏），神経性食欲不振症，無理なダイエットで生じる。必須脂肪酸欠乏症で疎毛，低色素毛髪が起こる。これは長期療養時の非経口栄養で発症することが多い。亜鉛欠乏によって腸性肢端皮膚炎が生じ，口周・肛周・四肢末端などの皮膚に，水疱・膿疱を伴う紅斑を認める。また，

表4　栄養欠乏と脱毛

・蛋白／カロリー欠乏症：脱毛，疎毛，低色素毛髪 （消耗症，kwashiorkor（蛋白質の欠乏），神経性食欲不振症，ダイエット）
・必須脂肪酸欠乏症：疎毛，低色素毛髪（非経口栄養）
・アミノ酸尿症：脱毛，疎毛，低色素毛髪
・亜鉛欠乏症：脱毛，毛成長低下，白髪 （腸性肢端皮膚炎，消化管吸収障害，低亜鉛母乳）
・鉄欠乏症：脱毛，疎毛
・銅欠乏症：捻転毛（Menkes kinky hair syndrome）
・セレン欠乏症：脱毛，疎毛
・水溶性ビタミン群欠乏症：脱毛，疎毛
・ビオチン欠乏症：脱毛，疎毛（カルボキシラーゼ欠損症，消化管吸収障害）

（文献22，23）

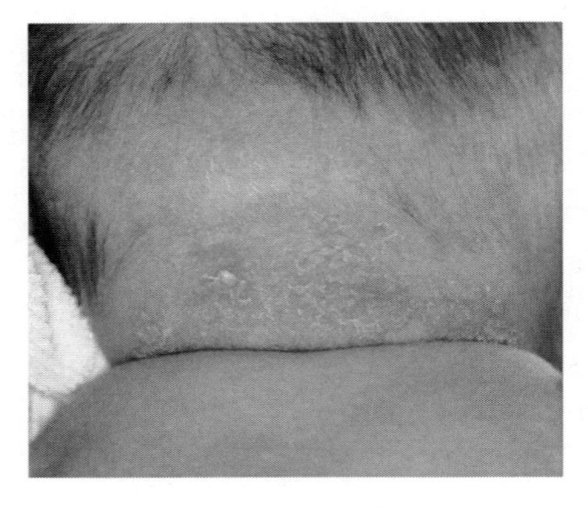

図8　腸性肢端皮膚炎
5ヵ月，女児。生後2ヵ月より紅斑・鱗屑・脱毛が生じた（文献24）。
母乳中の亜鉛濃度17 μg/dl（正常92〜264）
母親血中亜鉛濃度96 μg/dl（正常65〜110）

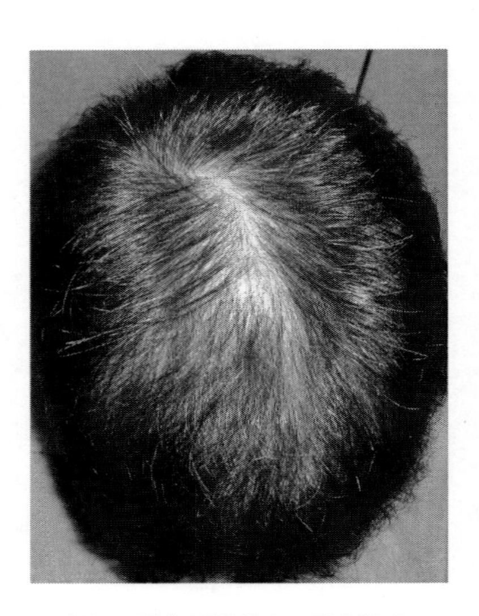

図9　鉄欠乏性貧血に伴う脱毛
54歳，女性。8 kgの体重減少と鉄欠乏性貧血あり（血中鉄濃度13 μg/dl）。鉄剤投与により脱毛が改善した。

びまん性の脱毛をきたし，毛成長低下，白髪を認める。消化管吸収障害や低亜鉛母乳が原因となる[24]（図8）。鉄欠乏性貧血では休止期脱毛を生じ（図9），セレン，水溶性ビタミン類やビオチンの欠乏症でも同様の脱毛，疎毛を呈する。Menkes kinky hair 症候群は伴性劣性遺伝形式の先天性疾患で，銅の吸収障害により，捻転毛の他，けいれん，精神遅滞，骨病変，筋緊張低下，易感染性などの症状を呈する。

このように，ビタミン類，ミネラルは欠乏すると脱毛・疎毛を引き起こすが，必要以上，あるいは過剰に摂取しても増毛の働きはしない。むしろ，ビタミンAなど脂溶性ビタミンの過剰摂取は脱毛を引き起こす[22]。髪はケラチンという蛋白質でできているため，蛋白質を十分補給し，鉄，亜鉛，銅が不足しないように，日常的にバランスのよい食事を取ることが重要である。

7　おわりに

以上，日常的に遭遇する頻度の高い脱毛性疾患と脱毛を起こす栄養障害について述べた。毛包には多機能幹細胞が存在し[25]，一定の周期を持って成長と休止を繰り返しており，小さいながらもダイナミックな動きをしている[26]。それ故に，局所の皮膚の状態のみならず，全身状態も反映される器官と言える。毛包の病態生理を理解し，日常診療でつぶさに観察することで，患者の重要な情報を得ることも可能であり，毛髪は健康の一つのバロメーターと言っても過言ではない。

文　　献

1） L. A. Drake *et al., J. Am. Acad. Dermatol.*, **35**, 465 (1996)
2） 坪井良治，日皮会誌，**118**, 163 (2008)
3） S. Itami *et al., J. Invest. Dermatol. Symp. Proc.*, **10**, 209 (2005)
4） E. A. Olsen *et al., J. Am. Acad. Dermatol.*, **13**, 185 (1985)
5） E. A. Olsen, *J. Am. Acad. Dermatol.*, **48**, 253 (2003)
6） 男性型脱毛症診療ガイドライン策定委員会，日皮会誌，**120**, 977 (2010)
7） L. Drake *et al., J. Am. Acad. Dermatol.*, **41**, 550 (1999)
8） M. Li *et al., J. Invest. Dermatol.*, **117**, 1594 (2001)
9） M. Iino *et al., J. Invest. Dermatol.*, **127**, 1318 (2007)
10） J. T. Headington, *Arch. Dermatol.*, **129**, 356 (1993)
11） 中村元信，皮膚科臨床アセット6－脱毛症治療の新戦略－，p. 158，中山書店 (2011)
12） 近藤慈夫，最新皮膚科学体系17－付属機・口腔粘膜の疾患－，p. 32，中山書店 (2002)
13） A. G. Messenger *et al.*, Diseases of the Hair and Scalp, 3rd ed., p. 338, Blackwell Scientific (1997)
14） A. Gilhar *et al., Clin. Immunol.*, **106**, 181 (2003)

15) P. S. Friedmann, *Br. J. Dermatol.*, **105**, 153 (1981)
16) E. A. Colón *et al.*, *Compr. Psychiatry*, **32**, 245 (1991)
17) 荒瀬誠治ほか，日皮会誌，**120**, 1841 (2010)
18) 下村裕，皮膚科臨床アセット 6 －脱毛症治療の新戦略－，p. 188，中山書店 (2011)
19) 荒井達，皮膚科臨床アセット 6 －脱毛症治療の新戦略－，p. 192，中山書店 (2011)
20) N. van Beek *et al.*, *J. Clin. Endoclinol. Metab.*, **93**, 4381 (2008)
21) M. J. Harries *et al.*, *British J. Dermatol.*, **160**, 482 (2009)
22) D. H. Rushton, *Clin. Exp. Dermatol.*, **27**, 396 (2002)
23) E. A. Olsen, Disorders of Hair Growth, 2nd ed., p. 194, McGraw-Hill (2003)
24) 荒井佳恵ほか，皮膚病診療，**29**, 153 (2007)
25) H. Oshima *et al.*, *Cell*, **104**, 233 (2001)
26) E. Festa *et al.*, *Cell*, **146**, 761 (2011)

序章　機能性食品の肌の評価法および有効性

山本哲郎*

1　はじめに

様々な食品の肌に対する有効性はビタミン類やβ-カロテンを主体に，早くは1970年代から検証されてきたが1980年代までの報告は少ない。1990年に入ると海外を中心に機能性食品の肌への有効性の報告数が増え，2000年に入ると日本国内の報告も含め飛躍的にその数が増加してきた。

特に国内においてはこの数年間，様々な機能性食品の開発と連動して肌への有効性についても多数検証され始めている。今後，機能性食品の有効性データが蓄積するにしたがい消費者の美肌に対する期待は化粧品から機能性食品へと変化していくのではないかと思われる。実際，海外では膝関節痛が訴求ポイントであったコラーゲンペプチドが，国内では美肌への訴求で成功しており，今後もこのような肌関連の機能性食品が多く市場に現れると思われる。

今までに報告されている主な肌関連の機能性食品としては，コラーゲンペプチドの他にビタミン類，カロテノイド，ポリフェノール類，油脂，セラミド，コンドロイチン硫酸，ヒアルロン酸，発酵乳などが挙げられる。さらに最近では，それぞれの企業が独自に開発した機能性食品のヒト試験も積極的に行われるようになってきた。肌も臓器の一部であることを考えれば，化粧品を単独で使用するよりも，機能性食品を併用することにより肌の健康をコントロールする方がより効果的であると思われる。

本稿では，機能性食品の肌に関する評価法の概要と国内外の論文を引用して様々な機能性食品の有効性の検証を行った。さらに，販売実績の大きいコラーゲン素材とムコ多糖類に焦点をあてて有効性の検証を行った。

2　機能性食品の肌の評価法

2.1　環境測定室

被験者の肌の状態を測定するには恒温・恒湿の環境測定室が必要である。一般に室温は20～22℃，湿度は50±5%に保たれている。室内は広いほど被験者の入退室による影響が少ない。また，被験者に直接風が当たると肌状態に影響を及ぼすので，エアコンの風が当たらないように工夫されていなければならない。被験者は女性が主体なので，化粧室やロッカー，洗面所なども配

*　Tetsuro Yamamoto　㈱TTC　代表取締役社長

慮された施設が望ましい。

2.2 肌の評価項目と使用機器

肌の評価試験は，化粧品を評価するために開発されてきたが，食品の摂取による評価でも基本的には同様の方法を採用している。評価項目としては角層水分量，水分蒸散量，皮脂量，弾力性，肌の表面の状態（シワなど），メラニンの生成，肌の色などがある。これらはそれぞれの評価項目に対応する機器や手法で測定を行う。肌は外気の状態に大きく影響を受けるので，温度と湿度を一定に保った環境測定室で評価を行う。測定方法の詳細については第1編の第2章と3章に詳細が記述されているが，以下にそれぞれの測定方法の概略を記載する。

①肌の保湿機能は角層水分量で評価する。機器はコルネオメーター（Corneometer）とスキコン（Skicon）を用いる。Corneometer は水の誘電定数とその他の物質の誘電定数が著しく異なることを基礎に，角層の水分量に応じて異なる静電容量より角層水分量を算出する機器である。測定深度は 30～40 μm の角質層である。測定値は比較的安定している。Skicon は高周波を用い交流電流に対する電気伝導度を測定することによって角層水分量を測定する。測定深度は 20 μm の角質層である。皮膚表面に近いほど外気の影響を受けやすく，測定深度の浅い Skicon は Corneometer に比べてバラツキが大きい。ただし，外用剤の場合などは表面より吸収されていくので測定深度の浅い Skicon が適している。食品の場合は，摂取により内部から変化していくので測定深度の深い Corneometer が適していると考えられる。

②水分蒸散量はテヴァメーター（Tewameter）で測定できる。Tewameter のプローブ先端の円筒の内部に2組の高感度温湿度センサーが配置されてあり，皮膚の表面から蒸発する水分が Fick の法則に従って拡散すると仮定，センサーを通過する水分の温湿度を測定し，その値から蒸散量を算出する。

③皮膚の弾力性はキュートメーター（Cutometer）を用いて測定する。Cutometer は口径2～8 mm の穴が開いたプローブを皮膚に押し当て，陰圧をかけることで皮膚を引っ張り，その圧力を解除したときの状態を内蔵された位置センサーで測定することにより，皮膚の伸びや弾力を評価する。

④メラニン・紅斑（エリスマ）の測定にはメグザメーター（Mexameter）を用いて測定する。測定は光の吸収の原理に基づいている。プローブから3種類の異なる波長の光を照射し，皮膚から反射された光を測定する。メラニンは，2つの波長（660 nm・880 nm）で測定される。これらの波長はメラニン色素に対する吸収率が異なる波長である。エリスマ測定は2つの異なる波長（568 nm・660 nm）を用いる。2つのうち1つはヘモグロビンによる吸収が一番高い波長で，もう一方の波長はビリルビンなど他の色素の影響を避けるために選択された波長である。色差計で L 値，a 値および b 値を測定する方法も行われている。

⑤皮脂量の測定はセブメーター（Sebumeter）を用いる。皮膚表面の脂質は表皮由来の脂質と皮脂の総和であって，組成の主なものはトリグリセライド，脂肪酸，コレステロール，セラミド，

リン脂質などである。これらの皮脂量を測るために被験部にスリガラス状のポリエステルテープ（厚さ 0.1 mm）を 30 秒間押し当てる。フィルムの表面に付着する表皮脂質量によりフィルムの透明度が変わり，それに伴って光の透過度が変わることを利用して，表皮脂質量を測定する。

⑥シワの測定には一般的にはレプリカ法が用いられる。ヒトの目尻にレプリカ剤を塗布し，乾燥させたのちそれを剥がす。シワの部分はレプリカでは逆に凸になっており，そこにある角度で光を照射した結果できる陰影の面積と影の濃さでシワの面積と深さを測定する。

⑦シミ，シワ，隠れジミ，毛穴などの測定用の機器としてはフェイシャルステージ，ロボスキンアナライザー，VISIA がある。これらの機器はそれぞれに特徴があり，測定内容に応じて選択することが望ましい。

⑧皮膚の糖化度を測定するには AGE リーダーが用いられている。皮膚のコラーゲンが糖化されると，弾力性を失い，シワやシミが増える。加齢に伴い，皮膚の後期糖化反応生成物 AGEs（Advanced Glycation Endproducts）が増加することが知られており，AGE リーダーは蛍光分光方式で，皮膚・皮下の血管壁に蓄積されている AGEs を非侵襲的に測定できる。

⑨皮膚の組織を細胞レベルで画像化できるのが共焦点レーザー生体顕微鏡である。皮膚の角層，表皮，真皮乳頭，真皮上層にあるコラーゲン繊維などが，深度 200～400 μm で観察できる。

⑩皮膚の「コラーゲン・スコア」の測定には DermaLab が用いられている。高電圧パルス電源により圧電素子から，パルス電圧に対応した音波が発生する。この音波は表皮―真皮の界面やコラーゲン繊維で反射し，圧電素子に反射の大きさに応じて電圧を発生させる。音波を送って戻るまでの時間の半分が皮膚の深さ，反射の大きさがコラーゲン繊維の密度に比例する。コラーゲン・スコアは真皮の密度とエコーの強度により算出し，エコー強度の平均値を 0 ～100 のスケールに換算し表示する。

2.3　肌試験のデザイン

肌に関する試験内容としてはエリスマ，メラニン，角層水分量，水分蒸散量，シミ，弾力性，シワ，たるみ，医師の評価などがある。エリスマやメラニンの測定に関しては被験食品が即効的な効果を示す場合は紫外線の照射と同時に摂取させればよいが，効果の発現までに時間が必要なときは事前に摂取（2 ～ 4 週間）させた後，紫外線の照射を行った方が効果を確認しやすい。水分量は 4 週間程度でも上昇してくるが，シワに対する効果を検証するためには 3 ヵ月程度必要となる。

プラセボを設置しないオープン試験においては摂取開始時と終了時で季節の影響を受けるので，環境測定室内での被験者の馴化時間を長めに設定して安定化させる必要がある。論文の投稿を行うのであればプラセボを対照とした RCT（Randomized Control Trial，無作為化比較試験）でないとアクセプトが難しい。肌の評価項目は多岐にわたるので，どの項目をエンドポイントとして割付けをするのかをよく検討して試験を進める必要がある。機能性食品の有効性が明確でないため探索的に行う場合はできるだけ多くの被験者を用いて多方面から解析することが望ましい。

3　ヒトの肌に有効な機能性食品

ヒトの肌に何らかの有効性をもつ，様々な機能性食品を素材に分類して表1に示した。内容は対照群の有無，摂取期間，機器および医師・被験者評価とした。また，それぞれについて引用文献ならびに必要に応じて注記事項を記載した。以下に表1の概要を記述する。

①ビタミンCおよびEの単独または併用によるエリスマやメラニンの抑制については1980年より報告がある。それぞれ単独では効果が弱いかもしくは見られず，併用においては単独より効果が見られた。また，使用量は多いほど効果が見られた。

②β-カロテンやルテイン，リコピン，アスタキサンチンなどのカロテノイド類については古くは1972年のアリゾナ州で太陽光によるβ-カロテンのエリスマ生成の抑制についての報告がある。その後，カロテノイドに関しては多くの報告があるが，エリスマ抑制に関しては否定する論文もある。しかし，多くの論文はエリスマ抑制については効果があるとしている。また，食品の摂取と化粧品の塗布による有効性についても検証されており，摂取または塗布単独より両者を組み合わせた方が有効であると結論している。

③ビタミンとカロテノイドの併用によるメラニンやエリスマ抑制に関するヒト試験も実施されているが，併用での効果の有無については結果が異なっている。ヒトの肌試験に関して全般的に言えることであるが，使用するビタミンや機能性食品の量・配合割合が異なるためそれぞれの試験で大きく結果が異なっている。

④ポリフェノールとしては松樹皮ポリフェノール（ピクノジェノール），緑茶ポリフェノール，ココアポリフェノール，エラグ酸，ブドウ種子ポリフェノール，大豆イソフラボンなどが検証されている。ピクノジェノールに関してはエリスマの生成抑制や肝斑に対する効果が報告されている。同様の素材であるフランス海岸松樹皮抽出物は肝斑の強さを減弱させ，面積を減少させる効果があった。ブドウ種子ポリフェノールに関しては肝斑に対する効果，エリスマや水分量に対する弱い効果が見られた。プロシアニジンはエリスマに対する効果が見られた。緑茶ポリフェノールはエリスマ抑制や光老化に関して効果が見られなかったという報告の他に，摂取前との変化率でプラセボと比べて水分量や弾力性などに有意な効果があるという報告もある。ココアポリフェノールにはエリスマの生成抑制や皮膚症状の改善が見られた。また，ココアポリフェノールの単回投与においては血流量と酸素飽和量の上昇が見られた。ざくろ果皮由来のエラグ酸については被験者全体でのエリスマやメラニン生成に対する効果は見られなかったが，層別解析により抑制傾向が見られた。大豆イソフラボンに関しては主にシワの改善が見られた。

⑤肌に対する魚や植物由来の油脂に関する報告もある。DHAやEPAを含む魚油は肌の弾力性を向上させた。ω-3を含む魚油はエリスマの生成抑制に有効であった。また，γ-リノレン酸を主成分とするルリチシャ油は水分蒸散量や痒みに対して有効であった。同様に，γ-リノレン酸を主成分とする月見草油は水分量，水分蒸散量，弾力性に対して効果が見られた。アマニ油は抗炎症効果や水分蒸散量に対して有効であった。スクワレンはエリスマの生成抑制に有効であっ

た。

⑥コラーゲンペプチドは海外では膝関節痛の緩和に用いられてきたが，日本国内では肌への利用が圧倒的に多い。したがって，報告もほとんど邦文誌に限定されている。コラーゲンペプチドには動物（ウシ，ブタ）および魚由来がある。動物と魚由来のコラーゲンペプチドの肌への有効性を比較し，魚由来の方が優れているとの報告もある。摂取したコラーゲンペプチド量は1日当たり1～10gであるが5g程度が多い。さらに，コラーゲンペプチドの他にエラスチンやコンドロイチン，ヒアルロン酸，または転移ヘスペリジンなどを加えて評価したケースもある。評価項目は水分量，水分蒸散量，弾力性，シワなどである。有効性の有無は報告により相違があるが，傾向として水分量，弾力性，シワなどに有効性が見られる。

⑦米またはコーン由来のセラミドに関しては水分量，水分蒸散量などに有効であり肌のかさつきを抑えることが報告されている。

⑧ムコ多糖類には魚軟骨抽出物，ヒアルロン酸などがある。魚軟骨抽出物は弾力，シミ，シワ，乾燥さらに表皮および真皮の厚さに対して有効であった。プロテオグリカンを含む食品は長期の摂取（1年）で皮膚密度や水分蒸散量などで改善が見られた。魚軟骨抽出物は皮膚の厚さ，皮膚の状態（粗さ）や皮膚の色に改善が見られた。また，魚軟骨抽出物を用いた別の報告では水分量，皮膚表面構造，シワに有効性が見られた。サケ由来コンドロイチンは弾力性とシワに有効であった。カキ肉エキスについても肌への有効性が検討されており，シミや弾力性に弱いながら効果があった。抗酸化物質，ミネラル，グルコサミノグリカンを含む食品は，皮膚の粗さと細かいシワに対して有効であった。グルコサミン塩酸塩については水分量の改善と皮膚全体の均一性と滑らかさに改善が見られた。また，ヒアルロン酸には特に水分量の改善が認められた。

⑨ケイ酸やコリン安定化ケイ酸は弾力性やシワの改善のほか，毛髪や爪に対する効果を有するとの報告がある。

⑩生薬やマルチサプリメントについても肌への効果が検証されている。中米のシダの1種で，伝承薬として皮膚病の治療に用いられている *Polypodium leucotomos* はエリスマやメラニン生成の抑制効果があった。他にはグルコサミン，ビタミンC，各種アミノ酸，メラトニン，微量金属，コラーゲン，ヒアルロン酸，L-カルニチン，イソフラボン，プロアントシアニジンなどの素材を複数組み合わせて作製したサンプルで試験を行っているケースも多い。また，紅参（朝鮮人参）はシワを改善し，procollagen type I 合成の促進や，fibrillin の伸長促進が見られた。

⑪クランベリー飲料，鰹だし，ミネラルウォーター，アセロラ飲料，ヨーグルト，発酵乳，ワインなどの試験も実施されている。乳酸菌については紫外線照射による表皮の免疫力の低下を改善することも報告されている。これらの結果の概略は表1に記載してあるので参考にして頂きたい。

表1　ヒトの美肌評価

略語　VC：ビタミンC，VE：ビタミンE，CA：カロテノイド，PO：ポリフェノール，CO：コラーゲン，Se：セレン

効果の表示　◎：対照群に対して有意な効果あり，○：摂取前に対して有意な効果あり，△：効果あるも弱い，×：効果な

摂取成分		食品	対照	摂取期間	効果（機				
					エリスマ	メラニン	シミ	水分量	TEWL
ビタミン	1	VC+VE	VC，VE[注1]	12W		○[注2]			
	2	VE	プラセボ	6M	×				
	3	VC+VE	プラセボ	8D	◎				
	4	VC，VE	プラセボ	50D	◎[注3]				
	5	VC，VE	摂取前	1W	○[注4]				
	6	VC	摂取前	8W	×				
	7	VC+VE	摂取前	3M	○				
カロテノイド	8	β-CA	プラセボ	10W	◎				
	9	CA 混合物	摂取前	4W	×				
	10	β-CA	プラセボ	23D	△[注5]				
	11	CA 混合物	摂取前	24W	○	○			
	12	トマト CA	プラセボ	10W	◎				
	13	CA 混合物	プラセボ	12W	◎				
	14	トマト CA	摂取前	12W	○				
	15	CA 混合物	プラセボ	12W	◎			◎	
	16	β-CA	2 群比較[注6]	90D	○[注7]				
	17	CA 混合物	プラセボ	12W	×				
	18	アスタキサンチン	プラセボ	4W				○	
	19	アスタキサンチン	プラセボ	6W				○	
	20	アスタキサンチン	プラセボ	6W				×	◎
ビタミン + カロテノイド	21	VC+VE+CA	摂取前[注11]	8W		×[注12]			
	22	VE，CA	摂取前	12W	○[注13]				
	23	VE or CA	摂取前	8W	×				
ポリフェノール	24	松樹皮 PO	摂取前	8W	○				
	25	松樹皮 PO	摂取前	30D		○[注14]			
	26	松樹皮 PO	プラセボ	30D		○[注14]			
	27	ブドウ種 PO	摂取前	1Y		○[注14]			
	28	ブドウ種 PO	プラセボ	4W[注15]	△[注15]			△[注15]	
	29	プロシアニジン	プラセボ	8W		◎[注14]			
	30	緑茶 PO	プラセボ	4W	×				
	31	緑茶 PO	プラセボ	8W					
	32	緑茶 PO	プラセボ	2Y	○				
	33	緑茶 PO	プラセボ	12W	◎[注16]			◎[注16]	◎[注16]
	34	ココア PO	摂取前	12W	○			○	○
	35	ココア PO	摂取前[注20]	単回投与	○微小循環				
	36	エラグ酸	プラセボ	4W[注21]	△[注22]	△[注22]			
	37	イソフラボン	プラセボ	3M					
	38	イソフラボン	プラセボ	12W					
	39	イソフラボン	プラセボ	6W		◎[注24]		×	
油脂・脂肪酸	40	魚油	プラセボ	4W	◎				
	41	魚油	摂取前	6M	○				
	42	ルリチシャ油	摂取前	2M				△	○
	43	月見草油	プラセボ	12W				◎[注25]	◎[注25]
	44	ルリチシャ油	プラセボ	12W	○			○	○

試験結果一覧表

し，空欄：評価せず

器評価)					老化抑制	ニキビ	医師・被験者評価		文献
	弾力性	シワ	皮膚厚さ	表面構造			医師	被験者	
1							○	○	1，2)
2									3)
3									4)
4									5)
5									6)
6									7)
7									8)
8									9)
9									10)
10									11)
11									12)
12									13～16)
13									16，17)
14									18)
15	◎								19)
16	○注8	○			○注9				20)
17					◎注10				21)
18							◎なめらか他	◎シミ・ソバカス	22)
19	◎	×		△			◎シワ，弾力性	○	23，24)
20	◎	×～◎							25)
21									26)
22									27)
23									28)
24									29)
25									30)
26									31)
27									32)
28									33)
29									34)
30									35)
31					×光老化		×シミ，シワ他	×シワ，乾燥他	36)
32					○光老化		○シワ他	×	37)
33	◎注17	×	◎注18	◎注17					38)
34				○ Visioscan 注19					39)
35									40)
36									41)
37					×更年期の乾燥			×乾燥注23	42)
38	◎	◎			◎				43)
39	×	○							44)
40									45)
41									46)
42					○			○乾燥，痒み	47)
43	◎注25			◎ PRIMOS 注25，26					48)
44				○ Visioscan 注28					49)

摂取成分		食品	対照	摂取期間	効果（機				
					エリスマ	メラニン	シミ	水分量	TEWL
油脂・脂肪酸	45	アマニ油	プラセボ	12W				○[注27]	◎[注27]
	46	魚油　他	無摂取[注30]	12W					△
	47	スクワレン	摂取前	90D	○	×			
	48	アマニ油	プラセボ	12W	○			△	○
	49	γ-リノレン酸	プラセボ	12W[注31]				×	○～◎[注32]
セラミド	50	セラミド	プラセボ	6W				◎	
	51	セラミド	プラセボ	3W				◎[注34]	◎
	52	セラミド	プラセボ	3M				◎	
	53	セラミド	プラセボ	8W				○	○～◎[注35]
	54	セラミド	プラセボ	8W	×	×		×	×
コラーゲン	55	コラーゲン飲料	摂取前	10W				×	
	56	魚コラーゲン	プラセボ	4W				○～◎[注38]	
	57	豚コラーゲン	プラセボ	60D				×	
	58	豚コラーゲン	プラセボ	8W				×，◎[注41]	×
	59	豚コラーゲン	プラセボ	8W				×	×
	60	魚コラーゲン	摂取前	8W				×	
	61	CO，PO	コラーゲンのみ	8W				◎	△
	62	魚コラーゲン	プラセボ	4W				△，◎[注43]	×
	63	魚コラーゲン	プラセボ	8W					
	64	豚コラーゲン	摂取前	1M				△	
	65	大豆，コラーゲン	摂取前	4W				×	×
エラスチン	66	エラスチン	プラセボ	8W				×	×
	67	エラスチン	プラセボ	8W				×	×
	68	エラスチン	プラセボ	8W					
ムコ多糖類	69	軟骨抽出物	プラセボ	90D					
	70	軟骨抽出物	プラセボ	90D	◎[注47]				
	71	軟骨抽出物	類似品	90D	△				
	72	軟骨抽出物[注48]	プラセボ	3M					×
	73	軟骨抽出物	プラセボ	8W				◎	
	74	軟骨抽出物	プラセボ	40D				◎	
	75	軟骨抽出物	プラセボ	12W					
	76	軟骨抽出物	プラセボ	6M					
	77	軟骨抽出物	プラセボ	6M				×	
	78	コンドロイチン硫酸	プラセボ	4W				×	×
	79	軟骨抽出物	プラセボ	12W					
ヒアルロン酸等	80	カキ肉エキス	摂取前	3M			△		×
	81	グルコサミン	プラセボ	6W				○	
	82	ヒアルロン酸	プラセボ	6W				○	
	83	ヒアルロン酸	プラセボ	4W				◎[注52]	
	84	ヒアルロン酸	プラセボ	6W				◎	
ケイ酸	85	ケイ酸	摂取前	90D					
	86	ケイ酸	プラセボ	20W				×	
マルチ サプリメント等	87	Polypodium	無摂取	1D	◎				
	88	Polypodium	無摂取	1D	○				
	89	グルコサミン　他	無摂取	5W				×	
	90	VC，VE，PO	プラセボ	12W	△				
	91	α-リポ酸　他	プラセボ	8W				◎	

器評価)					老化抑制	ニキビ	医師・被験者評価		文献
	弾力性	シワ	皮膚厚さ	表面構造			医師	被験者	
45				◎ Visioscan[注27, 29]					49)
46	◎								50)
47		○			○光老化				51)
48		×		○					52)
49								○	53)
50				◎ Visioscan[注33]			○		54)
51									55)
52								△	56)
53									57)
54	×～◎[注36]							△	58)
55	○[注37]								59)
56	×，○[注39]			◎ Visioscan[注40]					60)
57									61，62)
58	×	○					×	×	63)
59	○，◎[注42]							◎スベスベ他	64)
60		○						○	65)
61	◎	△							66)
62	◎[注44]								67)
63	×	△～○							68)
64		△						○	69)
65	×，○[注45]			○ Visual Imager[注46]				○乾燥，タルミ他	70)
66	×	×						△	71)
67	×	×						△	72)
68	◎								73)
69	◎		◎				◎シワ，乾燥		74)
70	◎		◎				◎シワ，タルミ，乾燥，×シミ		75)
71	◎		◎				◎シミ，シワ，乾燥		76)
72		×	×						77)
73	◎		◎				○		78)
74		◎						◎	79)
75	◎			◎ PRIMOS[注49]					80)
76	◎		◎				◎シワ，粗さ	◎	81)
77	×		◎密度				◎シミ，シワ，タルミ	×	82)
78	◎	◎						◎シワ，粗さ	83)
79		◎		◎ Visioscan[注50]				◎粗さ，シワ	84)
80	△								85)
81				○ Visioscan[注51]			○乾燥，落屑，潮紅，化粧のり		86)
82				○ Visioscan			○乾燥，潮紅，化粧のり		87)
83				○ Visioscan[注53]					88)
84	×	×							89)
85	×		△				○タルミ，シワ，×シミ		90)
86	◎	◎							91)
87									92)
88									93)
89		◎							94)
90									95)
91					◎抗酸化機能				96)

摂取成分		食品	対照	摂取期間	効果（機				
					エリスマ	メラニン	シミ	水分量	TEWL
マルチサプリメント等	92	VE，CA，Se	摂取前	7W	○				
	93	α-リポ酸　他	類似品	8W				△	
	94	VC，VE，CA，Se	プラセボ	12W					
	95	朝鮮人参[注55]	プラセボ	24W	×	×	×	×	
乳酸菌	96	乳酸菌[注56]	プラセボ	66D					
	97	ヨーグルト	摂取前	4W					
	98	発酵乳	プラセボ	24W					◎
	99	発酵乳	プラセボ	8W	○	○		△〜◎	×〜○
ラクトフェリン	100	ラクトフェリン	プラセボ	12W				×	
	101	ラクトフェリン	摂取前	8W					
一般食品	102	クランベリー飲料	飲料非指定	4W				△	
	103	鰹だし	プラセボ	4W				×	
	104	ミネラルウォーター	摂取前	42D				○	×
	105	アセロラ飲料	プラセボ	12W			△	×	
	106	赤ワイン	摂取前	0H[注57]	×〜○[注58]				
	107	果汁／野菜	プラセボ	12W				○	×

注1：VC，VE 単独に対する VC+VE の効果判定
注2：VE+VC>VE>VC
注3：VC+VE のみ効果あり
注4：VC 無効，VE+VC>VE（E 単独の効果は小さく，臨床的には意味がない）
注5：sunburn cell 数で評価
注6：低用量（30 mg/d）と高用量（90 mg/d）の比較；効果は低用量で大きい。
注7：エリスマ生成（MED）は低用量で変化なし，高用量で低下。
注8：R5 は摂取前に比較して有意に上昇；R2 と R7 は変化なし。
注9：低用量群で type I procollagen mRNA 発現量有意に増加。
注10：MMP-1 生成抑制
注11：UV 照射せず，ビタミン摂取量は少ない（VC 30 mg/d，VE 5 mg/d）。
注12：メラニン新生促進（メラニン濃度上昇），メカニズム不明
注13：VE+CA のみ効果あり
注14：肝斑
注15：摂取 4W 後に UV 照射し，その後経皮投与 2 週間，摂取は継続。結果の△は経口摂取の場合；経皮と経皮＋経口では◎（効果は経皮＜経皮＋経口）
注16：摂取前との変化率で，プラセボと比べて有意差あり。測定値では有意差なし。
注17：摂取前と 12W の変化率で，プラセボと比べて有意差あり。測定値では有意差なし。
注18：摂取前と 6W の変化率で，プラセボと比べて有意差あり。測定値では有意差なし。
注19：改善された指標は scaling と roughness
注20：クロスオーバー試験。エリスマ生成抑制作用との直接的な関係は不明であるが，血流量上昇の例として挙げた。
注21：UV 照射直後から食品摂取開始。
注22：全体で効果なし。軽度の日焼け者を対象とすると，L 値で有意な効果あり。エリスマ値とメラニン値では有意な効果なし。
注23：研究目的はイソフラボン摂取による更年期症状の改善。その中で症状の一つである乾燥肌の改善作用を評価したが効果なし。
注24：UV 照射せず。Mexameter で顔面の直径 6 mm 以上の色素沈着班の数を計数。
注25：効果は 4 週後では見られず，12 週後に出現。
注26：改善された指標は粗さ。
注27：有意な効果は多くの場合 12 週後に出現。
注28：改善された指標は scaling
注29：改善された指標は roughness，smoothness
注30：魚油の摂取試験においては月見草油やカノラ油が含まれているが，これらの油脂は有効性に影響がないとはいえない。

器評価)					老化抑制	ニキビ	医師・被験者評価		文献
	弾力性	シワ	皮膚厚さ	表面構造			医師	被験者	
92									97)
93									98)
94			○	○ Visioscan 注54					99)
95	×	◎			◎コラーゲン合成		△	△	100)
96					○免疫機能刺激				101)
97	○			○キメ			○乾燥，△鱗屑	○乾燥，クスミ	102)
98									103)
99					○			△	104)
100						◎			105)
101						○			106)
102	△						◎赤み，キメ，ハリ	◎	107)
103								△ツヤ他	108)
104	○		×					○乾燥，粗さ	109)
105	×						◎	◎柔かさ，ツヤ	110)
106									111)
107			○	○注59					112)

注 31：12W 摂取終了後，後観察期間 4W

注 32：被験者全体では有意傾向あり。血漿中のγ-リノレン酸，ジホモ-γ-リノレン酸，アラキドン酸量で層別解析の場合，有意傾向または有意差あり。

注 33：改善された指標は頚背部の smoothness，roughness，および scaling と眼下部の roughness および scaling

注 34：変化量が異常に高く（例えば水分量は約 3 倍増加），データと結論に疑問。

注 35：低，高用量共にほほにおいてプラセボに対して 4 週目で有意差あり。

注 36：低用量（0.6 mg/d）では効果がないが，高用量（1.8 mg/d）では効果あり。

注 37：戻り弾性（R7）×で低下（但し，40-50 歳の高齢者を層別すると○），柔軟性（R0＝Uf）上昇○（R0 の上昇を改善と解釈）。

注 38：上腕部で◎，眼下部および頚背部で○

注 39：戻り弾性（R7）×で低下；柔軟性（R0）○で上昇（R0 の上昇を改善と解釈）。

注 40：改善された指標は scaling と smoothness

注 41：×：頬，◎：目尻

注 42：総体弾性（R2）◎，戻り弾性（R7）○

注 43：全被験者△，30 歳以上◎

注 44：弾力性（R2）×，柔軟性（R0=Uf）は低下（R0 の低下の意義について考察なし）。

注 45：戻り弾性（R7）×（悪化），肌柔軟性（R0）○（上昇を改善と解釈）。

注 46：キメ密度計測。

注 47：エリスマインデックス（エリスマメーター，Diastron 製）

注 48：軟骨抽出物のほかに，ビタミン，ミネラルを配合したマルチサプリメント（MS）

注 49：粗さ有意に低下。

注 50：改善された指標は wrinckle（シワの深さ）。

注 51：改善された指標は krutosis（皮膚全体の均一性と滑らかさ），smoothness と scaling

注 52：2W のみ。

注 53：改善された指標は krutosis（皮膚全体の均一性と滑らかさ）。

注 54：改善された指標は roughness，scaling

注 55：他に 2 種類のハーブを含む。

注 56：直接美容に関係しないが，乳酸菌摂取による皮膚の免疫機能刺激作用として挙げた。

注 57：ワイン摂取直前に UV 照射（ワイン 6 ml/kg，b.w. を約 40 分かけて飲む）。

注 58：エリスマ生成抑制作用はワインのポリフェノール含量と相関か。

注 59：皮膚の密度も摂取前と比較して 12W において有意差あり。

4　コラーゲンと軟骨抽出物（コンドロイチン硫酸，ヒアルロン酸）の肌に対する有効性の検証

日本においてはコラーゲンを添加した美容食品や化粧品が売れている。一方，海外では軟骨抽出物を主成分とする美容食品が販売されている。コラーゲンはタンパク質であり，軟骨抽出物はヒアルロン酸およびコンドロイチン硫酸などを含む。2つとも皮膚の構造維持に関与する主要な高分子であり，皮膚の水分保持（保湿性）や弾力性維持に寄与している。これら成分を摂取または塗布することで皮膚にこれらの成分を補い，皮膚の状態を良好に保つとイメージされている。

しかし，「このような食品には有効性は考えられない」との主張が生命科学者から出されている。その理由としては，高分子成分は摂取後消化されてアミノ酸や糖類に分解され，そこから様々なタンパク質合成の原料や代謝中間体として利用され，特定の組織（例えば肌など）の特定の高分子（例えばコラーゲン）の合成に優先的に利用されるのではないという考えからである。

以上の背景から，コラーゲンと軟骨抽出物を主成分とする美容食品に関するヒト試験の結果を整理した。コラーゲンの評価試験の報告論文は12報であり，いずれも日本の試験であった。一方，軟骨抽出物の評価試験は11報あり，欧州が多く，日本とタイからそれぞれ1報告あった。

コラーゲンに関するヒト試験結果に関しては，水分量保持や弾力性評価の結果は有効，無効の両方向に振れていた。コラーゲンはその起源によりアミノ酸組成や配列に違いはあるものの基本的な機能に違いはない。したがって，原料の違いによる差はあっても，基本的な美肌機能に違いはないと考えるのが妥当であろう。そのような視点からはまだ，ヒトの肌に関する有効性については結論が出ていないと考えられる。最も信頼性の高い報告はCO-9であり，この報告では保湿性（水分量）が改善されていた。以上の結果を表2にまとめた。

軟骨抽出物に関するヒト試験結果は弾力性，皮膚の厚さ，シワに有効性を示しており，軟骨抽出物は皮膚の老化現象の改善に有効であることの確実性が高い（表3）。軟骨抽出物の摂取量はコラーゲンの有効摂取量の約10分の1程度であることから，両物質の作用メカニズムが異なることを示唆している。

5　肌に関する特定保健用食品（トクホ）の可能性

通常，トクホの対象者は健常と疾病との境界域である。したがって，シワが改善して美しくなる等の美肌的な内容はトクホとしては適さない。一般的に肌に関して境界域は存在しないが，肌の状態が悪いヒトは角層水分量が低く水分蒸散量が高い傾向がある。したがって，角層水分量を高め，水分蒸散量を減少させることにより肌の状態を健康に保つことはできる。肌に関するトクホを取得するためには角層水分量や水分蒸散量と食品との関係を明確にする必要がある。また，生体バイオマーカーを用いて肌の状態を評価することもひとつの方法である。現在，トクホとしては，内閣府消費者委員会の新開発食品評価第二調査会でグルコシルセラミドを関与成分とし，

表2　コラーゲン（Collagen，CO）評価試験一覧表

略語　VC：ビタミンC，VB_2：ビタミンB_2，HY：ヒアルロン酸

効果の表示　◎：対照群に対して有意な効果あり，○：摂取前に対して有意な効果あり，△：効果あるも弱い，×：効果なし，空欄：評価せず

試験	成分	摂取量	比較対照	被験者数	年齢	摂取期間	水分量	TEWL	弾力性				シワ	医師・被験者評価	文献
									R0	R2	R5	R7			
CO-1	COペプチド（牛），VC	5 g/d	摂取前	全48名	22～58	10W	×		○↑			○[注1]			59)
CO-2	COペプチド（魚），VC，VB_2	5 g/d	プラセボ	全21名	A35，P33	4W	○～◎		○↑			×			60)
CO-3，4	COペプチド（豚），VC	10 g/d	プラセボ	全39名	平均22.8	60D	×								61，62)
CO-5	COペプチド（豚）	9 g/d	プラセボ	全20名	40～44	8W	×，◎	×				×	○	×	63)
CO-6	COペプチド（豚），HY，VC	4 g/d	プラセボ	全44名	20～49	8W	×	×		◎		○		◎	64)
CO-7	COペプチド（魚）	3 g/d	摂取前	全14名	40～50代	8W	×						○		65)
CO-8	COペプチド（魚），他[注2]	3 g/d	COペプチド	全34名	平均38	8W	◎	△	◎R[注3]				△		66)
CO-9	COペプチド（魚）	2.5，5，10 g/d	プラセボ	各群40名前後	25～45	4W	△，◎[注4]	×	◎↓	×					67)
CO-10	COペプチド（魚，豚）	5 g/d	プラセボ	各群13名	35～50	8W			×	×			△～○		68)
CO-11	COペプチド（豚）[注5]	5，10 g/d	摂取前	全61名	26～68	1M	△						△	○	69)
CO-12	CO[注6]	5，10 g/d	摂取前	全22名	25～49	4W	×	×	○↑			×		○	70)

注1：高年齢者層

注2：糖転移ヘスペリジン，ヒハツ抽出物，イチョウ葉抽出物，パフィア抽出物を含有，プラセボはコラーゲンのみを含む。

注3：Rの項目記載なし。

注4：5 g/d以上の摂取群で，30歳以上の層でプラセボ群に対して有意な上昇。層別前の全体では○。豚コラーゲンペプチドは10 g/dの摂取で評価，効果なし。

注5：反応群と無反応群に分けて解析し反応群に改善○を認めている。今後，被験者の選択の必要性を主張。

注6：被験食品は「ダイエット＆コラーゲン」，大豆タンパク質15 g/d，コラーゲン5 g/d，植物繊維8 g/d，カルニチン60 mg/d，ビタミン類、ミネラル類などを含む。

表 3　軟骨抽出物（Cartilage Polysaccharides, CP）評価試験一覧表

略語　CoQ10：コエンザイム Q10
効果の表示　◎：対照群に対して有意な効果あり，○：摂取前に対して有意な効果あり，△：効果あるも弱い，×：効果なし，空欄：評価せず

試験	発表国	成分	摂取量[注1]	比較対照	被験者数	年齢	摂取期間	水分量	TEWL	弾力性				皮膚厚さ	シワ	医師・被験者評価	文献
										R0	R2	R5	R6[注2]				
CP-1	Finland	CP（Imedeen®）	500 mg/d	プラセボ	全 30 名	40～63	90D				◎			◎		◎シワ，乾燥	74)
CP-2	Finland	CP（Vivida®）	500 mg/d	プラセボ	全 30 名	40～60	90D				◎			◎		◎シワ，タルミ，乾燥，×シミ	75)
CP-3	Finland	CP（Vivida®）	Vivida® 500 mg/d	Imedeen®	全 30 名	40～60	90D				◎			◎		◎シワ，タルミ，乾燥	76)
CP-4	Denmark	CP（Imedeen®）[注3]	CP 210 mg/d CP 420 mg/d	プラセボ	全 144 名 各群 48 名	35～50	3M[注4]		×					×	×		77)
CP-5	Italy	CP，イチョウ葉エキス，他[注5]	記載なし	プラセボ	各群 15 名	35～60	8W	◎		×	△		◎	◎	◎	○シワ，シミ，乾燥	78)
CP-6	Italy	CP[注6]	記載なし	プラセボ	各群 16 名	35～60	40D	◎							◎	◎ハリ，弾力性など	79)
CP-7	Germany	CP（Evelle®）[注7]	CP 100 mg/d	プラセボ	各群 29 名	45～75	6，12W					◎					80)
CP-8	Norway	CP（DermaVite®）[注8]	CP 700 mg/d	プラセボ	各群 20 名	30～64	6M				◎			◎		◎シワ，粗さ	81)
CP-9	Denmark	CP（Imedeen Prime Renewal®）[注9]	CP 189 mg/d	プラセボ	閉経後女性 80 名	45～65	6M	×		×				◎密度		◎シワ，タルミ，シミ	82)
CP-10	日本	CP[注10]	CP 500 mg/d	プラセボ	全 20 名	平均 35	4W	×	×			◎				◎シワ，粗さ	83)
CP-11	Thailand	CP，CoQ10，他[注11]	記載なし	プラセボ	各群 30 名	平均 46	12W								◎	◎シワ，粗さ	84)

注 1：軟骨抽出物（CP）の摂取量。
注 2：R6（＝Uv/Ue）最大伸張性 Uf の弾性部分 Ue に対する粘性部分 Uv の比率。
注 3：1 錠中プロテオグリカン 105 mg，ビタミン C 30 mg，グルコン酸亜鉛 15 mg を含む。
注 4：上記 CP-1,2,3 の効果が観察されない理由は，被験者の年齢が低いためであろうと考察している。
本試験では，3ヵ月後，被験者全員を Imedeen 摂取量を変えた 3 群に分け，9ヵ月間摂取させたが，その期間で群間差は認められなかった。
全被験者をプールして摂取前と比較すると，有意な効果が認められた。
注 5：CP，イチョウ葉エキス，フラボノイド（由来記載なし），*Centella asiatica*（ツボクサ，gotukola）含有。
注 6：CP（活性成分はコンドロイチン硫酸と硫酸化酸性ムコ多糖類），セラミド，アミノ酸（Pro，Lys，Val，Cys），ビタミン E，リコピン，ルリジサ油（borage oil，主成分γ-リノレン酸）。
注 7：1 錠中に鮭由来物（コラーゲン，グリコサミノグルカン）50 mg，ビタミン C 30 mg，ビタミン E 5 mg，ビオチン 75 μg，トマト抽出物 34 mg，Se 25 μg，Zn 7.5 mg，プロシアニジン（松樹皮抽出物）10 mg，ブルーベリー抽出物 15 mg，その他を含む。
注 8：1 錠中に深海魚由来タンパク質 350 mg，α-リポ酸 100 mg，ビタミン C 90 mg，ビタミン E 18 mg，紅クローバーエキス 62 mg，トマト抽出物 40 mg，松樹皮抽出物 30 mg，大豆抽出物 12 mg，Zn 12 mg，その他を含む。
注 9：CP 188.7 mg/d，ビタミン C 60 mg/d，ビタミン E 10 mg/d，大豆抽出物（イソフラボン含量 10%）350 mg/d，白茶抽出物（ポリフェノール含量 40%）62.4 mg/d，ブドウ種子抽出物 27.5 mg/d，トマト抽出物 28.8 mg/d，Zn 5.0 mg/d，カモミール抽出物（夕食時摂取の被験食品のみ含有）。
注 10：鮭由来コンドロイチン硫酸含有ムコ多糖類複合体 250 mg を含むカプセル。
注 11：CP，CoQ10，β-カロテン，ビタミン E，ブドウ種子抽出物，松樹皮抽出物，緑茶抽出物を含む。商品名：「Radiance Marine Q10」，Blackmore（オーストラリア）製品。

「肌が乾燥しがちな方に適する」旨を保健の用途とする食品（飲料）が有効性の審査を通過し，食品安全委員会で安全性に関する審査を受けている（2012年10月18日現在)。

このようにようやく食品の肌への機能性については国内でも評価・認知されるようになってきており，今後はさらにその開発が加速するものと思われる。

いずれにしても，食品の持つ肌への機能を科学的に，かつ普遍的方法で解明し，申請することが重要である。

6　おわりに

食品の肌に関する有効性は1970年代より研究されてきたにもかかわらず化粧品と比べて評価が低い原因としては有効性の表示ができなかった点であろう。最近になって，食品の肌への機能も次第に解明されるようになり，海外では有効性の表示も可能になった。国内においては，肌に関するトクホ申請が行われ審査されている。本稿では，食品の肌評価に関して参考となる内容を整理し記述した。肌に関する機能性食品の研究・開発者の参考になれば幸いである。

文　　献

1）ビタミンE，C配合剤臨床研究班，西日皮膚，**42**, 1024（1980）
2）R. Hayakawa *et al., Acta Vitaminol. Enzymol.*, **3**, 31（1981）
3）K. Werninghaus *et al., Arch. Dermatol.*, **130**, 1257（1994）
4）B. Eberlein-Konig *et al., J. Am. Acad. Dermatol.*, **38**, 45（1998）
5）J. Fuchs *et al., Free Radic. Biol. Med.*, **25**, 1006（1998）
6）H. Mireles-Rocha *et al., Acta Derm. Venereol*, **82**, 21（2002）
7）F. McArdle *et al., Free Radic. Biol. Med.*, **33**, 1355（2002）
8）M. Placzek *et al., J. Invest. Dermatol.*, **124**, 304（2005）
9）M. M. Mathews-Roth *et al., J. Invest. Dermatol.*, **59**, 349（1972）
10）C. Wolf *et al., J. Invest. Dermatol.*, **90**, 55（1988）
11）M. Garmyn *et al., Exp. Dermatol.*, **4**, 104（1995）
12）J. Lee *et al., Proc. Soc. Exp. Biol. Med.*, **223**, 170（2000）
13）W. Stahl *et al., J. Nutr.*, **131**, 1449（2001）
14）W. Stahl *et al., Skin Pharmacol. Appl. Skin Physiol.*, **15**, 291（2002）
15）H. Sies *et al., Int. J. Vitam. Nutr. Res.*, **73**, 95（2003）
16）H. Sies *et al., Photochem. Photobiol. Sci.*, **3**, 749（2004）
17）U. Heinrich *et al., J. Nutr.*, **133**, 98（2003）
18）O. Aust *et al., Int. J. Vitam. Nutr. Res.*, **75**, 54（2005）

19) P. Palombo *et al., Skin Pharmacol. Physiol.*, **20**, 199 (2007)
20) S. Cho *et al., Dermatology*, **221**, 160 (2010)
21) M. Rizwan *et al., Brit. J. Dermatol.*, **164**, 154 (2011)
22) 山下栄次，Food style 21, **6**, 112 (2002)
23) 山下栄次，Food style 21, **9**, 72 (2005)
24) E. Yamashita, *Carotenoid Science*, **10**, 91 (2006)
25) K. Tominaga *et al., Acta Biochim. Pol.*, **59**, 43 (2012)
26) E. Postaire *et al., Biochem. Mol. Biol. Int.*, **42**, 1023 (1997)
27) W. Stahl *et al., Am. J. Clin. Nutr.*, **71**, 795 (2000)
28) F. McArdle *et al., Am. J. Clin. Nutr.*, **80**, 1270 (2004)
29) C. Saliou *et al., Free Radic. Biol. Med.*, **30**, 154 (2001)
30) Z. Ni *et al., Phytother. Res.*, **16**, 567 (2002)
31) M. Shahrir *et al., IMJM*, **3**, (2004)
32) J. Yamakoshi *et al., Phytother. Res.*, **18**, 895 (2004)
33) B. Hughes-Formella *et al., Skin Pharmacol. Physiol.*, **20**, 43 (2007)
34) E. B. Handog *et al., Int. J. Dermatol.*, **48**, 896 (2009)
35) H-H. Chow *et al., Clin. Cancer Res.*, **9**, 3312 (2003)
36) A. E. Chiu *et al., Dermatol. Surg.*, **31**, 855 (2005)
37) R. Janjua *et al., Dermatol. Surg.*, **35**, 1057 (2009)
38) U. Heinrich *et al., J. Nutr.*, **141**, 1202 (2011)
39) U. Heinrich *et al., J. Nutr.*, **136**, 1565 (2006)
40) K. Neukam *et al., Eur. J. Nutr.*, **46**, 53 (2007)
41) K. Kasai *et al., J. Nutr. Sci. Vitaminol.*, **52**, 383 (2006)
42) D. Kotsopoulos *et al., Climacteric*, **3**, 161 (2000)
43) T. Izumi *et al., J. Nutr. Sci. Vitaminol.*, **53**, 57 (2007)
44) 島津司ほか，健康・栄養食品研究，**12**, 1 (2009)
45) I. F. Orengo *et al., Arch. Dermatol. Res.*, **284**, 219 (1992)
46) L. E. Rhodes *et al., J. Invest. Dermatol.*, **103**, 151 (1994)
47) T. Brosche *et al., Arch. Gerontol. Geriat.*, **30**, 139 (2000)
48) R. Muggli, *Int. J. Cosmetic. Sci.*, **27**, 243 (2005)
49) S. De Spirt *et al., Brit. J. Nutr.*, **101**, 440 (2009)
50) D. Segger *et al., J. Dermatol. Treat.*, **19**, 279 (2008)
51) S. Cho *et al., Clin. Exp. Dermatol.*, **34**, 500 (2009)
52) K. Neukam *et al., Skin Pharmacol. Physiol.*, **24**, 67 (2011)
53) A. Kawamura *et al., J. Oleo Sci.*, **60**, 597 (2011)
54) 張慧利，新薬と臨牀，**51**, 890 (2002)
55) 浅井さとみほか，臨床病理，**55**, 209 (2007)
56) S. Guillou *et al., Int. J. Cosmetic Sci.*, **33**, 138 (2011)
57) T. Oda *et al., Anti-Aging Medicine*, **7**, 50 (2010)
58) M. Hori *et al., Anti-Aging Medicine*, **7**, 129 (2010)

59）速水耕介ほか，新薬と臨牀，**49**, 867（2000）
60）菊地数晃ほか，フレグランスジャーナル，**31**, 97（2003）
61）小山洋一ほか，フレグランスジャーナル，**34**, 82（2006）
62）角田愛美ほか，健康・栄養食品研究，**7**, 45（2004）
63）矢澤一良ほか，Food style 21, **10**, 30（2006）
64）上野正一ほか，応用薬理，**73**, 183（2007）
65）藤本祐三ほか，フレグランスジャーナル，**35**, 75（2007）
66）南利子ほか，フレグランスジャーナル，**36**, 68（2008）
67）大原浩樹ほか，日本食品科学工学会誌，**56**, 137（2009）
68）井上直樹ほか，アミノ酸研究，**3**, 79（2009）
69）伊藤まゆほか，日本補完代替医療学会誌，**6**, 111（2009）
70）後藤祥二ほか，新薬と臨牀，**55**, 1945（2006）
71）小池田崇史ほか，フレグランスジャーナル，**35**, 93（2007）
72）中場操子ほか，新薬と臨牀，**56**, 1881（2007）
73）佐藤三佳子ほか，日本食品科学工学会誌，**58**, 159（2011）
74）A. Lassus *et al., J. Int. Med. Res.,* **19**, 147（1991）
75）A. Eskelinin *et al., J. Int. Med. Res.,* **20**, 99（1992）
76）A. Eskelinen *et al., J. Int. Med. Res.,* **20**, 227（1992）
77）M. E. Kieffer *et al., J. Eur. Acad. Dermatol.,* **11**, 129（1998）
78）F. Distante *et al., Int. J. Cosmetic Sci.,* **24**, 81（2002）
79）G. Primavera *et al., Int. J. Cosmetic Sci.,* **27**, 199（2005）
80）D. Segger *et al., J. Dermatol. Treat.,* **15**, 222（2004）
81）E. Thom, *J. Int. Med. Res.,* **33**, 267（2005）
82）G. R. L. Skovgaard *et al., Eur. J. Clin. Nutr.,* **60**, 1201（2006）
83）塩原みゆきほか，Food style 21, **10**, 75（2006）
84）M. Udompataikul *et al., Int. J. Cosmetic Sci.,* **31**, 427（2009）
85）安西孝之ほか，フレグランスジャーナル，**24**, 79（1996）
86）梶本修身ほか，日本食品科学工学会誌，**48**, 335（2001）
87）梶本修身ほか，新薬と臨牀，**50**, 548（2001）
88）佐藤稔秀ほか，日本美容皮膚科学会誌，**12**, 109（2002）
89）佐藤稔秀ほか，日本美容皮膚科学会誌，**17**, 33（2007）
90）A. Lassus, *J. Int. Med. Res.,* **21**, 209（1993）
91）A. Barel *et al., Arch. Dermatol. Res.,* **297**, 147（2005）
92）S. Gonzalez *et al., Photodermatol. Photo.,* **13**, 50（1997）
93）M. A. Middelkamp-Hup *et al., J. Am. Acad. Dermatol.,* **51**, 910（2004）
94）H. Murad *et al., J. Dermatol. Treat.,* **12**, 47（2001）
95）A. K. Greul *et al., Skin Pharmacol. Appl. Skin Physiol.,* **15**, 307（2002）
96）P. Morganti *et al., Int. J. Cosmetic Sci.,* **24**, 331（2002）
97）J. P. Cesarini *et al., Photodermatol. Photo.,* **19**, 182（2003）
98）P. Morganti *et al., SKINmed,* **3**, 310（2004）

99）U. Heinrich *et al.*, *Skin Pharmacol. Physiol.*, **19**, 224 (2006)
100）S. Cho *et al.*, *J. Med. Food*, **12**, 1252 (2009)
101）J. Peguet-Navarro *et al.*, *Eur. J. Dermatol.*, **18**, 504 (2008)
102）伊澤佳久平ほか，腸内細菌学雑誌，**22**, 1 (2008)
103）F. Puch *et al.*, *Exp. Dermatol.*, **17**, 668 (2008)
104）馬場秀彦ほか，日本美容皮膚科学雑誌，**19**, 111 (2009)
105）J. Kim *et al.*, *Nutrition*, **26**, 902 (2010)
106）E. A. Mueller *et al.*, *Curr. Med. Res. Opin.*, **27**, 793 (2011)
107）有井雅幸ほか，果汁協会報，1 (2004)
108）山田桂子ほか，健康・栄養食品研究，**9**, 53 (2006)
109）S. Mac-Mary *et al.*, *Skin Res. Technol.*, **12**, 199 (2006)
110）花村高行ほか，日本食品科学工学会誌，**55**, 6 (2008)
111）M. Moehrle *et al.*, *JDDG*, **7**, 29 (2009)
112）S. De Spirt *et al.*, *Skin Pharmacol. Physiol.*, **25**, 2 (2012)

第1章　美肌

1　米セラミド

坪井　誠*

1.1　はじめに

食べるセラミドは，小麦，米，こんにゃく，コーンなどの植物から取り出され，美肌成分として食品やサプリメントに利用されている。植物から得られ，食品用のセラミドと標榜している物質は，スフィンゴ糖脂質である。これら植物のスフィンゴ糖脂質に関する研究は，1982年に藤野らが[1,2]米から得られたスフィンゴ糖脂質やスフィンゴ脂質について発表している。ここで記載する米セラミドも，米由来のスフィンゴ糖脂質についてである。米由来のスフィンゴ糖脂質は，1個のグルコースが結合したスフィンゴ脂質（セラミド）であり，グルコシルセラミドのことである。

グルコシルセラミドの経口摂取による美肌効果は，Elian Latiが雑誌に公開した論文に始まる[3]。グルコシルセラミドは水に不溶で乳化剤等を配合して溶解していたが，高純度化技術と製剤化技術により水に可溶化できる粉末セラミド（10%グルコシルセラミド含有）として開発し，使いやすく，吸収性が高まった製品とした。動物およびヒトによるグルコシルセラミド経口摂取での肌の保湿性向上などのデータが各社から発表され，Elian Latiの記実が認められるようになってきていたが[4,5]，グルコシルセラミド摂取により肌成分がどのように変化しているかわからなかった。グルコシルセラミド摂取によるヒトの肌改善がアトピー患者に対しても効果的であることがわかりはじめ，グルコシルセラミドの経口摂取は，ヒトのセラミド産生に影響があると予測した。そこで，ヒトの角質層セラミドへの影響を検証するため，ヒト試験を実施し，経口摂取でヒトの肌（角質層）セラミドが増加することを発見し，国際学会などで発表した[6,7]。その後，我々や多くのメーカーが新たな知見を公開し，向井らがグルコシルセラミド摂取によるセラミド産生のメカニズムを報告している[8,9]。これらの研究の裏付けもあり，グルコシルセラミドは健康食品として，より多く使われるようになってきている。今後，角質層のセラミド維持に関与するメカニズムの解明がなされることも期待している。

1.2　素材研究計画

グルコシルセラミドの健康食品素材を作るために，グルコシルセラミドをどこから手に入れるかが問題であった。美肌食品素材として開発することが目的であるため，低価格で大量に入手可能な素原料にする必要がある。藤野らの論文から米にグルコシルセラミドが含まれることがわ

*　Makoto Tsuboi　一丸ファルコス㈱　開発部　執行役員　開発部長

かっていたが，それほど多く含んでいない。米セラミド素材を事業化するために，産業化されている米の加工工程でセラミドが濃縮される過程がないか検討した。米油を作る工程でグルコシルセラミドを高濃度に含む部分があり，この分画を利用することとした。この分画にはグルコシルセラミドが約１％含まれる。この分画を精製し，エタノール溶剤だけを用いて50％以上のグルコシルセラミド含量とした後，デキストリンを用いて，サイクロデキストリンで包接するような技術改良を行い，グルコシルセラミドを水溶性の粉末とすることを可能とした。この素材で有用性の実験を行った。

1.3　評価実験計画

Elian Lati の報告より，植物セラミドには経口摂取での肌改善の可能性があることが示されたことから検証実験を考えた。米由来のグルコシルセラミドについて，ヘアレスマウスを用いた経口摂取による肌状態の実験，ヒトモニターによる肌状態の実験を行った。どの実験でも有用な結果が得られ，Elian Lati の報告を検証することはできた。しかし，肌のどこに影響があってグルコシルセラミドが有用であるか判断できなかった。この素材開発では，初めて有用素材を開発する工程と異なり，始めから生態系での経口摂取実験を主体に行う計画を立てた。この理由は，Elian Lati の報告がすでにあり，グルコシルセラミドがヒトの経口摂取で有効であることが示されている素材であることから，経口摂取による有用性を先行して検討した。グルコシルセラミドの経口摂取による影響を明らかとした後，作用メカニズムの追及を行う計画とするほうが，研究としても効率的であり，事業化を主眼に置いた研究計画では絶対である。この方針の下に，ヒトへの影響についてこれまでの社内データや社外の臨床結果などを総合的に評価した結果，角質層のセラミドへの何らかの影響が主因となって，肌の改善が認められていると考えた。一番の決め手となったのは，アトピー性の皮膚疾患に対する有用性であった。アトピーの肌では角質層のセラミドが減少していることが知られている[10,11]。当社のグルコシルセラミドが肌に良いと社内で評判となったとき，社員家族のアトピー患者に改善が見られ，冬場の痒みやカサカサ感が良くなったとの報告を受けたことである。グルコシルセラミド摂取により，角質層のセラミドに改善がみられることとアトピーに対する改善とには，整合性が取れると考えられた。この考えから，グルコシルセラミドの有効性の主体は，角質層のセラミドの改善に起因すると考えられた。しかし，摂取セラミド量と肌の改善のために必要なセラミド量には量的な整合性が成り立たない。経口摂取したグルコシルセラミドのセラミドが，直接角質層のセラミド成分に関与するとは考えられないことである。しかし，社内モニター試験結果の詳細からも，セラミド改善を示唆している。グルコシルセラミド摂取が，間接的にセラミド産生に関係するであろうとの仮説を立て，ヒトでのセラミド量の試験を計画した。ヒトの臨床試験において，角質層セラミドを測定する実験を行った結果，予測が的中し，グルコシルセラミドの経口摂取で角質層のセラミドの増加が確認できた[6]。

皮膚の角質層を構成する脂質で最も多い成分がセラミドである。セラミドは，そのラメラ構造形成能で皮膚保護力を強力にサポートし，外部の刺激から肌を保護し，肌の潤いを保つ重要な役割を持っている。Imokawa ら[10]は角質細胞間のセラミドが年齢とともに減少することを報告している。セラミドが減少すると肌水分の蒸発（水分蒸散）は増え，肌の潤い（保湿性）がなくなり，肌表面がかさつき，小ジワが増える原因になる[10,12]。つまり，グルコシルセラミドの経口摂取の結果，角質層のセラミドが正常な量作られ，ラメラ構造形成能が増加することで，肌に潤いを与えるようになる。グルコシルセラミドの経口摂取で，皮膚のセラミドが産生する結果，角質層が正常となった際の，肌から水分が逃げていく量（水分蒸散量）の測定など，肌の潤いとかさつき度合いを測定した。

1.4　ヒトモニター試験

前項でも述べたように，まず肌の状態が改善されるのか，Elian Lati の報告が正しいのか，すでにある報告以上に何か特別な変化が見られないかを検証するため，ヒトでの経口摂取試験を行った。結果として，米由来のグルコシルセラミドを摂取すると，肌の潤いを取り戻し，特にアトピー性乾燥肌では，肌や髪質の改善実感が得られた。この結果は，後述するセラミド産生効果の実験結果から考察することができる。米セラミド摂取により，セラミド１の産生促進が見られ，次にセラミド５などのセラミド産生が見られる。セラミド１の産生により，早い時期に肌の保湿性が改善し，セラミド２および５の産生促進により，髪のしなやかさが改善したと考えられた[12]。

1.4.1　評価方法

健康な男女 31 人（男性 19 人，女性 12 人，21～45 歳，平均年齢 31.2 歳）を２群に分けた。グルコシルセラミド摂取群 16 人とプラセボ群 15 人とした。グルコシルセラミド群は，グルコシルセラミド 10％含有製品を 6 mg 配合したカプセルを１日１カプセル服用し水分蒸散量，保湿性，肌のかさつき，シワを測定した。試験は，恒温恒湿室（温度 20℃，湿度 50％）で馴化させた後，測定を行った。肌の実験では，恒温恒湿室内での肌測定を行わないと，その日の気温，湿度などでまったく異なったデータとなってしまう。

1.4.2　水分蒸散量

水分蒸散量を摂取後測定すると，図１のように４週間後では TEWL 値が減少し，水分蒸散が保護されていることがわかる。つまり，角質層の状態が良くなっていると考えられた。

1.4.3　保湿性

次に，角質層水分量をインピーダンスメーターを用いて測定すると，図２のように４週間後に水分量の上昇が見られた。グルコシルセラミド摂取により肌の保湿性が良くなっていることがわかった。

1.4.4　肌表面状態の変化

グルコシルセラミド摂取による肌改善効果を，肌状態を撮影することで確かめた。グルコシルセラミド 600 μg/day を４週間服用したヒトは，肌表面（頬）の改善が見られた。図 3-1 で見ら

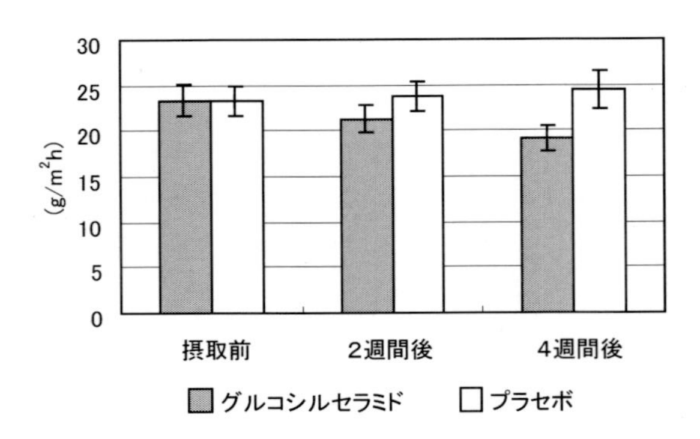

図１　グルコシルセラミド摂取後の経皮水分蒸散量（TEWL 値）

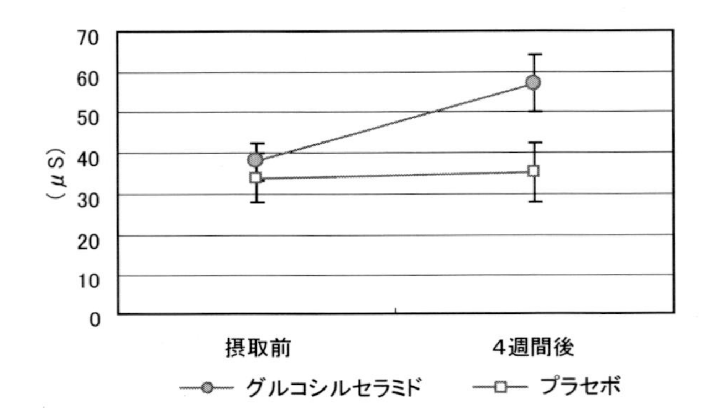

図２　グルコシルセラミド摂取後の皮膚保湿性（インピーダンス）

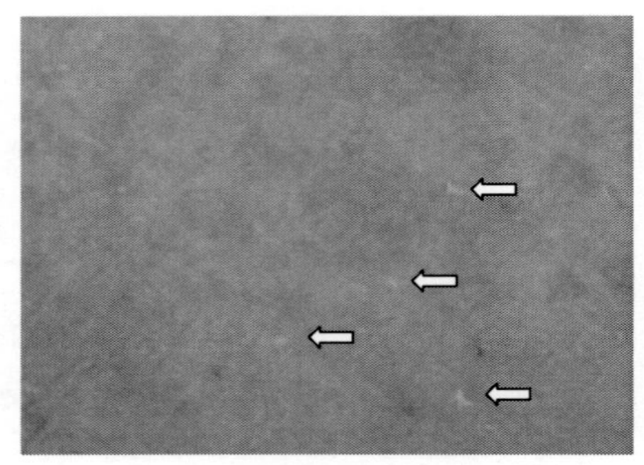

3-1　グルコシルセラミド摂取前の肌映像：白い破片（矢印）のような皮膚鱗せつが見られる。

3-2　グルコシルセラミドを４週間摂取後の肌映像：鱗せつのないきれいな肌である。

図３　皮膚表面映像による肌変化の測定

れた鱗せつが図3-2ではきれいな肌状態になっていることがわかる。

肌のかさつき（皮膚鱗せつ）について変化を測定すると，グルコシルセラミド摂取群に肌のかさつき減少が見られた（図4）。グルコシルセラミドを4週間服用することで，頬の鱗せつの減少が見られ，肌のかさつきが少なくなっていることがわかった。

水分量が上昇し，肌のふくらみが回復していると考えられたことから，肌のシワ係数の変化を測定した。グルコシルセラミド摂取群にシワ減少傾向が見られた（図5）。グルコシルセラミド

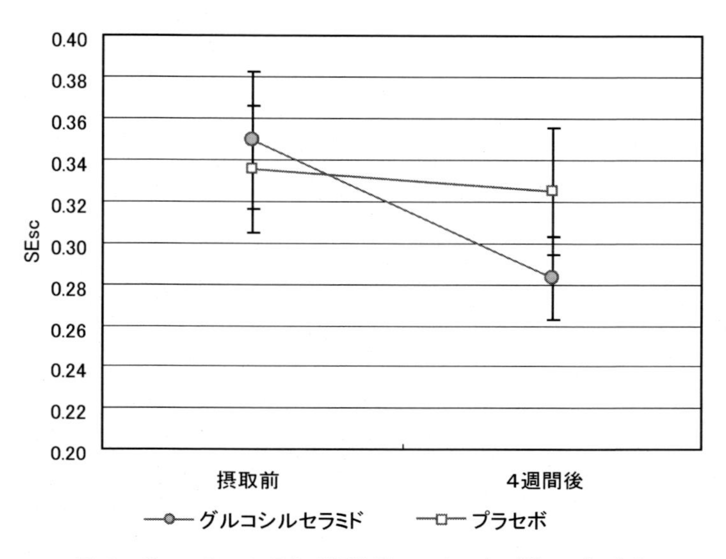

図4　グルコシルセラミド摂取後のかさつき（鱗せつ）変化

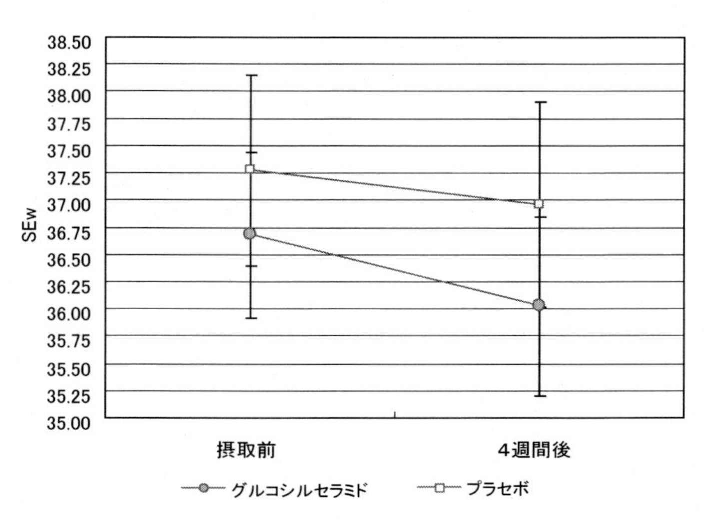

図5　グルコシルセラミド摂取後のシワ変化

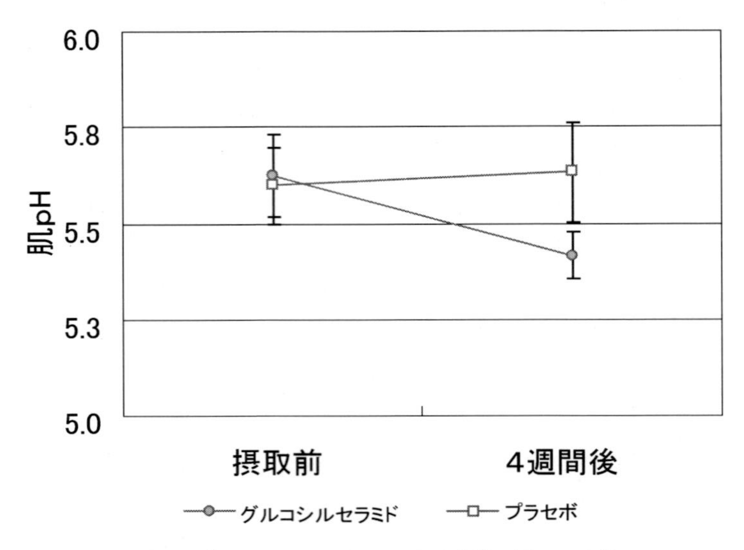

図6　グルコシルセラミドによる女性の肌 pH 変化

を4週間服用することで，プラセボ群の2～3倍，シワの減少が見られ，肌のフクラミ感の回復を思わせた。シワの測定では，現在化粧品のカテゴリーとして保湿によるシワ改善が訴求できることから，日本化粧品工業連合会の「新規効能取得のための抗シワ製品評価ガイドライン」にしたがって行うことが良い。

アトピー患者の皮膚 pH は高くなる傾向にあり，肌状態が悪化していると pH は高い傾向にある。経験的に，肌の角質層が正常になると，弱酸性の低い pH の肌となる。肌の正常化を確認するために，肌 pH を測定すると，健康な女性の肌では，グルコシルセラミド群の肌が正常 pH（pH5.0～5.5）となり，乱れていた肌 pH が正常値に戻ったものと思われる（図6)。角質層の pH と肌バリア（アトピー性皮膚炎）の関係はその後かなり明らかにされている[13]。

1.5　動物の肌での検証

ヒトの経口摂取試験では，肌状態の改善が見られたが，臨床試験結果として認められるほどの試験結果を少人数の臨床結果で得ることは難しい。それは，ヒトの肌やモニターの体質など試験中にコントロールできないことが多く，これらの不特定要素を除く試験を食品試験で組むことは難しい。したがって，ヒトでの有用性を動物における実験で，不特定要素をできるだけ除き，客観的に有効性が認められるか試験を行った。

1.5.1　マウス皮膚の改善効果

人での肌改善データをより客観的に裏付けるため，個体差の少ないマウスを用いて確かめた。マウス皮膚の保湿性に対する作用を Hr-1 マウス（ヘアレスマウス)，雄性，5週齢（SLC）で行った。グルコシルセラミド 600 μg/0.2 mL/ 匹 /day を与えた群8匹と対照群8匹とし，5週間投与

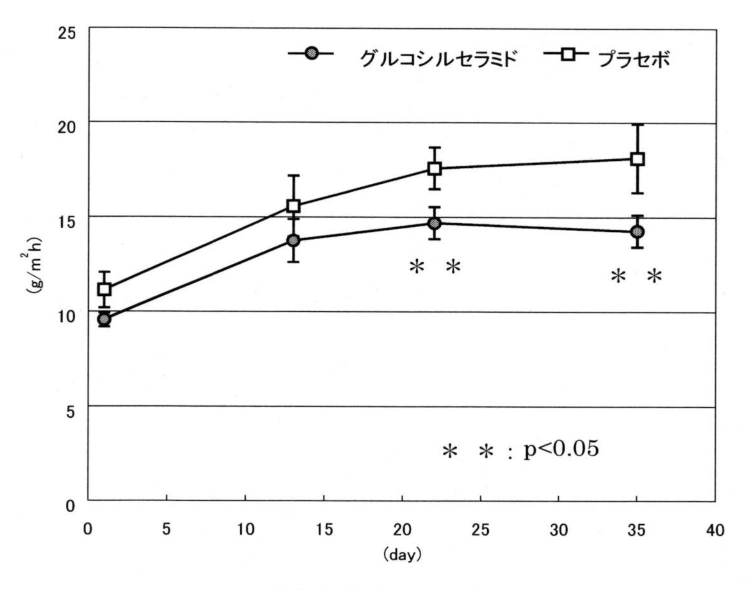

図７　皮膚水分蒸散量（TEWL）の変化

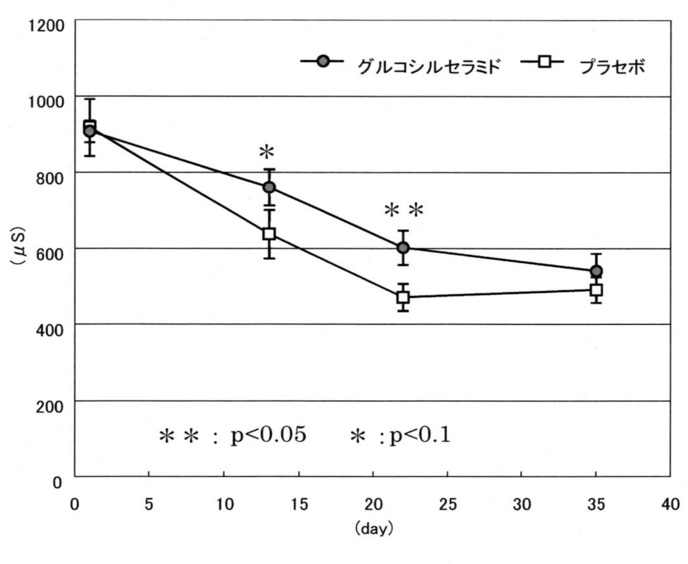

図８　皮膚水分量の変化

飼育を行った。経表皮水分蒸散量（TEWL）と角質水分量を測定した。

図７に見られるように，グルコシルセラミド投与により，対照群に対して有意差を持ってマウスの経表皮水分蒸散量が減少することがわかった。グルコシルセラミド摂取により，セラミド量が改善され，プラセボに比べて経表皮水分蒸散量が有意に減少したと考えられた。

次に，マウスの皮膚水分量について測定すると，図８に見られるように，グルコシルセラミド投与により，対照に対して有意差を持ってマウスの皮膚水分量が上昇することがわかった。グルコシルセラミド摂取により皮膚水分量が上昇することが実証された。

1.6 セラミド産生効果―角質層セラミドの改善

乾燥肌の男女30人（男性2人，女性28人，39～65歳，平均年齢50.1歳）を2群に分け，グルコシルセラミド摂取群15人とプラセボ群15人とした。グルコシルセラミド群は，グルコシルセラミド1200 μg/dayを服用した。摂取前と2週間後，4週間後にテープストリッピング法により前腕内側部の角質層を採取し，セラミド（セラミド1～6）量を測定した。

産生促進された表皮角質層脂質中のセラミド含有割合について摂取前と2週間後，4週間後を比較すると，図9のような結果が得られ，グルコシルセラミド群では，摂取前と2週間後で有意差を持ってセラミド割合が上昇し，摂取前と4週間後でも有意差を持ってセラミド割合が上昇した。しかし，プラセボ群では，摂取前と2週間後および摂取前と4週間後共に有意なセラミド割合の上昇が見られなかった。

これらの結果を総合すると，グルコシルセラミド摂取により角質層セラミドが特異的に上昇することと，摂取後2週間という早い時期にすでにセラミドの産生促進の結果と思われる角質層セラミド量の上昇が見られた。この結果は，ヒトモニター試験で2週間以内に肌改善を実感する結果が得られたことと一致する。

次に，どのようなセラミドの産生がグルコシルセラミド摂取により起こっているか検証した。

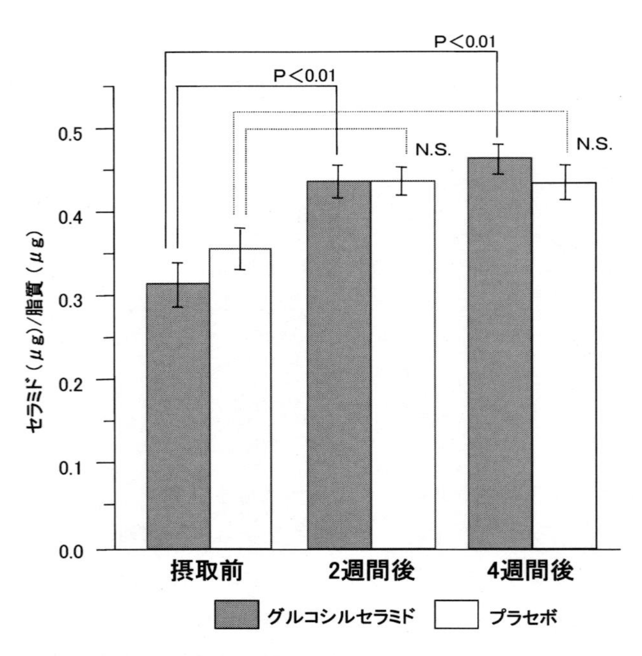

図9　角質細胞間脂質中のセラミド量の変化

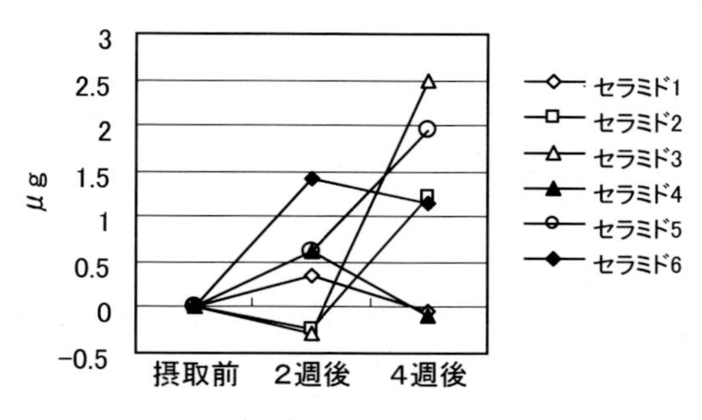

図10　各セラミドの増加量の変化

摂取前の各セラミド量を0とし，プラセボ群の各セラミド量に対する増加量を図10に示した。増加量としては特にセラミド2，3，5，6に増加が見られた。また，セラミド1，4，5，6は，2週目から増加が見られた。グルコシルセラミド摂取により肌の保湿性に関与が強いセラミド1の産生促進が早い時期に見られ，肌改善実感データが早期に現れることが裏付けられた。

1.7　使用実感試験

ヒトモニター試験と角質層セラミドの改善試験時に，試験前と4週間服用後，アンケート調査を行った。肌のスベスベ感やしっとり感など実感のある回答を得られている。また，ヒトモニター試験時のアンケート調査で，髪の毛など肌以外の感想が効果の検証の手助けになることも多くある。感想や使用実感についてネガティブなことも書いていただけるようなアンケート用紙を用意することも重要である。

1.8　まとめ

美容食品の評価については，ここに示した以外にも多くの肌状態を評価する方法がある。化粧品などの開発に使われる評価方法を参考にしていただきたい。化粧品分野では，これらの肌評価方法を一人のヒトで同時にブランクを置くことができる。つまり，顔の半分に同時に対照群を作ることが可能である。しかし，食品ではプラセボを置かなくてはならない。この点が，肌食品の評価の難しさである。また，肌の状態を一定にするためには，測定時の環境を整えないと測定する意味を失う。試験は，すべて恒温恒湿室で行われるべきで，この点が他の分野の試験と異なる点であろう。肌状態は，温度と湿度によって多くの影響を受ける。今回の試験内容において，角質層の採取は，恒温恒湿室以外でも可能であろうが，一部脂質の量は影響を受ける。シワデータの取得などでも，データを取得する場合は温度と湿度を一定にした環境が必須条件である。美肌食品を評価される場合，試験内容にもよるが，試験時期（季節など）の影響も考慮する必要がある。評価する目的にできるだけ影響がない季節を選ぶことも試験を正しく行える条件となる。

文　　献

1) Y. Fujino, M. Ohnishi, *Proc. Jpn. Acad.*, **58B**, 36 (1982)
2) 藤野安彦, *Nippon Nogeikagaku Kaisi*, **56**, 353 (1982)
3) Elian Lati, *FRAGRANCE JOURNAL*, **23**, 1, 81 (1995)
4) 向井克之, *BIOINDUSTRY*, **19**, 16 (2002)
5) 坪井誠, 食品と開発, **40**, 61 (2005)
6) M. Tsuboi *et al.*, Arunasiri Iddamalgoda 24th IFSCC Congress Osaka Japan, Abstracts 206 (2006)
7) 坪井誠, *Food Style 21*, **10**, 49 (2006)
8) 高柳勝彦ほか, セラミド研究会学術集会, 21 (2011)
9) 向井克之, セラミド基礎と応用セラミド研究会, 81 (2011)
10) G. Imokawa *et al.*, *J. Invest. Dermatol.*, **96**, 523 (1991)
11) K. Akimoto *et al.*, *Journal of Dermatology*, **20**, 1 (1993)
12) G. Hussler, G. Kaba, *Int. J. Cosmet. Sci.*, **17**, 197 (1995)
13) 波多野豊, 日本皮膚アレルギー・接触皮膚炎学会雑誌, **5**, 11 (2011)

2 GABA

外薗英樹*

2.1 はじめに

GABA（ギャバ：Gamma-aminobutyric acid, γ-アミノ酪酸）は，1950年に哺乳動物の脳内に存在する非タンパク性アミノ酸として発見され[1]，その後の研究で脊椎動物から無脊椎動物，植物に至るまで自然界に広く分布していることが明らかとなった。1961年にはGABAを主成分とする医療用医薬品が承認され，頭部外傷後遺症に伴う諸症状の改善に利用されてきたが，2001年の食薬区分改正により食品としても応用されるようになり，多岐にわたる生理活性が報告されるようになった。中でも報告数が多い生理機能として血圧降下作用[2~4]が挙げられ，GABAを関与成分とする特定保健用食品が許可されている。GABAは哺乳類の脳や脊髄などの中枢神経に特に多く存在しており，抑制性の神経伝達物質として働くことから抗ストレスやリラックス効果を期待した製品が食品分野で展開されている[5,6]。一方，ストレスが肌状態に悪影響を与えることは経験的によく知られており，研究例は少ないが，精神的・身体的ストレスが肌の状態を左右する因子であることが報告されている[7,8]。我々は，麦焼酎の製造過程で副生する焼酎粕から“発酵大麦エキス”を分離・精製し，この発酵大麦エキスをさらに乳酸発酵することでGABAを高含有する“大麦乳酸発酵液ギャバ”（GABAを90%以上含有する粉末）を開発した。本稿では，大麦乳酸発酵液ギャバの経口摂取が肌状態に与える影響について紹介する。

2.2 大麦乳酸発酵液ギャバ摂取が肌に与える影響（オープン試験による探索的評価）

ストレスが原因と考えられる肌荒れの自覚症状を持つ成人女性15名を対象に，まずは探索的にGABAを含む食品を180 mg/日，8週間摂取させ，肌への影響を検討した（試験期間：2009年2～4月）。

2.2.1 方法

試験の対象者は重篤な疾患（肝機能，腎機能，心疾患）の無い年齢30歳代後半～50歳代の女性で，疲れ（ストレス）などからくる肌荒れの自覚があり，インフォームドコンセントを得て試験の参加に同意を得た者とした（n＝15）。試験食品は，大麦乳酸発酵液ギャバを賦形剤であるセルロースとともに成形した錠剤を用いた。1日当たりの摂取量はGABA換算で180 mg（1回2錠を1日2回；朝食，夕食後に摂取）とし，8週間毎日摂取させた。摂取前，摂取4週後，8週後に以下に示す肌測定（角層水分量，経皮水分蒸散量，肌弾性および画像解析によるシミ・しわ分析）を実施した。

(1) 角層水分量

SKICON-200EX（アイ・ビイ・エス製）を用いてコンダクタンス測定法にて評価した。左目の目じりから下2 cmの部位を7回測定し最大値と最小値を棄却した5回の平均値を採用した。

---

* Hideki Hokazono　三和酒類㈱　食品素材開発課　チーフ

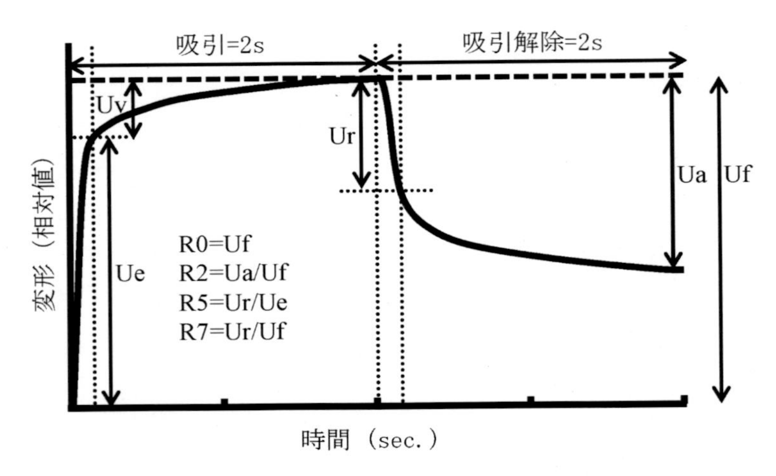

図1　Cutometer の吸引・吸引解除の変形例

⑵　経皮水分蒸散量

VAPO METER（キーストン製）を用いて，恒温恒湿室内（温度 20±2℃，湿度 50±5％）にて左目の目じりから下 2 cm の部位を 7 回測定し最大値と最小値を棄却した 5 回の平均値を採用した。

⑶　肌弾性

Cutometer SEM575（Courage & Khazaka 製）を用いて，吸引法にて測定した（図1）。すなわち，プローブ（吸引口径 2 mm）により 300 hpa で 2 秒間減圧吸引した後，吸引解除し，測定を行った。鼻下限延長線と目尻垂直との交点を測定部位とし，5 回測定し，最大値と最小値を棄却した 3 回の平均値を採用した。各測定では測定部位の中心が測定毎に重ならないように測定部位を移動させた。本試験では特にプローブによる初めの吸引高さ値（R0），最大振幅と再変形能力の差（R2，総体弾力性），弾力性の部分を本来持つ完全な波形と比較した値（R7，戻り率）を評価対象とした。

⑷　皮膚画像解析

VISIA Ⅱ（Canfield 製）を用いて，しわ，シミ，きめ等の変化を測定した。測定部位の面積に対して各評価項目が検出された面積比をスコア化した。

2.2.2　結果

角層水分量は，摂取前に比べ 4 週，8 週と増加傾向（それぞれ $p=0.075$，$p=0.095$）を示したが，経皮水分蒸散量は，摂取期間中で変化が認められなかった。

Cutometer による肌弾力性検査では，皮膚が硬くなると低値を示す R0 値は，摂取前と比べ摂取 4 週後，8 週後で有意に上昇した。総体弾性を示す最大伸張量に対する回復量の比 R2 値は摂取 4 週後，8 週後に有意に上昇した。戻り率を示す最大伸張量に対する回復量の弾性部分の比 R7 値についても，摂取 4 週後，8 週後ともに有意に改善した（図2）。

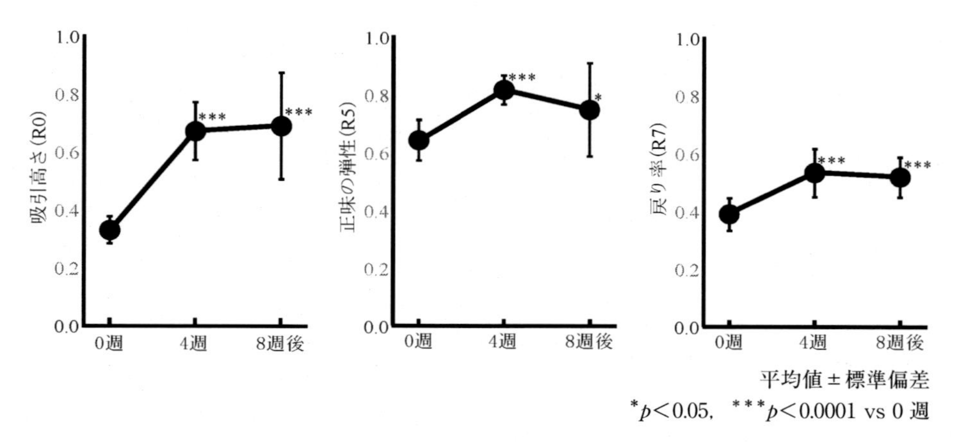

図2　GABA摂取が頬の粘弾性に与える影響（2～4月）

表1　VISIA II 画像解析

	摂取前	4週後	8週後
メラニン	0.093±0.015	0.092±0.020	0.092±0.016
毛穴	0.022±0.012	0.019±0.010**	0.019±0.011**
ポリフィリン	0.009±0.021	0.007±0.015	0.007±0.015
ヘモグロビン	0.012±0.005	0.012±0.004	0.014±0.004
シミ	0.021±0.008	0.020±0.008	0.020±0.007
紫外線シミ	0.048±0.020	0.045±0.019*	0.037±0.016***
色むら	0.019±0.014	0.015±0.009*	0.016±0.011*
しわ	0.009±0.009	0.006±0.006	0.007±0.008

平均値±標準偏差
*p<0.05, **p<0.01, ***p<0.0001 vs 摂取前

皮膚画像解析では，毛穴，紫外線シミ，色むらの各項目で摂取前に比べ有意に改善した（表1）。

2.3　大麦乳酸発酵液ギャバ摂取が肌に与える影響（二重盲検並行群間比較試験）

オープン試験においてGABA摂取による肌状態の改善作用が期待されたため，無作為化プラセボ対照二重盲検並行群間比較試験によって有効性の検証を行った。被験者の選択基準を厳密にし（主観的評価のみならず客観的評価も取り入れ），季節による影響も考慮するため，外気が乾燥しはじめる秋に実施した（試験期間：2011年10～12月）。

2.3.1　方法

被験者は，年齢30歳以上50歳未満の成人女性でストレスによる肌荒れを自覚しており，肌の水分量が低めの者（左頬50μS以下，かつ左前腕35μS以下），かつ睡眠が十分でないと感じている者（アテネ式不眠尺度スコアが6点以上），かつ日ごろからストレスを感じている者（POMS短縮版の「疲労」スコアが50点以上，かつ「活気」スコアが50点以下）とした。1日摂取量と

表2　検査項目の内容

項目		内容
生活習慣アンケート		既往歴，アレルギー，治療中の疾患の有無，飲酒・喫煙の習慣， 医薬品や健康食品の摂取状況など
体調確認		自覚症状，他覚所見
身体測定		身長（事前検査時のみ），体重，血圧，脈拍
肌測定	水分量	使用機器：Corneometer CM825 測定部位：左頬および左前腕（肘の屈折部より約4～6 cmの部位）
	経皮水分蒸散量	使用機器：Tewameter TM300 測定部位：左頬および左前腕（肘の屈折部より約4～6 cmの部位）
	皮膚隆起力学特性測定（粘弾性）	使用機器：Cutometer MPA580 測定部位：左頬および左前腕（肘の屈折部より約4～6 cmの部位） 測定条件：off-time 2.0 s，on-time 2.0 s，Repetition 1，Pressure 300 mber プローブ径：2 mm
肌状態アンケート		肌状態に関する自己評価
睡眠の主観的評価		アテネ式不眠尺度（Athene Insomnia Scale：AIS）
		OSA睡眠調査票【MA版】（OSA sleep inventory MA version：OSA-MA）
		ピッツバーグ睡眠質問票（Pittsburgh Sleep Quality Index：PSQI-j）
ストレスの主観的評価		POMS短縮版（Profile of Mood States：POMS-S）
ストレス背景因子の評価		ライフイベント調査
QOL評価		QOL調査票
日誌		試験食品の摂取状況，自覚症状，医薬品の使用などの記録

してGABAを100 mg含有するハードカプセル（被験食品）あるいはGABA非含有食品（プラセボ）のいずれか1種類を8週間連続で就寝前（就寝1時間～30分前）に摂取させた。肌の水分量，経皮水分蒸散量および粘弾性（R2，R5，R7），および主観的評価として肌状態，ストレス，睡眠，疲労，QOLに関する自記式質問紙を用いて，被験食品とプラセボ食品との比較，および試験食品摂取前と摂取後の変化を評価した（検査項目を表2に示した）。

《皮膚計測の手順》

被験者は，皮膚計測部位を洗浄後，室温21.0±1℃，湿度50.0±5％に設定した恒温恒湿の環境試験室内で40分間程度，座位安静状態で待機した。馴化後，同環境試験室内で水分量，経皮水分蒸散量および粘弾性の測定を行った。測定部位は，左頬（目尻から下ろした鉛直線と鼻の頂点を通る水平な線の交点を中心とする半径1 cm程度の部位）および左前腕（肘窩部より約4～6 cmの部位）とした。いずれの測定部位も，基準点を中心に8回測定し，最大および最小の測定値を除いた6回の測定値を有効測定値とし，有効測定値の平均値を評価に用いた。

2.3.2　結果

被験者として40名を選択した。被験者には無作為に割り付けられた試験食品を配布し，摂取を開始した（各群20名）。試験食品の摂取開始後，2週目検査時の欠席1名，同意撤回1名の計2名が脱落した。また，解析対象除外基準に該当した2名（検査当日の入浴：1名，規定範囲を超える検査日変更：1名）を除外し，有効性解析対象者は36名であった。試験食品の摂取率は，最低が92.9％の1名で，35名が100％であった。表3に被験者の背景因子として，実施人数，年

表3　被験者背景
（A＝Active：被験食品摂取群，P＝Placebo：プラセボ食品摂取群）

項目	単位		組み入れ被験者	解析対象者
人数	（人）	A	20	17
		P	20	19
年齢	（歳）	A	38.75 ± 6.36	39.00 ± 6.57
		P	40.40 ± 6.07	40.95 ± 5.71
角層水分量（左頬）	a.u	A	39.39 ± 7.07	40.08 ± 6.38
		P	39.35 ± 6.71	38.96 ± 6.65
角層水分量（左上腕内側）	a.u	A	20.21 ± 2.68	20.11 ± 2.69
		P	19.96 ± 3.05	20.11 ± 3.05
POMS-S（V）	（T-score）	A	38.40 ± 7.36	37.76 ± 7.61
		P	40.05 ± 5.92	40.21 ± 6.03
POMS-S（F）	（T-score）	A	62.00 ± 10.29	62.06 ± 11.00
		P	64.55 ± 9.31	63.95 ± 9.16
AIS score	（点）	A	12.25 ± 4.33	12.12 ± 4.41
		P	12.45 ± 3.38	12.58 ± 3.42

平均値±標準偏差

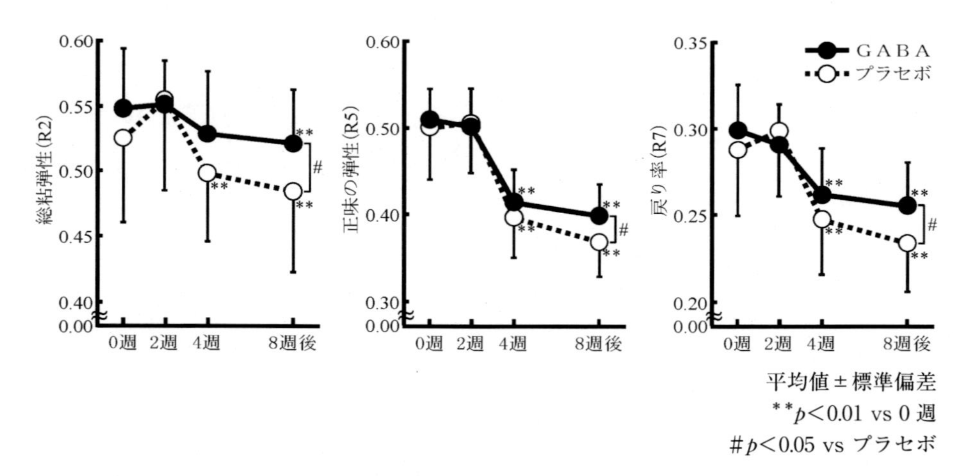

図3　GABA摂取が頬の粘弾性に与える影響（10～12月）

齢，左頬および左前腕の水分量，POMS-S（V），POMS-S（F），アテネ式不眠尺度スコアを示した。年齢および各評価項目において割付時に群間差はなかった。

皮膚計測パラメータである水分量，経皮水分蒸散量は，被験食品群とプラセボ群の両群ともに摂取開始後に悪化方向に変化し，群間に有意差は認められなかった。粘弾性についても摂取開始後に悪化方向に変化したが，被験食品群では，摂取8週後の頬において，皮膚の弾力性を示すパラメータのうち，総体弾性を示す最大伸張量に対する回復量の比（R2），正味の弾性を示す最大伸張量の弾性部分に対する回復量の弾性部分の比（R5），および戻り率を示す最大伸張量に対する回復量の弾性部分の比（R7）が，いずれもプラセボ群と比較して有意に高値であった（図3）。

これらのパラメータはいずれも数値が高いほど皮膚の状態が良いことを示しており，被験食品の摂取により，季節の変化による頬の弾力性の悪化を抑制することが示された。肌状態に関する16項目のアンケート（5段階に点数化）は，8週目で両群間に有意な差は観察されなかったが，被験食品群の「そばかす」と「ほほ付近のたるみ」はプラセボ群に比べ改善傾向が認められた（それぞれ$p=0.074$，$p=0.071$）。睡眠，気分，生活の質の評価に関するアテネ式不眠尺度，OSA睡眠調査票MA版，ピッツバーグ睡眠質問票，日本語版POMS短縮版，QOL調査票では，被験食品群とプラセボ群の両群ともに摂取開始後に有意な改善がみられたが，群間に有意差はなかった。

2.4 おわりに

日頃から疲労および睡眠の不調を感じ，肌荒れの自覚がある成人女性被験者がGABA含有食品を8週間連続摂取することにより，頬の粘弾性の向上（春），あるいは，悪化を抑制する効果（秋）が得られた。大麦乳酸発酵液ギャバをウレタン麻酔ラットに経口投与（GABA；1.7–3.3 mg/kg体重）すると，副腎ならびに皮膚動脈の自律神経活動が副交感神経優位の状態になることを認めている。すなわち，大麦乳酸発酵液ギャバは，副腎髄質からのアドレナリン，ノルアドレナリン分泌抑制や血流増大作用により，リラックス効果等をもたらすと考えられる。また，GABAの合成酵素であるGAD67がマウス皮膚の線維芽細胞に局在し，抗酸化機能や真皮形成に関与することが報告されている[9]。以上より，GABA摂取は間接的・直接的の両面から肌質改善に働きかけることが考えられる。

文　献

1) E. Roberts *et al.*, *J. Biol. Chem.*, **187**, 55 (1950)
2) 松原大ほか，薬理と治療，**30**，963 (2002)
3) 梶本修身ほか，日本食品科学工学会誌，**51**, 79 (2004)
4) 福渡靖ほか，東方医学，**20**, 7 (2004)
5) A. M. Abdou *et al.*, *Biofactors*, **26**, 201 (2006)
6) 矢島潤平ほか，健康支援，**10**, 55 (2008)
7) 相生章博ほか，和歌山医学，**53**, 113 (2002)
8) 佐藤育子ほか，月刊ナーシング，**26**, 98 (2006)
9) K. Ito *et al.*, *Biochim. Biophys. Acta*, **1770**, 291 (2007)

3　ビフィズス菌発酵乳およびガラクトオリゴ糖の美肌作用

宮﨑幸司[*1]，飯塚量子[*2]

3.1　はじめに

ヒト腸管内には100兆個，数百種の腸内細菌が生息しており，腸内フローラと呼ばれる複雑な生態系を構成している。その構成は食習慣や年齢等により異なるものの成人では概ね安定である。近年，腸内フローラやある種の腸内細菌は腸管免疫系，精神活動，肥満等の宿主恒常性の維持に深く関与することが明らかとなりつつある[1~3]。

腸内フローラを制御する代表的なツールの一つが乳酸菌，ビフィズス菌等のプロバイオティクスである。プロバイオティクスは“適切な量を摂取した際，宿主に有益な作用をもたらす生きた微生物”と定義され[4]，代謝産物または菌体成分の作用により腸内フローラ構成や宿主免疫系に影響を及ぼし，整腸作用，感染防御作用，抗腫瘍作用，抗炎症作用，免疫調節作用等の生理作用を示す[5,6]。もう一つのツールはオリゴ糖等のプレバイオティクスである。プレバイオティクスは“未消化のまま大腸に到達し，腸内有益菌の選択的栄養源となって増殖を促進するとともに，腸内フローラ構成を改善して宿主に有益な作用を示す食品成分”であり[7]，整腸作用，脂質代謝改善作用等が報告されている[6]。また，両者の同時摂取はシンバイオティクスと呼ばれ，術後感染防御作用[5]等が確認されている。

一方，皮膚と腸管は各々外的環境および内なる外的環境に接しており，外敵因子（細菌や外来抗原等）からの防御のため，上皮細胞組織のターンオーバーやタイトジャンクション等の構造，抗菌物質の産生，抗原提示細胞（皮膚ではランゲルハンス細胞，腸管では樹状細胞）を介した免疫応答等，バリア機能に共通点が多い。近年，乳酸菌の経口摂取による皮膚での抗炎症作用やアトピー性皮膚炎発症予防作用が動物実験やヒト臨床試験で確認されている[8,9]。以上より，プロバイオティクスやプレバイオティクスの摂取は腸管だけでなく皮膚にも有益な作用をもたらす可能性が考えられる。

日本では特に女性の間で“便秘と肌荒れ”という概念が浸透している。すなわち，多くの女性は便秘になると肌が荒れることを実感しているものと思われる。しかし，“便秘と肌荒れ”に関する科学的な研究は少ない。そこで，便秘を腸内環境の悪化の要因の一つとらえ，腸内腐敗産物と呼ばれる，腸内細菌が産生する芳香族アミノ酸の代謝物（フェノール類）に着目し，“便秘と肌荒れ”について基礎的に研究するとともに，プロバイオティクスやプレバイオティクスの摂取が腸内環境や皮膚性状に及ぼす影響を調べたので紹介する。

3.2　フェノール類の皮膚への影響

消化されずに大腸まで到達した炭水化物は腸内細菌により代謝され，産生された短鎖脂肪酸は

＊1　Kouji Miyazaki　㈱ヤクルト本社　中央研究所　食品研究部　部長（主席研究員）
＊2　Ryoko Iizuka　㈱ヤクルト本社　中央研究所　基礎研究一部　主任研究員

多くの場合宿主に良い影響を及ぼす。一方，タンパク質やペプチド，アミノ酸が腸内細菌により代謝されるとアンモニアやアミン類，チオール類等が産生される。とくに芳香族アミノ酸であるチロシンやトリプトファンが代謝されると，慢性腎疾患患者において尿毒症による生存率低下の原因物質とされるフェノール類（フェノール，パラクレゾール）や，発がん物質の前駆体であるインドール等が産生される。これらの代謝産物は一部便として排泄されるが，多くは腸管から吸収されて血中に移行し，最終的に硫酸抱合体やグルクロン酸抱合体として尿から排泄される。*In vitro* において，チロシンは通性嫌気性菌である大腸菌，*Proteus* sp., *Enterococcus faecalis* 等の細菌により代謝されるとフェノールが産生され，絶対嫌気性菌である *Bacteroides fragilis* や *Clostridium* 属の細菌により代謝されるとパラクレゾールが産生される[10]。また，これらの化合物は通常マウスでは血中から検出されるが，無菌マウスでは検出されない[10]ことからも，腸内細菌の代謝産物であることが示唆される。さらに，血中パラクレゾールの濃度は排便回数と有意な逆相関を示すことから，便秘に伴う腸内環境の悪化を示す血中マーカーとなることが報告されている[11]。

そこで，腸内環境悪化モデルマウスにおけるフェノール類の分布を解析した。すなわち，5％チロシン食または通常食をヘアレスマウスに3週間負荷し，盲腸内容物，血液，皮膚および肝臓のフェノール類を定量した[12]。その結果，盲腸内容物やいずれの組織においてもフェノール類の濃度はチロシン負荷マウスで増加した（表1）。興味深いことに皮膚の方が肝臓よりもフェノール類の濃度が4～5倍高く，これは皮膚には抱合体（親水性）を排泄されにくい脱抱合体に変換するサルファターゼが存在すること，さらに，肝臓に比べて脂質含量の高い皮膚にはフェノール類が蓄積しやすいためと考えられた。

一方，フェノール類が培養ヒト表皮細胞の分化に及ぼす影響を調べたところ[13]，フェノール，パラクレゾールはいずれも生理的濃度で細胞生存率に影響を及ぼすことなく，分化マーカーであ

表1　チロシン食負荷がマウスの盲腸内容物，血清，皮膚および肝臓のフェノール類に及ぼす影響

	通常食群（n＝6）	5％チロシン食群（n＝6）
フェノール		
盲腸内容物（nmol/g）	5.4± 0.6（2/6）[a]	192.3± 80.0（6/6）**
血清（nmol/mL）	0.8± 0.3（3/6）	10.6± 5.2（6/6）***
皮膚（nmol/g）	1.4± 0.3（2/6）	10.9± 2.5（6/6）***
肝臓（nmol/g）	検出されず（0/6）	2.4± 1.2（3/6）
パラクレゾール		
盲腸内容物（nmol/g）	47.9±35.0（6/6）	412.4±262.3（6/6）*
血清（nmol/mL）	6.8± 3.8（6/6）	20.3± 12.9（6/6）
皮膚（nmol/g）	5.2± 1.0（6/6）	22.0± 5.3（6/6）***
肝臓（nmol/g）	1.7± 0.4（4/6）	4.7± 2.8（6/6）

8週齢の雌性ヘアレスマウスに通常食または5％チロシン食を3週間負荷し，盲腸内容物，血清，皮膚および肝臓についてフェノール類を加水分解後，HPLC法で定量した[12]。数値：Mean±SD，[a] 検出個体数，*,**，***：各々 $p<0.05$，$p<0.01$，$p<0.001$（通常食 vs 5％チロシン食，t 検定）

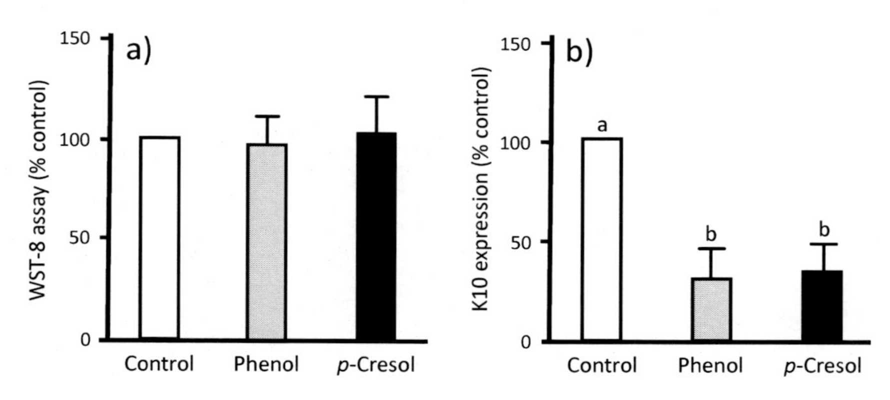

図1　培養ヒト表皮細胞に及ぼすフェノール類の影響

a）細胞毒性，b）ケラチン10の発現量
Epidercell NHEK（F）を無血清培地でコンフルエントまで培養した後，20 nmol/mlの各サンプルを含む新鮮な培地に交換し，3日間培養した。細胞毒性はWST-8 assay法，ケラチン10の発現量はwestern blot法で測定した[13]。数値：Mean ± SD，異なる記号は有意（$p<0.01$，Tukey検定）

るケラチン10の発現を有意に低下させた（図1）。次にチロシン負荷ヘアレスマウスの糞便より，チロシンからフェノールを産生するフェノール産生菌（*Morganella morganii* TD4株）と非産生菌（大腸菌D5a株）を単離し，各々を無菌ヘアレスマウスに定着させてノトバイオートマウスを作製した後[12]，各マウスをチロシン負荷食で飼育した。その結果，フェノール産生菌定着ノトバイオートマウスでは，非産生菌定着ノトバイオートマウスと比べて，盲腸内容物，血液，皮膚のフェノール類濃度が顕著に高く，テープストリッピング法で採取した横腹部角層の角質細胞面積が有意に小さかった。さらに，健常女性50名の血清フェノール類濃度と前腕内側部の各種皮膚性状を調べたところ，血清フェノール濃度と角質細胞面積は有意な負の相関を示した[13]。角質細胞面積は角化マーカーの一つであることから，フェノール産生菌ノトバイオートマウスおよび血中フェノール濃度の高い健常女性で認められた角質細胞面積の低下は，角化異常の発生を示すものと考えられた。

以上の結果より，腸内環境の悪化等により腸内で増加したフェノール類は吸収され，血流を介し皮膚に蓄積されること，さらに，そのフェノール類により表皮細胞の分化が変調をきたし，角化異常を引き起こす可能性が示唆された。

3.3　ガラクトオリゴ糖飲料の継続摂取試験

プレバイオティクスの一つであるガラクトオリゴ糖（GOS）を健常者に3週間継続摂取させると，腸内環境が改善されることが知られている[14]。そこで，プロバイオティクスを摂取する習慣のある健常女性を対象にプロバイオティクス・プレバイオティクスの摂取を6週間制限し，制限期間の後半3週間にGOS飲料を毎日1本摂取させ，摂取制限前，GOS飲料摂取前後に血清パラクレゾール濃度，前腕内側部における角層水分含量，角質細胞面積，および角化に関わる酵素である角層カテプシンL様活性を調べた[10]。

その結果，血清パラクレゾール濃度（図2a）は，プロバイオティクス・プレバイオティクスの制限により有意に増加し，GOS飲料の摂取により有意に減少した。一方，前腕内側部の角層水分含量（図2b），表皮角化マーカーである角質細胞面積（図2c），および角層カテプシンL様活性（図2d）は，いずれも本制限により有意に低下し，本摂取により有意に上昇した。

以上の結果より，健常女性におけるプロバイオティクス・プレバイオティクスの制限は腸内環境を悪化させるとともに，表皮細胞の角化に悪影響を及ぼして角層水分含量の低下，すなわち，皮膚を乾燥させること，一方，その後のGOS飲料の継続摂取は腸内環境やこれらの皮膚性状マーカーをいずれも回復させることが明らかになった。

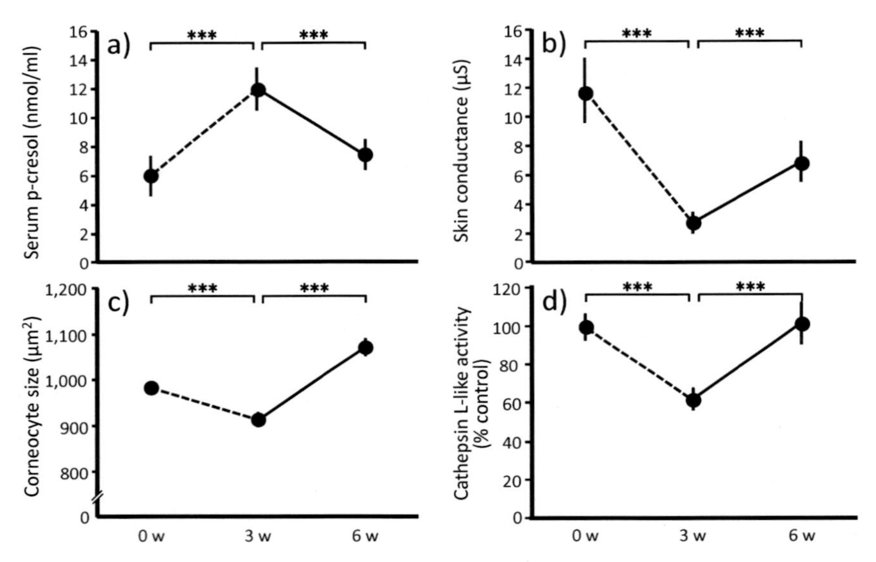

図2　健常女性におけるプロバイオティクス・プレバイオティクスの制限とGOS飲料の継続摂取が血清パラクレゾール濃度および皮膚性状に及ぼす影響

a）血清パラクレゾール濃度，b）角層水分含量，c）角質細胞面積，d）角層カテプシンL様活性（相対値で表示），破線：制限期，実線：摂取期

プロバイオティクス・プレバイオティクスを日常的に摂取している健常女性19名（平均年齢：31.9±5.4歳，排便回数：4回以上/週）を対象にこれらの摂取を6週間制限し，制限期間の後半3週間にGOS飲料（3g GOS/本，1本/日）を継続摂取させた。摂取制限前，摂取前後に採血し，加水分解後，HPLC法で血清パラクレゾールを定量した。また，各時期に前腕内側部の角層水分含量をコンダクタンスメーター（SKICON-200）で測定した。さらに，各時期に前腕内側部の異なる部位からテープストリッピング法で角層を採取し，2層目の角層サンプルをブリリアントグリーン-ゲンチアナバイオレット染色後，画像解析法で角質細胞面積を計測し，3層目の角層サンプルを蛍光標識した合成基質（Z-Val-Val-Arg-MCA）と反応させ，蛍光強度とタンパク質濃度から角層カテプシンL様活性（角層の構成成分であるケラチンタンパクを架橋化するトランスグルタミナーゼ1の活性化酵素）を求めた[10]。数値：Mean±SE，***：$p<0.001$（ウィルコクソン順位和検定）

3.4　ビフィズス菌発酵乳の継続摂取試験

プロバイオティクスの継続摂取は健常人腸管でのフェノール類を減少させることが無作為化プラセボ対照試験によって検証されている[15]。そこで，健常女性を対象に二重盲検プラセボ対照並行群間比較試験によりGOS含有ビフィズス菌（*Bifidobacterium breve* ヤクルト株）発酵乳の影響を評価した。すなわち，プロバイオティクス・プレバイオティクスの摂取を8週間制限し，制限期間の後半4週間にGOS含有ビフィズス菌発酵乳またはプラセボを毎日1本摂取させ，摂取前後に血清中のフェノール類の濃度，頬部の角層水分含量および前腕内側部の角層カテプシンL様活性を調べた[16]。

その結果，摂取後において，血清フェノール濃度はプラセボ群と比べて発酵乳群で有意に低い値を示し，群内比較では発酵乳群でのみ有意な低下がみられた（図3a）。また，血清パラクレゾール濃度も血清フェノール濃度と類似の挙動を示したものの，血清パラクレゾールが検出された被験者が対象者の半数以下であったため，有意な差は認められなかった。

一方，頬の角層水分含量は，摂取前と比べてプラセボ群では摂取後に有意に低下したが，発酵乳群では変化しなかった（図3b）。角層カテプシンL様活性はプラセボ群では変化しなかったが，発酵乳群では摂取後に有意に上昇した（図3c）。本試験は秋から冬にかけて実施したため，プラセボ群では季節性の変化，すなわち，皮膚乾燥が生じたのに対し，発酵乳群では皮膚乾燥の発生が抑制されたものと考えられた。

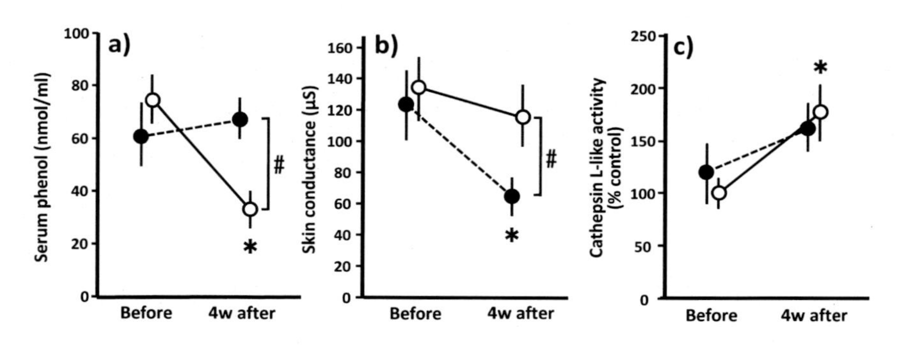

図3　健常女性におけるGOS含有ビフィズス菌発酵乳の継続摂取が血清フェノール濃度および皮膚性状に及ぼす影響

a）血清フェノール濃度，b）角層水分含量，c）角層カテプシンL様活性（相対値で表示），○：発酵乳群，●：プラセボ群

プロバイオティクス・プレバイオティクスを日常的に摂取している健常女性39名（20〜70歳代）を対象に年齢等が均等になるように2群（各々平均年齢：41.0±3.2歳，42.9±2.9歳）に割り付け，二重盲検プラセボ対照並行群間比較試験を実施した。すなわち，プロバイオティクス・プレバイオティクスの摂取を8週間制限し，制限期間の後半の4週間にGOS含有ビフィズス菌発酵乳（100億個以上／本の *B. breve* ヤクルト株，GOS 0.6 g/本）またはプラセボ（未発酵乳）を1本/日，継続摂取させた。摂取前後に採血し，加水分解後，HPLC法で血清中のフェノールを定量した。また，各時期に洗顔30分後の頬部の角層水分含量（SKICON-200）と角層のカテプシンL様活性を図2と同様に測定した[16]。数値：Mean±SE，＊：$p<0.05$（対応のあるt検定），#：$p<0.05$（t検定）

本結果より，健常女性においてGOS含有ビフィズス菌発酵乳の継続摂取は，腸内環境を改善するとともに季節性の皮膚乾燥の発生を予防することが明らかになった。

3.5 まとめ

便秘等により腸内環境が悪化した状態では，腸内細菌の代謝産物であるフェノール類の産生や血流を介した皮膚への蓄積は亢進されるものと考えられる。特に皮膚は肝臓等他の組織と比べてフェノール類が蓄積されやすいこと，また，*in vitro* 試験で生理的濃度のフェノール類は培養表皮細胞の増殖を阻害することなく分化に変調をきたすことが示された。さらに，動物モデルやヒト試験において，皮膚に蓄積したフェノール類が皮膚表皮細胞の分化，すなわち，角化に悪影響を及ぼすことが明らかになった。正常な角化は角層における水分保持機構の形成に必須であるため，フェノール類により角化が異常となった皮膚では容易に皮膚乾燥（角層水分含量の低下）が誘導され，肌荒れを引き起こすものと考えられる。これに対し，GOS含有ビフィズス菌発酵乳やガラクトオリゴ糖飲料の継続摂取は，腸内環境を改善し，血中フェノール類の濃度低減を介して皮膚へのフェノール類の悪影響を低減し，皮膚に良い影響，すなわち，正常な角化の維持や乾燥の予防（角層における適切な水分保持）を可能にするものと示唆された。

一方，*B. breve* ヤクルト株生菌をプレ投与したヘアレスマウスに紫外線B波を照射したところ，紫外線による皮膚障害（シワ形成，弾力性低下等）の発生が有意に抑制された[17)]。興味深いことに，腸内由来のフェノール類の血中濃度は，紫外線照射の有無や *B. breve* ヤクルト株生菌投与の有無に関係なくいずれも低値であったことから，腸内環境改善作用とは異なる作用メカニズムで皮膚障害抑制作用を示す可能性が示唆された。

これらの結果は，いずれもプロバイオティクスやプレバイオティクスの摂取が腸管だけでなく皮膚にも有益な作用をもたらすという考えを支持するものである。今後，さらなるエビデンスの蓄積とより詳細なメカニズムの解明が望まれる。

文　献

1） I. I. Ivanov *et al.*, *Cell*, **139**, 1 (2009)
2） N. Sudo *et al.*, *J. Physiol.*, **558**, 263 (2004)
3） R. E. Ley *et al.*, *Nature*, **444**, 1022 (2006)
4） Joint FAO/WHO Working Group, Guidelines for the Evaluation of Probiotics in Food (2002)
5） K. Miyazaki *et al.*, "In handbook of fermented functional foods. 2nd edition", p. 165, CRC Press (2008)
6） C. L. Vernazza *et al.*, "Prebiotics: Development and Application", p. 11, John Wiley &

Sons (2006)
7) G. R. Gibson *et al., J. Nutr.*, **125**, 1401 (1995)
8) M. Kalliomäki *et al., Lancet*, **361**, 1869 (2003)
9) A. Guéniche *et al., Dermatoendocrinol.*, **1**, 275 (2009)
10) R. Iizuka, "Handbook of diet, nutrition and the skin", p.27, Wageningen Academic Publishers (2012)
11) I. Nakabayashi *et al., Nephrol. Dial. Transplant.*, **26**, 1094 (2011)
12) R. Iizuka *et al., Microb. Ecol. Health Dis.*, **21**, 50 (2009)
13) R. Iizuka *et al., Microb. Ecol. Health Dis.*, **21**, 221 (2009)
14) M. Ito *et al., J. Nutr. Sci. Vitaminol.*, **39**, 279 (1993)
15) V. De Preter *et al., Am. J. Physiol. Gastrointest. Liver Physiol.*, **292**, G358 (2007)
16) M. Kano *et al., Biosci. Microbiota Food Health*, in press
17) S. Sugimoto *et al., Photodermatol. Photoimmunol. Photomed.*, in press

4　アスタキサンチンの幅広い美肌効果

山下栄次*

4.1　はじめに

アスタキサンチンはβ-カロテンと同じカロテノイドの一種で，エビ，カニ等の甲殻類，サケ，タイ等の魚類等，天然，特に海洋に広く分布する食経験豊かな赤色色素である。近年アスタキサンチンに強力な抗酸化作用[1,2]をはじめ様々な機能性[3]が見出され，特に皮膚分野については，色素沈着抑制作用[4]，メラニン生成抑制作用[5]，保水作用やシワ改善作用などの美肌作用[6~8]，および皮膚炎症軽減作用[9]などが報告されている。我々は，中でもアンチエイジングとして最も関心の高いシワ改善作用の作用機序解明を目的として，ヒト皮膚線維芽細胞を用いる一重項酸素傷害防御効果を検討し，アスタキサンチンに一般によく知られている抗酸化剤8種（β-カロテン，ルテイン，α-トコフェロール，コエンザイムQ10，α-リポ酸，ビタミンC，およびカテキン）と比べてはるかに優れた効果が認められたことを既に報告している[10]。さらにヒト由来細胞試験ならびにヒト臨床試験を実施し，アスタキサンチンが肌表面，表皮，真皮の様々な部分でトータルに美肌効果を発揮すること，およびその作用機序を解明した。また，従来の美容効果成分とその作用機序が異なることから，アスタキサンチンを従来成分に追加することによって更なる効果増強が期待できることを示した[11]。さらに，アスタキサンチンが肌表面，表皮，真皮のトータルに働く一つの理由として，表皮で働くことで真皮に，そして肌表面（角質層）に好影響を与えることを見出し，そのトータル美肌効果は男性においても発揮されることを臨床試験にて実証した[12]。本稿ではその全貌について解説する。

4.2　真皮に対する作用

4.2.1　シワ改善効果

女性ボランティア28名（20～55歳）に対し，アスタキサンチンカプセルとアスタキサンチン配合美容液を8週間併用させた。試験前後に，目尻部のレプリカを採取して画像解析を行い，シワの度合いに関するパラメータを調べた。その結果，シワの度合いを表す4つのパラメータの有意な減少が見られた（図1）。目尻部から走る線状のシワだけでなく，周囲の小ジワやキメの改善も認められた（図2）。

男性ボランティア36名（20～60歳）に対し，二重盲検的にアスタキサンチンカプセル（n=18）とプラセボカプセル（n=18）を6週間摂取させ，同様に解析した結果，アスタキサンチン投与群の試験後相対値（試験後測定値／試験前測定値）が2つのパラメータ（総シワ面積率および総シワ体積率）においてプラセボ群に比べて有意な減少（$p<0.05$）が認められた。

4.2.2　皮膚弾力性増加効果

同時に目尻部の皮膚弾力性を測定した。その結果，4週以降に皮膚弾力性の有意な増加が認め

＊　Eiji Yamashita　アスタリール㈱　メディカルニュートリション　学術担当部長

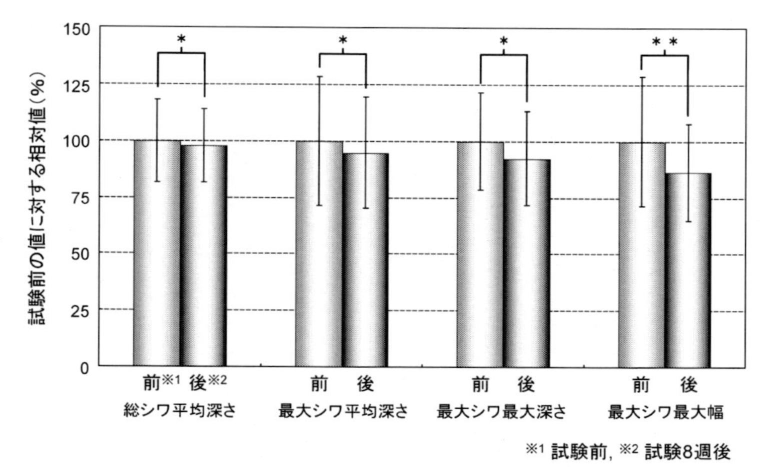

図1　シワレプリカ解析パラメータの変化（女性）

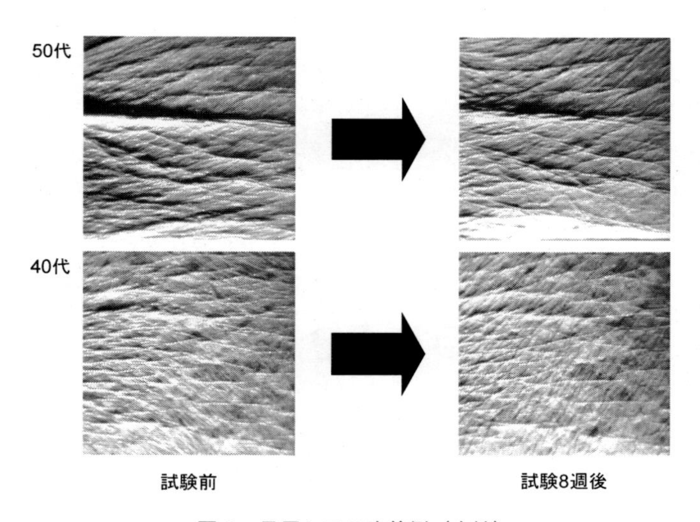

図2　目尻シワの改善例（女性）

られた（図3）。男性においても，6週間後の試験後相対値（試験後測定値／試験前測定値）がプラセボ群に比べてアスタキサンチン投与群で有意な増加（$p<0.05$）が見られた。ここでは，角層の影響を受けることなく真皮の力学特性を計測できる機器（スキングリップメータ）[13]を測定に用いた。

4.2.3　一重項酸素傷害防御効果＆コラーゲン産生促進維持効果

ヒト皮膚線維芽細胞を用いる一重項酸素傷害防御効果を検証したところ，アスタキサンチンのそれは一般によく知られている抗酸化剤8種（β-カロテン，ルテイン，α-トコフェロール，コ

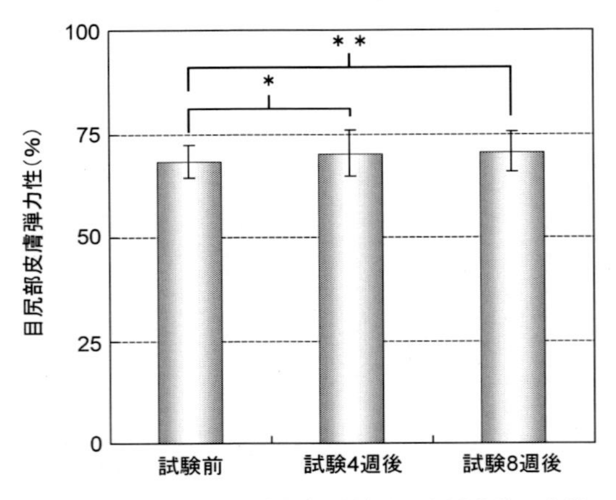

図３　目尻部皮膚弾力性に対するアスタキサンチン摂取・塗布の影響（女性）

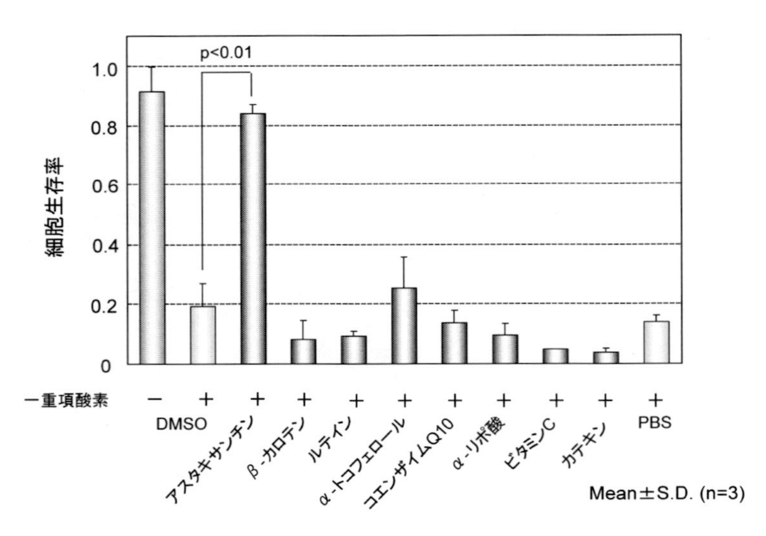

図４　８種抗酸化剤の一重項酸素傷害防御効果

エンザイムQ10, α-リポ酸, ビタミンC, およびカテキン）と比べてはるかに優れたものであった（図4）。その一重項酸素曝露細胞に，コラーゲン合成促進作用のあることが知られているアスコルビン酸を加えたところ，一重項酸素非曝露細胞では，ビタミンC添加により32%産生が促進されたが，一重項酸素曝露細胞ではコラーゲンはほとんど産生されず，合成促進効果のあるビタミンCを添加しても産生能は回復しなかった。しかし，一重項酸素曝露前にアスタキサンチン処理すると，コラーゲン産生能は80%以上回復し，ビタミンCを添加すると28%産生が促進され，非曝露細胞と同等の産生促進効果が認められた（図5）。

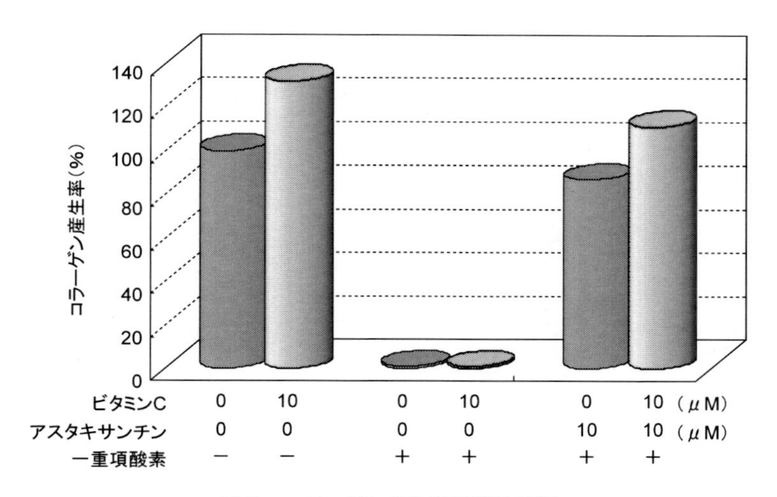

図5　コラーゲン産生促進維持効果

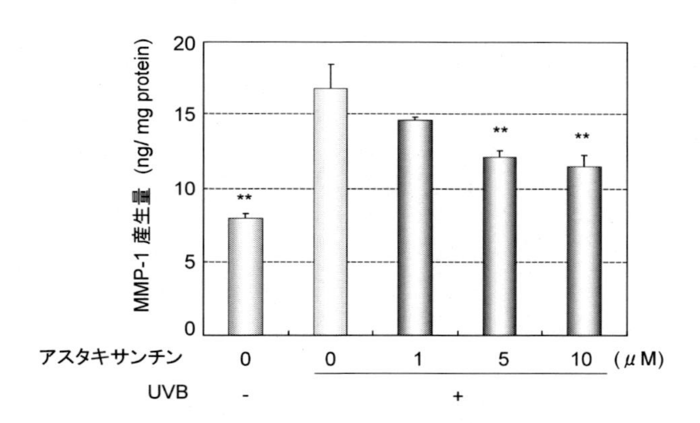

Mean±S.E. (n=3), **p < 0.01 by ANOVA/Dunnett test vs. UVB irradiation

図6　表皮角化細胞依存性 MMP-1 産生亢進抑制効果

4.2.4　表皮角化細胞依存性タイプIコラーゲン分解酵素（MMP-1）発現亢進抑制効果

UVB 曝露ヒト表皮角化細胞の培養上清をヒト皮膚線維芽細胞に添加すると，MMP-1 分泌量が UVB に曝露しない表皮角化細胞の培養上清を添加したヒト皮膚線維芽細胞のそれよりも有意に増加する。UVB 曝露前後にアスタキサンチン処理した表皮角化細胞の培養上清を線維芽細胞に添加すると，表皮角化細胞依存性 MMP-1 産生亢進が用量依存的に抑制された（図6）。

4.3　表皮に対する作用

4.3.1　シミ改善効果

女性ボランティア 29 名（20〜55 歳）に対し，アスタキサンチンカプセルとアスタキサンチン

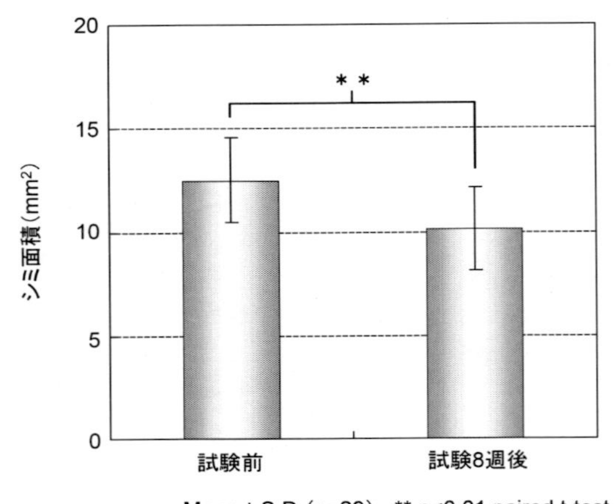

図７　シミ面積に対するアスタキサンチン摂取・塗布の影響（女性）

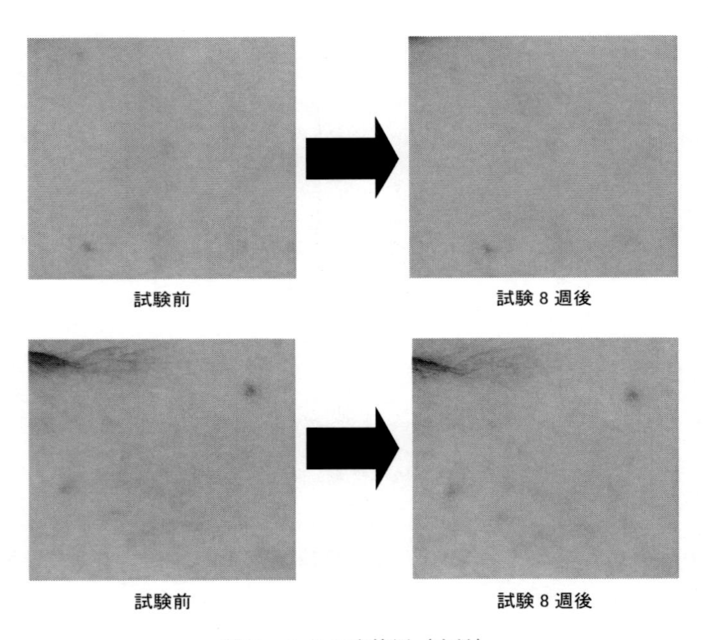

図８　シミの改善例（女性）

配合美容液を８週間併用させた。試験開始時に，任意に抽出したシミ画像を解析し面積を算出した。８週間後の同じシミについても面積を算出し，使用前後のシミの大きさを比較した結果，シミ面積の有意な減少が認められた（図７）。図８にその２例を示す。

4. 3. 2　メラニン産生抑制効果

メラノサイトを含む三次培養表皮モデルを用いて，アスタキサンチンのメラニン産生抑制効果を調べた。メラニン産生促進培地と各美白成分を同時適用した場合では，非常に低濃度（0.0006 mg/ml）のアスタキサンチンで，21.1％のメラニン産生抑制作用を示した。その作用は，5 mg/ml ビタミンＣより優れており，5 mg/ml トラネキサム酸および 0.1 mg/ml L-システインに匹敵するものであった（図9）。一定期間被験物質のみで培養し，洗浄して除去した後，メラニン産生促進培地のみで培養した際のメラニン産生抑制効果は，トラネキサム酸と比較してアスタキサンチンは非常に高いものであった（図10）。事前適用だけでもアスタキサンチンの効果は十分確保された。

プロスタグランジン（PG）E_2 やプロオピオメラノコルチン（POMC）はメラニン合成を促進することが知られているが，UVB 曝露によるヒト表皮角化細胞における PGE_2 および POMC の

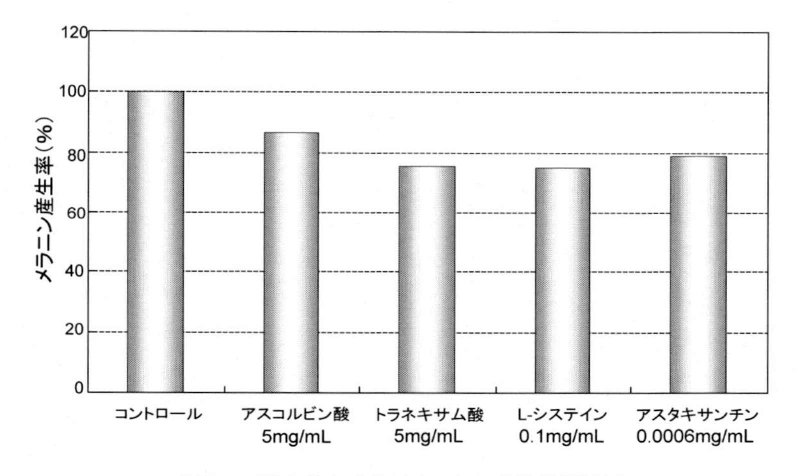

図９　４種の美白成分のメラニン産生抑制効果

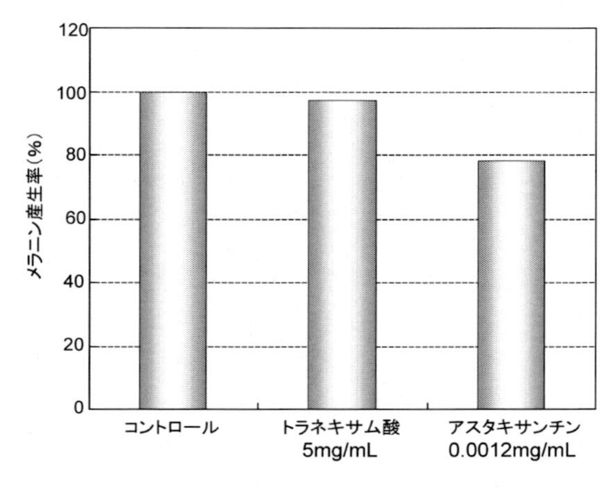

図10　事前適用におけるメラニン産生抑制効果

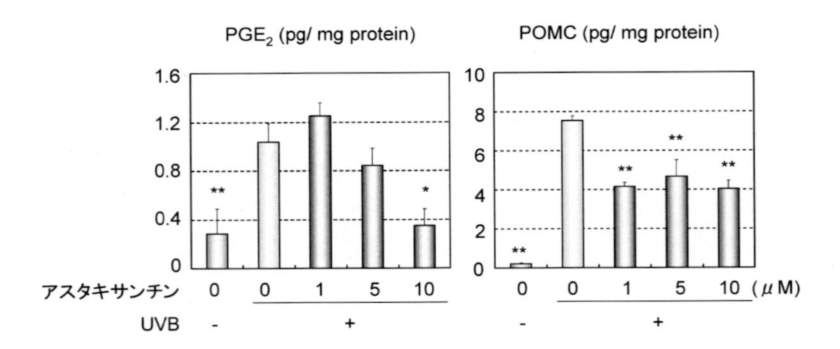

図 11　UVB 誘発性表皮角化細胞炎症メディエーター分泌促進抑制効果

分泌促進をアスタキサンチンが抑制した（図 11）。他，炎症性サイトカインであるインターロイキン（IL）-1α，IL-6，IL-8 および TNF-α の分泌促進も抑制されていた。

4.4　角質層に対する作用

4.4.1　きめ改善効果

女性ボランティア 30 名（20～55 歳）に対し，アスタキサンチンカプセルおよびアスタキサンチン配合美容液を 4 週間併用させた。使用前後に，頬部定点のレプリカを採取して画像解析を行い，キメの度合いに関するパラメータを調べた。その結果，キメ平均深さの有意な増加が認められた。試験開始時には，磨耗による消失や，乾燥によって方向性が見られたキメも，4 週間後には皮溝，皮丘が規則正しく並んだキメの整った肌になった（図 12）。

4.4.2　角層細胞面積改善効果

同時に，頬部定点の角層細胞をテープストリッピングにて採取して染色後，画像解析を行い面積を算出した。その結果，8 週間後の角層細胞面積に有意な増加が認められた。試験開始時には，落屑，重層剥離や未熟な細胞なども多く見られたが，8 週間後には，配列が整い，状態の良くなった角層細胞が多く見られた。

4.4.3　経表皮水分蒸散量低下作用

また，頬部定点の経表皮水分蒸散量を測定したところ，8 週間後のそれは使用前に比べて有意に低下していた（図 13）。

この作用は男性において群間で認められ，ボランティア 36 名（20～60 歳）に対する 6 週間の二重盲検試験で，アスタキサンチンカプセル摂取群（n＝18）はプラセボ群（n＝18）に比べて試験後相対値（試験後測定値／試験前測定値）が有意に低下（$p<0.01$）していた。

4.4.4　脂浮き改善効果

前述の男性ボランティアにおいて，投与群の皮脂量はプラセボ群に比べて 6 週間後の試験後相対値（試験後測定値／試験前測定値）が減少傾向（$p=0.085$）にあった。

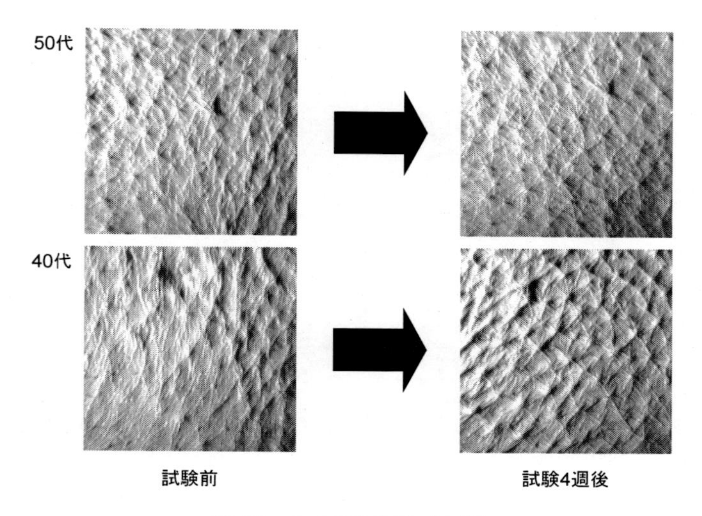

図12　キメの改善例（女性）

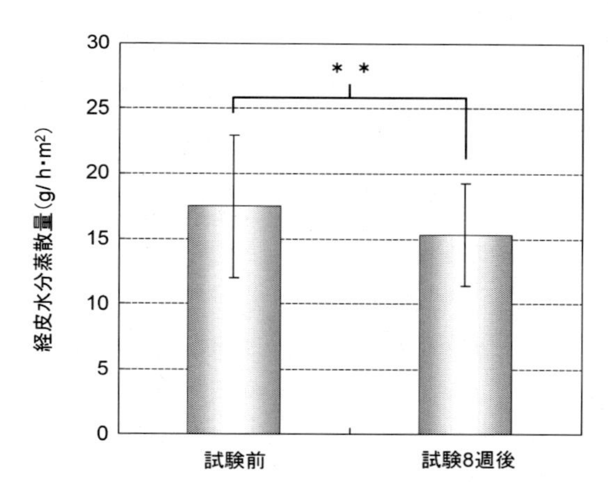

図13　経皮水分蒸散量に対するアスタキサンチンの摂取・塗布の影響（女性）

4.4.5　コーニファイドエンベロープ成熟促進作用

健常女性の上腕内側にテープストリッピングを繰り返し施し，左右均等に未熟なコーニファイドエンベロープ（CE）を露出させた。一方にはアスタキサンチン配合外用剤，他方にはアスタキサンチンのみを含まない外用剤（コントロール）を4週間塗布させ，使用前後に採取した角層細胞から得られたCEを染色し，画像解析を行ってCEの成熟度を調べた。その結果，未熟CEの割合が有意に低下した（図14）。コントロール塗布群では，成熟CEがほとんど見られないが，アスタキサンチン外用剤塗布群では成熟CEが多く見られた。

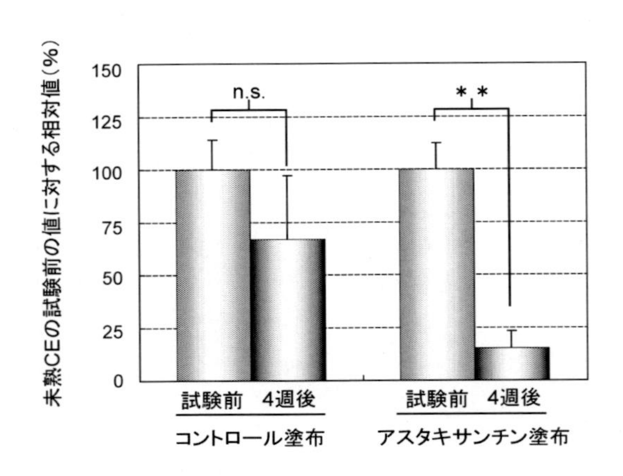

Mean±S.D.(n=3), **: p<0.01 & n.s.: not significant unpaired t-test

図 14　CE 成熟度に対するアスタキサンチン塗布の影響（女性）

4. 5　考察

ヒト由来細胞およびヒト臨床試験においてアスタキサンチンが角質層，表皮，真皮の様々な部分でトータルに美容効果を発揮することが認められた。

まず，真皮を構成する線維芽細胞において，紫外線の長波長領域である紫外線 A 波（UVA：400～315 nm）によって生じる一重項酸素をアスタキサンチンが強力に消去して細胞を防御することにより，シワ改善効果を発揮すると考えられる。同時にコラーゲン産生能も維持することが認められた。高いコラーゲン産生促進作用を持つビタミン C は，一重項酸素の曝露によりその作用を失ったが，アスタキサンチンで細胞を処理することにより復活した。コラーゲンペプチドやレチノイン酸でも同様のことを調べたが，ダメージ細胞ではコラーゲン産生促進作用が発揮されることはなく，アスタキサンチンで処理することによって，コラーゲン産生能および産生促進能が復活した。さらに，コラーゲン繊維を分解してシワの原因となる MMP-1 の活性化を，表皮において紫外線の短波長領域を成す紫外線 B 波（UVB：315～280 nm）によって引き起こされる炎症を抑えることで抑制することが見出された。その炎症によって炎症性サイトカイン IL-1 α および IL-6 が表皮角化細胞から分泌され，パラクライン様式により真皮線維芽細胞に作用して MMP-1 の産生を亢進することが知られている。表皮でアスタキサンチンが働くことで真皮に起きるシワの発生を抑制するという知見である。真皮で働くことに加えて表皮においても働いたことが優れたシワ改善効果に繋がっていると考えられる。また，そのシワ改善効果は，全く美容行為をしなかった男性において内用にて認められたことから，外用と内用では内用での効果の方が優れているのではないかと考えられる。シワパラメーターが男性内用で 2 つ，女性内用＋外用で 4 つ有意に改善されたことから，外用を加えることによってさらにその効果が高まるようである。

次に，三次元培養表皮モデルを用いたメラニン産生抑制試験において，アスタキサンチン単独でもトラネキサム酸やL-システインに近いメラニン産生抑制作用が確認された。しかもその濃度は他の美白剤と比較して非常に低かった。また，適用タイミングの違いにより抑制効果に大きな差が出た。このアスタキサンチンの効果は，メラニン産生が促進される前に適用されてのことであるので，メラニン産生が促進されてから薬物的に抑制しようとする治療的な効果ではなく，事前にメラニン産生を抑制する体制を整える予防的な効果であると言える。このことは，事前適用によって，アスタキサンチンが細胞膜を貫通する形で存在した[14]ために，洗浄においても除去されず，効果を発揮したのではないかと考えられる。また，ヒト表皮角化細胞を用いる培養実験で，メラニン合成を促進することが知られている PGE_2 および POMC の UVB 曝露による分泌促進をアスタキサンチンが抑制した。ヒト試験においてそのシミの改善効果を確認したが，これは，アスタキサンチンが表皮において紫外線による炎症を抑制し，さらにメラノサイトにおいてメラニン合成の酸化重合を抑制することで発揮されたと考えられる。

さらに，アスタキサンチンの摂取・塗布により，キメ改善効果および角層細胞面積増加効果が得られた。これらの改善は，肌表面のトラブルである肌荒れが改善したことを示している。角層細胞は表皮角化細胞が分化，角化することにより生まれるが，分化途中で炎症などが起こると未成熟なまま角化が亢進され形や大きさが異常な角層細胞になる。つまり，角層細胞面積が小さいことは分化途中で炎症が起きていたことが推測される。アスタキサンチンによる肌荒れ改善効果は，表皮における炎症を抑えたことによる要因が大きいと考えられる。真皮におけるシワ改善効果が表皮での抗炎症作用によることも大きな要因であったように，表皮で働くことが肌表面に対しても良い効果（角層細胞の正常化）を及ぼすことが明らかとなった。また，経表皮水分蒸散量は角層のバリア機能を示す指標である。バリア機能は角質層の最も重要な機能であり，この機能が低下することは肌内部にも大きな影響を及ぼす。アトピックスキンでは，この経表皮水分蒸散量が非常に高い状態にある。今回男性においても内用で経表皮水分蒸散量の減少が認められたことは，アトピックスキンへの幅広い利用が期待できると考えられる。バリア機能改善は，細胞間脂質に加え細胞膜辺縁構造体である CE の影響が考えられている。女性での外用による試験で CE の成熟化が認められた。外用によって角層細胞の成熟を促進させる働きがあることが示唆される。肌表面に関しては外用の効果も見逃せない。この他にも，複数の女性被験者において，ニキビ，脂浮き，月経前の肌トラブルが改善されたという例が認められた。脂浮きに関しては男性においても傾向ではあるが確認されている。他に最近よく耳にする加齢臭を抑制するという報告[15]もある。皮脂は必要であるが，アスタキサンチンが過剰な皮脂の分泌を抑制し，たとえ過度に分泌されたとしてもその過酸化を抑制して加齢臭に導かれないようにすることは興味深い。このように，アスタキサンチンが，肌表面においても様々な美肌効果を生み出すことが判明した。

以上のことから，アスタキサンチンは性別問わず肌表面，表皮，真皮の様々な部分で美肌効果を発揮すること，およびその作用機序が確認された。図15にその模式図を示す。

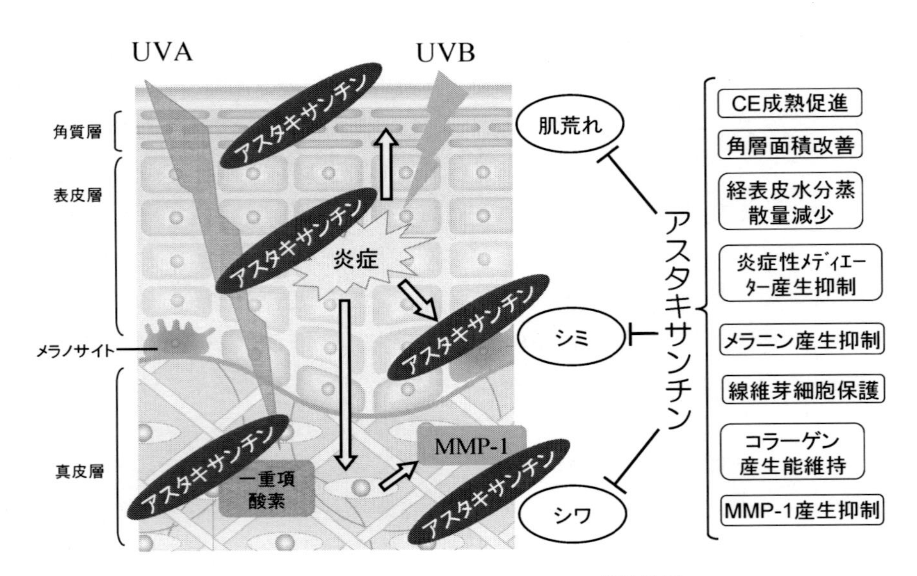

図15　アスタキサンチンのトータル美肌効果

4.6　おわりに

現在アスタキサンチンは，日本において化粧品によく使用されるようになっている。さらに米国においてはDr. PerriconeやDr. Ozなどの影響で爆発的に市場が拡大している。アスタキサンチンの美容効果は我々の研究によれば，外用よりもむしろ内用によるところが大である。もちろん，内用と外用を組み合わせることが最適であることは言うまでもない。さらに，美容にとどまらず，アトピー患者などにアドオン的に皮膚科にて使用されるケースも広がっている。

アスタキサンチン単独での使用に限らず，美容サプリの一つの素材として，よく知られている化粧品素材を含有した化粧品の効果をより発揮させる素材として，さらに皮膚科医療のアドオン的孫の手素材として，性別問わず大いに利用して頂きたいものである。

文　　献

1)　W. Miki, *Pure & Appl. Chem.*, **63**, 141 (1989)
2)　Y. Nishida *et al.*, *Carotenoid Science*, **11**, 16 (2007)
3)　J. P. Yuan *et al.*, *Mol. Nutr. Food Res.*, **54**, 1 (2010)
4)　山下栄次，*Fragrance Journal*, **14**, 180 (1995)
5)　K. Arakane, *Carotenoid Science*, **5**, 21 (2002)
6)　関太輔ほか，*Fragrance Journal*, **12**, 98 (2001)
7)　山下栄次，*FOOD Style 21*, **6**, 112 (2002)

8）山下栄次，*FOOD Style 21*, **9**, 72（2005）
9）飯尾久美子ほか，日本香粧品学会誌，**33**, 7（2009）
10）富永久美ほか，*FOOD Style 21*, **13**, 84（2009）
11）富永久美ほか，*FOOD Style 21*, **13**, 25（2009）
12）山下栄次，*FOOD Style 21*, **16**, 69（2012）
13）小澤依見子ほか，第48回日本生体医工学会大会，東京（2009）
14）S. Goto *et al., Biochimica et Biophysica Acta*, **1515**, 251（2001）
15）富永久美ほか，アスタキサンチン含有加齢臭抑制組成物，特開2011-23617（2011）

5　ルテイン

押田恭一*

5. 1　はじめに

天然界には約600種類のカロテノイドが存在するが，ヒトの血中には僅か20種類のカロテノイドが存在する。ルテインとその異性体のザアキサンチンは，ヒトの組織に存在する選ばれたカロテノイドの一つである。ルテインは，ヒトの体内では，水晶体，網膜（特に黄斑），毛様体等の眼の組織に加えて，皮膚，乳房組織，母乳，子宮頸部，脳に高濃度に蓄積している。

失明の主要な原因として知られる加齢黄斑変性（Age-related macular degeneration；AMD）は，黄斑で生じる活性酸素に起因する酸化と，炎症により病態が成立する。そこで，ルテインとザアキサンチンを摂取することにより，特異的に黄斑に蓄積し，後述の有害な青色光の吸収や，抗酸化，および抗炎症作用により，AMDのリスクの低下に寄与することが証明されており，世界中の眼科医が推奨するサプリメントとして市場が形成されている。

一方，ルテインのヒトの皮膚に対する効果はほとんど報告がなかったが，近年，ヒトの皮膚にルテインが存在することがわかり，また，動物実験の結果では，光，特に紫外線（UV）が誘発する皮膚障害に対するルテインの生理作用が明らかになった。本稿では，塗布または経口摂取したルテインの皮膚に与える効果について臨床試験の結果を後述するので，ルテインの栄養学的な役割についても触れる。

5. 2　ルテインの栄養学的な意義

我々はルテインを体内で生合成できないが，普段の食事中の緑黄色野菜や卵黄等に含有するルテインを摂取して体内に蓄積させている。

ルテインの食品，および化粧品素材の原料は，マリーゴールドの花弁で，ルテインのエステル体として存在している。前述の吸収の問題があるため，花弁から抽出したエステル体のルテインを鹸化して脂肪酸を除き，フリー体として市場に流通させている。

また，ルテインは，母乳中にも含まれており[1]，最近では，母乳に含有するルテインと新生児の眼の発達との関連性が明らかになり，海外の育児用調製粉乳には既にルテインが添加されるようになってきた[2]。母乳には，ヒトの発達のために必要な栄養素のみが含まれているので，ルテインはその成分の一つであると言え，また，母乳に含まれているという事実は，安全性や摂取する年齢層も広いと理解できる。

β-カロテンは，プロビタミンAとなり得るが，ルテインは，プロビタミンA様の作用はない。FAO/WHOの合同食品添加物委員会（JECFA）は，ルテインの一日の安全最大摂取量として，2 mg/kg体重としており，体重50 kgのヒトの場合には，100 mgまで摂取しても安全である。しかしながら，約30 mg以上毎日摂取し続けると筆者の経験上，柑皮症が現れることがあるが，

＊　Kyoichi Oshida　ケミン・ジャパン㈱　戦略シニアテクニカルマネージャー

ルテインの場合には摂取量を減らせば速やかに正常化する。

5.3　紫外線と青色光が皮膚に与える影響

UVの我々の身体に対する影響は，既に多くの報告があるが，特に，我々の身体の最外層に位置する皮膚や眼には，その有害性が高い。UVは，これらの組織に対する直接照射されるエネルギーの影響に加えて，誘発される活性酸素が障害を与えることが問題である。290 nm以下の波長の光はオゾン層により吸収されるため，UV-C（200-290 nm）は地表には到達しないが，UV-B（290-320 nm）とUV-A（320-400 nm）は，我々の身体に影響を及ぼす。特に，UV-Bは，我々の皮膚の表皮－真皮間まで到達し，炎症や皮膚の肥厚を引き起こす。一方で，UV-Aは，真皮まで到達する（図1）。真皮には，張りや弾力性を決定するコラーゲンやエラスチンが多く存在し，UV-Aは，これらで構成される繊維に慢性的に障害を与え，真皮の構造を変化させることにより，皮膚の光老化を引き起こす。

かつて我が国の母子手帳には，骨形成促進の観点から乳児の日光浴が薦められる記述がみられたが，現在は，紫外線の乳児の皮膚への有害性がより明確になり，その文言が削除された。

活性酸素は，皮膚の脂質過酸化，日焼け，光毒性，光老化等の様々な皮膚障害を引き起こし，アトピー性皮膚炎や乾癬等の皮膚疾患にも関連していることがわかってきた。このUVが誘発する活性酸素のうち，皮膚では，一重項酸素が最も光増感反応により生じやすく，さらに誘導されるフリーラジカルによる障害が皮膚の光老化の原因である[3,4]。しかし，問題となるフリーラジ

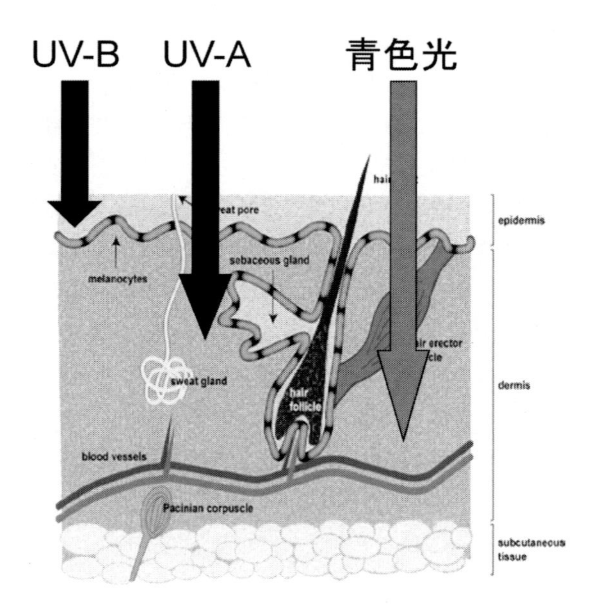

図1　各光の皮膚への透過の違い

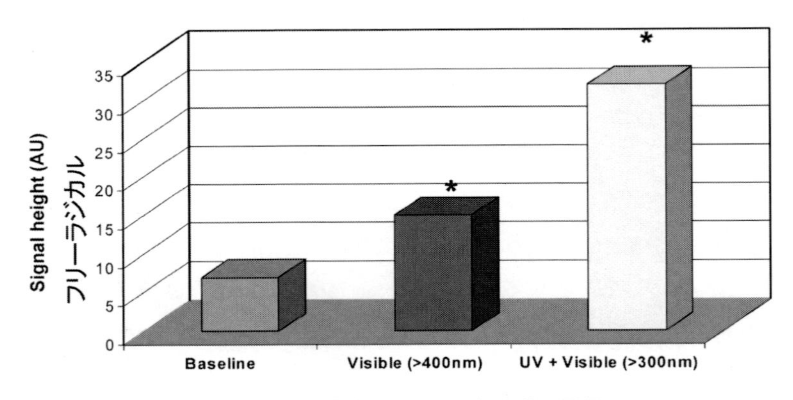

図２　ヒトの皮膚に対する可視光線の影響

カルは，UV だけではなく可視光線の中に含まれる短波長光線，特に青色光のヒト皮膚への照射によっても有意に増加することが報告されている[5)]（図 2）。青色光は，エネルギーレベルの低い赤色光に比べて，約 100 倍のフリーラジカルを生じる力がある[6)]。

青色光は，我々を取り巻く環境では，太陽光線に一番多く存在しているが，RGB（赤色，緑色，青色）で構成されている電子機器からも影響を受けている。これらの光線は，我々の視機能にとって 3 原色の役割をしており，網膜の中心部に存在する黄斑組織に存在する 3 種類の錐体細胞によって識別される。従って，我々の生活環境において，青色光に暴露する機会は，コンピューター，携帯電話，薄型テレビ，および近年急激に利用者が増えてきたタブレット PC 等の普及により急増していると言える。そして，太陽光や電子機器から発生する青色光が，黄斑での酸化と炎症を引き起こし，加齢黄斑変性という失明の主要疾病の成立に関与していることがわかっている。最近我が国では，青色光が身体に与える様々な悪影響について着目し，ブルーライト研究会が設立され，国民の眼の健康を守ろうという動きがみられる。また，前述のように，青色光を含む短波長の可視光線が，ヒトの皮膚のフリーラジカルも上昇させる。化粧品には UV に配慮した製品は数多くあるが，この短波長可視光線に配慮したものがほとんどないのが現状である。太陽光以外に，室内に存在する青色光に対しても我々の皮膚への配慮が重要である。

そこで，青色光をブロックする手法として，黄色の波長を利用すると青色光を吸収することができる。例えば，黄色レンズの眼鏡をかけると，電子機器から発せられる青色光から効率よく黄斑を保護することができる。実際に，黄斑部には，ルテインとゼアキサンチンが黄色の色素として蓄積しており，図 3 に示したように青色光を吸収する力を有するが，ちなみに，UV を直接吸収する力は強くない。

また，皮膚細胞中にもルテインとゼアキサンチンが黄色色素として豊富に蓄積しており，青色光の吸収，太陽光，および可視光線から生じる一重項酸素の消去とフリーラジカルにより生じる過酸化脂質の抑制の役割を演じていると考えられている。

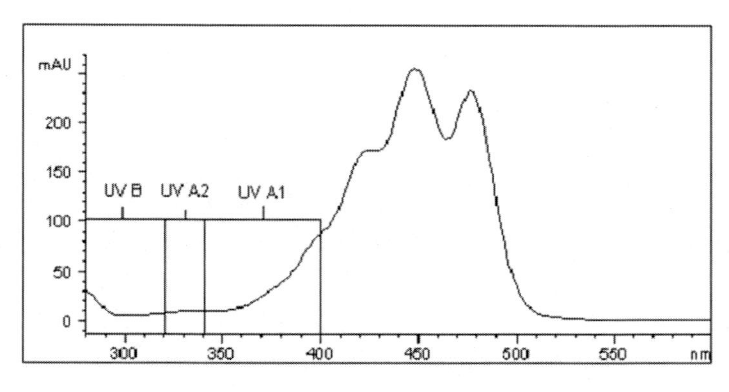

図3　ルテインの吸収スペクトル

5.4　細胞膜でのルテインの特徴

カロテノイドのうち，その分子が炭素と水素によって構成されるものをカロテンと呼び，さらに酸素原子を有するものをキサントフィルという。キサントフィルは，カロテンと比較して，分子構造の特徴的類似性を有しており，分子の両末端に水酸基を持っている。この水酸基を有するキサントフィル，例えば，ルテイン，ゼアキサンチン，アスタキサンチン等が他のカロテノイドにはない特異的な機能を有する。すなわち，これらのキサントフィルは，細胞膜やリポ蛋白のリン脂質層に配位することができる[7~9]。

細胞膜は，リン脂質の二重層で形成されており，脂肪酸の種類によって細胞膜の柔軟性や膜の内外の物質の移動や，イオンチャンネルとしての機能が変化する。特に，不飽和度の高い脂肪酸であるDHAやアラキドン酸等は，細胞膜の生理的機能の維持にとっては非常に重要であるが，酸化されやすいという問題もある。細胞膜中のリン脂質が酸化されると，その機能が障害される。そこで，リン脂質中の脂肪酸の酸化を防ぐために，脂溶性の抗酸化物質が必要である。カロテノイドは，一般的に細胞膜の中に取り込まれるが，図4に示したように，β-カロテンは極性が低いために，リン脂質の二重層の中心に横に配位する。また，アスタキサンチンとゼアキサンチンは，縦に貫通するように配位する。ルテインの分子構造は，図5に示したように，β環が，二重結合で共役ポリエン構造と固定されているのに対して，ε環は，自由に回転することができる。従って，ルテインは，細胞膜に対して縦に貫通するように配位することも，また，細胞膜の表面に水平に配位することも可能である。特筆すべきことは，細胞膜の表面に配位できるのは，ルテインだけである。細胞膜の表面に水平に配位することの利点は，有害な青色光を直接吸収することができ，また，UVから生じる活性酸素を細胞膜の表面で消去することができる。

5.5　ルテインと内面美容の概念

皮膚は，我々の体内の最大の臓器である。体重50 kgの女性では皮膚の総重量は4 kg程になる。皮膚を健康に保つためには，外部の刺激から皮膚を守ることももちろん重要であるが，身体

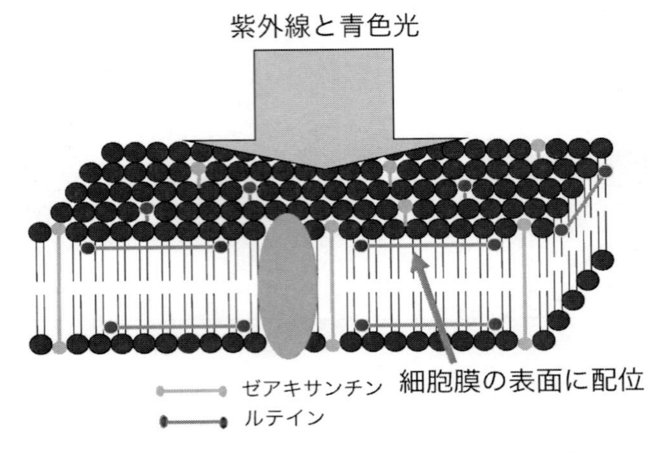

図４　ルテインとザアキサンチンの細胞膜での配位

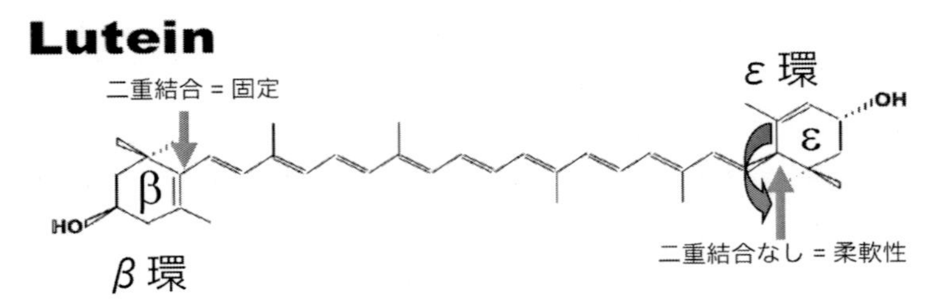

図５　ルテインの化学構造

の中から皮膚を美しく保つことも大切であると最近では考えられるようになってきた。これは「内からの美容」「内面美容」と呼ばれる概念である。皮膚は毎日の生活の中で傷つけられるが，修復するには，外用の化粧品だけでは難しく，やはり皮膚を形成しているパーツである栄養を摂る必要があるという考えに基づいている。また，内臓の健康状態は皮膚に反映するので，栄養により身体を健康にすることも美しい皮膚を維持するためには非常に重要であると言える。特に，抗酸化物質の摂取の皮膚に対する役割は大きいと考えられるが，そのほとんどの研究は動物実験と *in vitro* によるものである。主要な抗酸化物質のヒト臨床試験は，光保護効果に関連するものが多い。

ルテインとゼアキサンチンは，我々の体内では生合成されず，経口摂取したものがヒトの皮膚に蓄積することがわかっている[10,11]。また，動物実験モデルを用いたUV照射による浮腫と皮膚の肥厚に対して，ルテインとゼアキサンチンの経口投与が有効であった[12]。一方で，UV照射された動物の免疫機能の低下が，ルテインとゼアキサンチンの投与で抑制されたという報告もある[13]。

Morgantiらは，ルテインとゼアキサンチンを用いた最初の臨床試験として，一日あたり6 mg

のルテイン，0.3 mg のゼアキサンチン，90 mg のアスコルビン酸，10 mg のトコフェロール，5 mg のα-リポ酸を投与した場合に，UV 照射による皮膚の過酸化脂質量の減少と，皮膚の脂質量と水分含量の増加効果を明らかにした[14]。さらに，同研究グループは，ルテインとゼアキサンチンの効果をより明確に証明するために，これらのキサントフィルのみの経口，および経皮投与による研究を行った。

5.6　ルテインとゼアキサンチンを経口，および経皮投与した研究[15]

Morganti らは，ルテインとゼアキサンチンのみを被験物質としたヒト臨床試験を実施した。本研究は，あらゆる肌のコンディションを有する 40 名のイタリア人女性を 4 群に分けて実施された 12 週間の試験である。

A）プラセボ群

B）5 mg のルテインと 0.3 mg のゼアキサンチンを 1 日 2 回摂取する群

C）50 ppm のルテインと 3 ppm のゼアキサンチンを含有するローションを 1 日 2 回塗布する群

D）摂取と塗布を両方施行する群

5.6.1　脂質含量への影響（図 6）

キサントフィルを投与した全ての群で，被験者の皮膚の脂質含量の増加が認められた。特に，経口と塗布の両方を施行した D 群での増加が顕著であった。本研究では，被験者にアンケートを取っており，皮膚の脂質量の増加が脂性とは関係ないことを確かめている。この機構については明確な結論は出ていないが，ルテインとゼアキサンチンの皮膚表面への適応によって，毛穴に貯蔵されていた脂質が皮膚の表面に運ばれれるようになった結果であろうと考えられる。

5.6.2　過酸化脂質量への影響（図 7）

全てのキサントフィル投与群で，皮膚のマロンジアルデヒド（MDA）量が，プラセボ群に比べて有意に低下した。

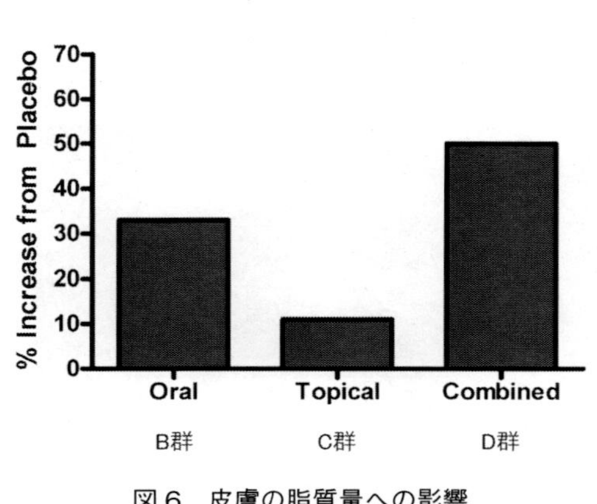

図6　皮膚の脂質量への影響

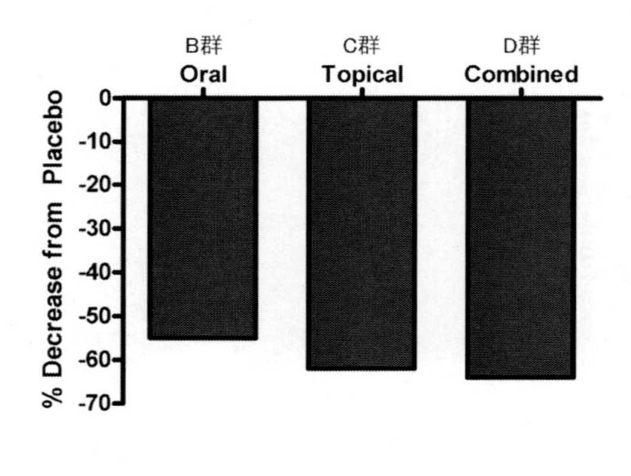

図7　皮膚の過酸化脂質への影響

経口摂取したルテインとゼアキサンチンが皮膚の表面まで効率よく運搬されることも過酸化脂質の減少に重要である。既に，経口摂取したルテインとゼアキサンチンは，皮膚に蓄積することが明らかになっている[5,16～18]。これらキサントフィルは，血管を通じて表皮-真皮結合の細胞に拡散され，さらに，皮脂腺から皮膚表面への輸送ルートも想定されている。その結果，ルテインとゼアキサンチンの皮膚組織での濃度勾配が形成され，この拡散と皮脂腺の両方が，皮膚の表面とその周辺のキサントフィル含量を高めるのに寄与していると考えられている。

また，本研究方法で抽出された酸化脂質は，UV に誘引された皮脂腺の酸化脂質だけではないと考えられる。実際，抽出された脂質は，皮脂腺中の脂質，角質細胞の脂質，および細胞内脂質を含んでいる。UV は少なくとも表皮-真皮結合まで透過するので，上記の全ての脂質が，UV 誘導されたフリーラジカルによって酸化された可能性がある。スクワレンは，皮脂中に 5.5-6％含まれており，皮膚を滑らかにするのに寄与している。しかしながら，UV-A の波長は，*in vivo* でスクワレンの酸化脂質である Squalene monohydroperoxide isomer を生成することが知られており[19]，本研究においても同様のことが生じたと考えられる。

5. 6. 3　弾力性への影響（図 8）

塗布群の方が，摂取群に比べて弾力性を上昇させたが，全てのキサントフィル群でプラセボ群に比べて，有意に上昇した。この機構については，皮膚の表面に浸透したルテインとゼアキサンチン，角質細胞の膜に取り込まれたこれらのキサントフィル，および細胞間脂質の増加が皮膚の弾力性に影響を及ぼしたと考えられる。

5. 6. 4　水分含量への影響（図 9）

全てのキサントフィル群でプラセボ群に対して水分含量の有意な上昇を認めた。この皮膚の水分含量の上昇の機構は，角質層のバリアーの特性を形成する角質層と細胞膜へのルテインとゼアキサンチンの浸透に関連していると推定される。また，前述の皮膚の過酸化脂質の減少も皮膚の水分量を増加させるのに重要な役割を演じている。

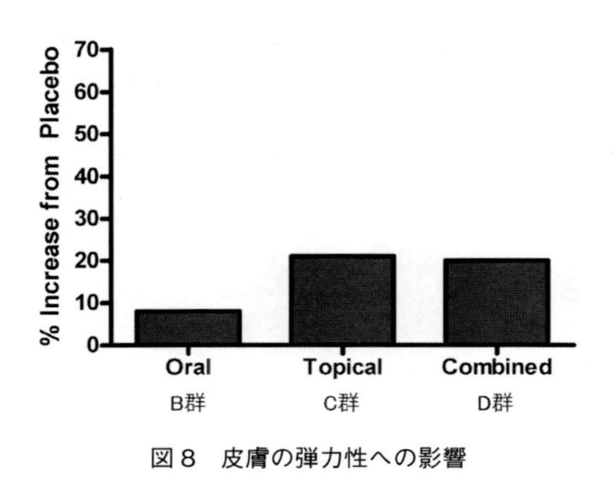

図８　皮膚の弾力性への影響

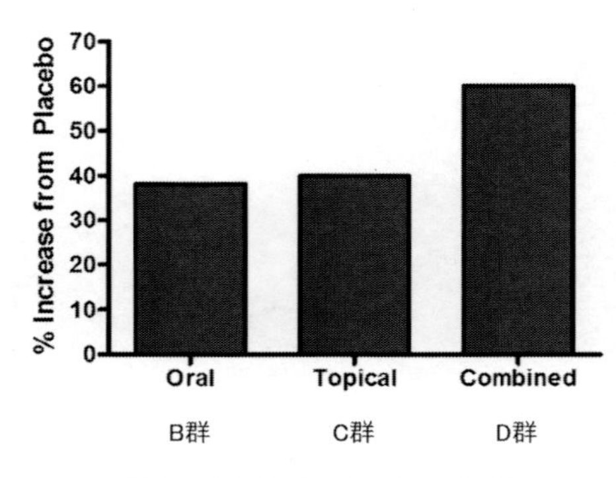

図９　皮膚の水分含量への影響

5.7　おわりに

ルテインとゼアキサンチンは，主に，眼の健康維持のための機能性食品素材として注目されてきたが，本稿では，経口，および経皮投与による皮膚への効果について述べた。今後，スキンケアのみならず，皮膚の活性酸素が病態成立に係わる皮膚疾患や，高齢者の床ずれ等の研究が期待される。

文　献

1）L. M. Canfield *et al., Eur. J. Nutr.*, **42**, 133 (2003)
2）E. L. Lien, B. R. Hammond, *Prog. Retin. Eye Res.*, **30**, 188 (2011)
3）M. Wlaschek *et al., Exp. Gerontol.*, **38**, 1265 (2003)
4）K. Scharffetter-Kochanek, *Adv. Pharmacol.*, **38**, 639 (1997)
5）B. A. Lange, G. R. Buettner, *Curr. Probl. Dermatol.*, **29**, 18 (2001)
6）W. T. Ham, *Nature*, **260**, 153 (1976)
7）S. Goulinet, M. J. Chapman, *Arterioscler. Thromb. Vasc. Biol.*, **17**, 786 (1997)
8）A. Sujak *et al., Arch. Biochem. Biophys.*, **371**, 301 (1999)
9）A. Sujak *et al., Biochim. Biophys. Acta*, **1509**, 255 (2000)
10）T. Wingerath *et al., Arch. Biochem. Biophys.*, **355**, 271 (1998)
11）T. R. Hata *et al., J. Invest. Dermatol.*, **115**, 441 (2000)
12）S. Gonzalez *et al., J. Invest. Dermatol.*, **121**, 399 (2003)
13）E. H. Lee *et al., J. Invest. Dermatol.*, **122**, 510 (2004)
14）P. Morganti *et al., Int. J. Cosmet. Sci.*, **24**, 331 (2002)
15）P. Palombo *et al., Skin Pharmacol. Physiol.*, **20**, 199 (2007)
16）J. A. Mares-Perlman *et al., Overview. J. Nutr.*, **132**, 518S (2002)
17）W. G. Christen, *Proc. Assoc. Am. Physicians*, **111**, 16 (1999)
18）Y. Shindo *et al., J. Invest. Dermatol.*, **102**, 470 (1994)
19）S. Ekanayake Mudiyanselage *et al., J. Invest. Dermatol.*, **120**, 915 (2003)

第2章　美白

1　グラヴィノール

佐野敦志[*1]，山越　純[*2]

1.1　はじめに

しみやそばかすを治したい，そう考えるのは今も昔も特に女性が抱える共通の悩みではないだろうか。細胞レベルでしみやそばかすを考えてみると，皮膚に存在するメラニン細胞から作りだされるメラニン色素が関係している。もちろん，メラニン色素は私たちの皮膚を紫外線から守るためにつくられるのであるが，強い紫外線等の刺激を受けると局所的に蓄積され，この結果としてしみやそばかすといった色素沈着に発展するのである。強い紫外線を皮膚に浴びると細胞内では活性酸素種（reactive oxygen species，ROS）の生成が増大し，メラニン色素の生成が活発になることが知られている[1)]。皮膚におけるメラニン色素の生成メカニズムやその制御方法は年々解明され，作用ポイントに応じた美白剤の開発が精力的に行われている。これまでに，紫外線による色素沈着の予防および改善を目的としてメラニン生成抑制作用を持つ天然物が数多く見出されているが，そのメカニズムと活性本体の関係について明らかにされているものは比較的少ない。

近年，活性酸素種を消去する能力を有している様々な抗酸化食品素材が脚光を浴びている。例えば，ビタミンＣやビタミンＥが古くから知られ，茶カテキンも抗酸化食品素材として広く知られている。中でもブドウ種子抽出物は強力な活性酸素種の消去能を有し，生体内の抗酸化だけでなく，血流改善，動脈硬化の抑制，コレステロールの低下，疲労回復，むくみ抑制など複数の機能性を有する食品素材として知られている[2)]。

我々はこのブドウ種子抽出物に着目し，メラニン色素の生合成，メラニン細胞の増殖，ヒトのしみ抑制について様々な検討を重ねてきたので紹介する。

1.2　ブドウ種子抽出物「グラヴィノール」

ブドウには多様なポリフェノールが含まれているが，とくに種子には最も多く含まれ，ブドウ果実全体の５～７割のポリフェノールが存在している。一方，古くエジプト文明の頃から我々人類が飲用してきたワインには，ブドウ由来のポリフェノールが豊富に含まれており，とくに赤ワインには，心地良い渋味を呈するポリフェノールの一種であるプロアントシアニジンが豊富に含まれている（白ワインにはほとんどプロアントシアニジンが含まれない）。これは果汁だけでな

＊1　Atsushi Sano　キッコーマン㈱　研究開発本部

＊2　Jun Yamakoshi　キッコーマン㈱　研究開発本部

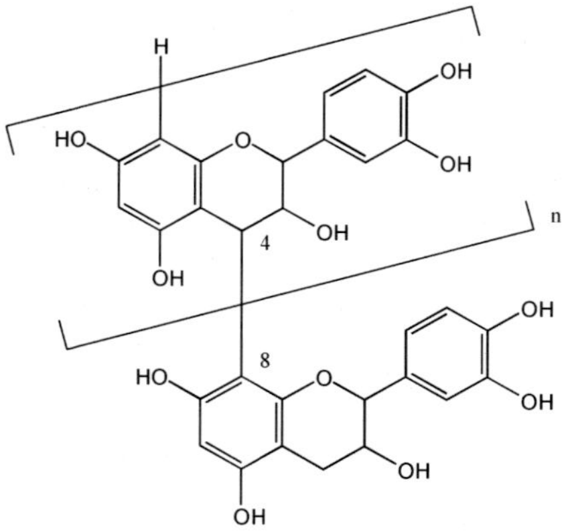

図1　プロアントシアニジンの化学構造
グラヴィノールの主成分，図中 n＝1～13

くブドウ果皮やブドウ種子も一緒に発酵させる赤ワインの製造方法に起因している。我々はこの伝統的な赤ワインの製法をヒントにブドウ種子より高純度のプロアントシアニジンを含むブドウ種子抽出物の工業的製造方法を確立し[3]，高品質な抗酸化食品素材「グラヴィノール」を提供している。

ブドウ種子抽出物の主成分であるプロアントシアニジンは，自然界に存在する抗酸化物質の1つとして知られ，その化学構造はフラバノール骨格を有する縮合型タンニンである（図1）。プロアントシアニジンは強力な抗酸化力を有しており，メラニン色素の生成に関与する活性酸素を消去する能力が，ビタミンCやビタミンE，カテキンよりも強いことが試験管内の試験で実証されている[4]。さらにプロアントシアニジンを主成分としたブドウ種子抽出物は，血漿の酸化抵抗性増進，血中酸化LDL抑制，抗動脈硬化，脚のむくみ抑制，疲労回復，消臭効果，腸内環境改善，ひざ関節症軽減など枚挙に暇がないが，生体においても酸化に由来する種々の傷害に対して予防的な効果が数多く報告されている。

この強力な抗酸化力を生体においても発揮するブドウ種子抽出物の美白効果について，日焼け，女性特有のしみ（肝斑）に対する抑制効果，さらには細胞レベルにおけるメカニズムに至るまでを紹介する。

1.3　紫外線による色素沈着の抑制効果（動物実験）[5]

モルモット皮膚に紫外線を照射し色素沈着を生じさせ，グラヴィノールを8週間摂取させたときの色素沈着の推移を測定した。試験群は，1％グラヴィノール混餌群，1％ビタミンC混餌群，コントロール餌の3群とし，紫外線の照射後それぞれ8週間摂取させた。評価は，分光測色計（ミノルタ㈱製 CM-2600d）を用いて，紫外線を照射した皮膚の明るさを示すL値とメラニン指数（皮膚のメラニン量の推定に利用可，メラニン指数＝log10（1/640 nm 反射率）－log10

(1/670 nm 反射率)）を紫外線の照射後2週間毎に行った。その結果，コントロール群およびビタミンC群では4週間後までL値が低下しメラニン指数が増加していたがグラヴィノール群では両値に変化がなかった。さらに6週間，8週間後ではいずれの群でも色素沈着が回復する傾向が認められたが，コントロール群とビタミンC群では色素沈着の回復がグラヴィノール群と比べて遅い結果となった。

この結果は，強力な抗酸化力を有するグラヴィノールの摂取が紫外線による色素沈着を抑制し，その効果はコントロール群や抗酸化素材ビタミンC群よりも強かったことを示している。

1.4 ヒトでのグラヴィノール美白効果

1.4.1 女性特有の頬しみ（肝斑）の抑制効果[6)]

肝斑は，女性の頬に生じる特有のしみであり，20歳代から中高年まで幅広い年齢層で認められ，その悪化要因のひとつに紫外線が挙げられている。我々は筑波大学臨床医学系皮膚科との共同研究により，ブドウ種子抽出物の摂取による肝斑の抑制効果を検討するヒト試験を行った。

女性特有のしみである肝斑が顔に認められる34〜51歳の女性11名（平均年齢44.8歳）を対象にヘルシンキ宣言に則り試験を行った。彼女たちは平均で33歳の頃に肝斑ができ始め，試験時には平均で12年間が経過していた。試験は，毎日ブドウ種子抽出物（グラヴィノール）を0.2g（プロアントシアニジンとして0.16g）ずつ8月から翌年1月までの6ヵ月間摂取してもらい，毎月経過を観察したところ，3ヵ月目から顔のしみが薄くなり始め，6ヵ月目で明確な改善効果が臨床所見上で確認された（図2）。分光測色計（ミノルタ㈱製CM-2600d）を用いて顔面の肝斑のメラニン指数（皮膚のメラニン量の推定に利用可，メラニン指数＝log10（1/640 nm 反射率）－log10（1/670 nm 反射率)）の測定を行ったところ，肝斑（しみ部位）でのみメラニン指数の経時的な低下が確認された（図3）。このことからブドウ種子抽出物は正常皮膚に比べメラニン色素生成の著しい部位（しみ）でメラニン量を低下させる働きがあることが示唆された。

次に紫外線量が増加する春から夏にかけて（3月から7月），同様の試験を同じ女性11名で行った。その結果，メラニン指数が増加する季節であったにもかかわらず，肝斑（しみ）部位の

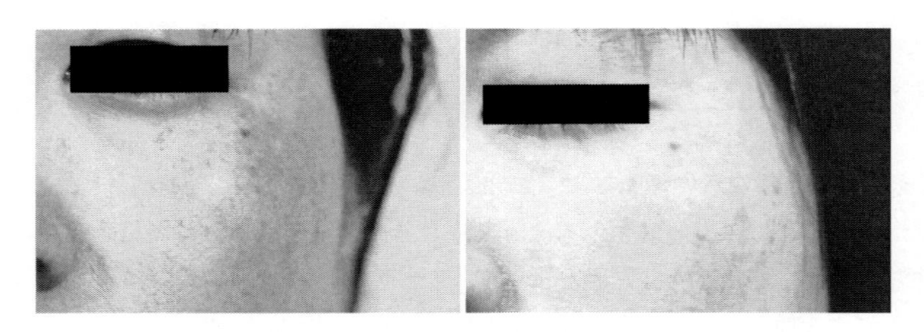

図2 頬骨あたりに出現していた肝斑（しみ，左写真）が6ヵ月間のグラヴィノール摂取後に薄くなっている（右写真）
34歳女性の例。

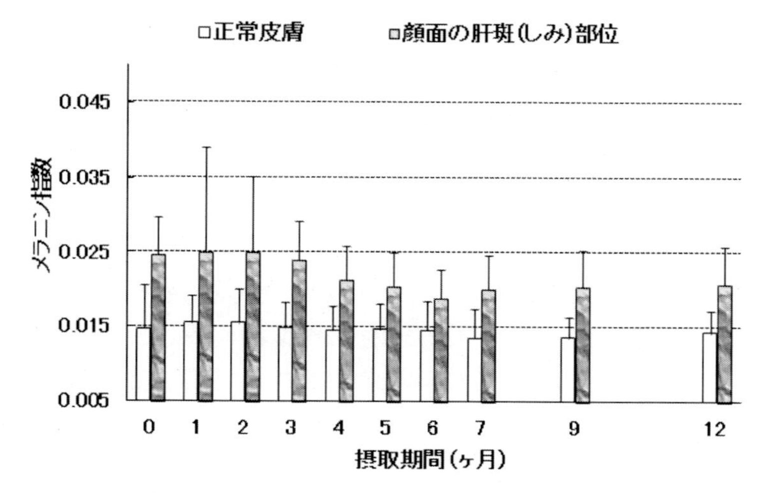

図３　グラヴィノール摂取による肝斑（しみ）および正常皮膚のメラニン指数の年間変動

摂取開始から６ヵ月目以降は，肝斑（しみ）部位のメラニン指数が有意に低下。摂取開始から４ヵ月目までは，肝斑（しみ）部位と正常皮膚のメラニン指数は有意差があったが，５ヵ月目以降では肝斑（しみ）部位と正常皮膚のメラニン指数の有意差がなくなった。

メラニン色素は増加せず，試験開始時と比較しても有意に低値のままであった（図3）。この現象は，ブドウ種子抽出物の継続的な摂取が，肌の内側で活性酸素のはたらきを抑制することで過度なメラニン色素の生成を阻害し，結果的に肝斑（しみ）を薄くする効果が現れたと考えられる。

1．4．2　老人性色素斑に対する効果[7]

中年以降の顔や皮膚，からだに現れる老人性色素斑（しみ）を改善できないか，グラヴィノール摂取試験を行った。顔に老人性色素斑を有する男女26名（男性15名，女性11名，平均年齢59.2歳）に毎日プロアントシアニジン0.2 g相当のブドウ種子抽出物を６ヵ月間摂取してもらったところ，３ヵ月目から顔の老人性色素斑（しみ）が薄くなり６ヵ月目で26名中17名（65%）に改善効果が自覚症状により確認された。またグラヴィノール摂取前と比べ，肌のつや，肌のしっとり感，肌のはりが出たとする人が26名中それぞれ，15名（58%），14名（54%），13名（50%）であり，老人性色素斑だけでなく肌の健康状態も改善される傾向，すなわち美肌効果が体感として現れたと考えられる。

1．4．3　紫外線惹起ヒト色素沈着に対する塗布による抑制効果[8]

内服によるインナーコスメとしての食品素材グラヴィノールの肌への効果をレビューしてきたが，外用クリームに配合したグラヴィノールの効果についても紹介する。

グラヴィノール由来のプロアントシアニジン１％を含むクリームおよびブランククリームを調製し，紫外線照射で誘導される色素沈着に対する影響を評価した。紫外線照射７日前から各クリームを毎日塗布し，紫外線照射後に形成された色素沈着部の肌の明るさＬ値を計測した。その結果，紫外線照射3日後以降，グラヴィノール含有クリーム群はブランククリーム群と比べて有意にL値の低下が抑制され肌の明るさが保たれていた。この結果，グラヴィノール主成分プロアントシアニジンは，からだの内側からだけでなく肌の外側からも紫外線による色素沈着を抑制する効果があることが認められた。

1.5　細胞レベルでのグラヴィノールの効果と美白メカニズム[5,8)]

日焼けや肝斑，老人性色素斑部位の黒褐色は，メラニン細胞から酵素チロシナーゼのはたらきによりドーパを経て生成されるメラニン色素が周囲の皮膚よりも多いことに起因している。この点に着目し，グラヴィノールがどのように機能しているのかの各種実験を行った。

前述「紫外線による色素沈着の抑制効果（動物実験）」で，モルモット皮膚（紫外線照射あり部位／なし部位）を採取し，メラニン色素の前駆体のひとつであるドーパを有するメラニン細胞数を調べたところ，コントロール群と比べてとくにグラヴィノール群で少ない結果が得られた（図4）。これはグラヴィノール摂取により紫外線照射皮膚のメラニン色素の生合成が抑制され，結果として色素沈着の抑制につながったと考えられる。次に，皮膚に発生した活性酸素種によって損傷を受けたDNAの指標である8-OHdGの陽性細胞数を調べたところ，コントロール群と比べグラヴィノール群では8-OHdG陽性細胞数が有意に少なく，ビタミンC群ではコントロール群と同等であった（図5）。この結果は，紫外線照射によって皮膚内で発生した活性酸素種をグラヴィノールが消去したことに起因すると考えられ，その消去能はビタミンCよりも強いことが確認された。グラヴィノール摂取による生体内の抗酸化能の変化を調べるために，前述試験で8週間グラヴィノールを摂取したモルモットの血漿コレステロール過酸化物量を指標に評価したところ，コントロール群（440±352 pmol/mL）と比べグラヴィノール群（97±143 pmol/mL）で過酸化物量の生成が少なかった。これらの結果から，グラヴィノールの摂取は生体内へ吸収さ

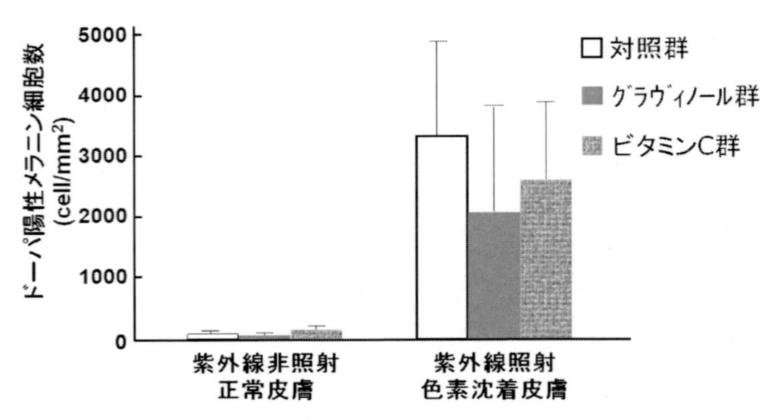

図4　紫外線照射によるドーパ陽性メラニン細胞数
グラヴィノール，ビタミンCの摂取により，メラニン色素の前駆物質であるドーパを含むメラニン細胞数が，コントロールよりも少なくなっている。

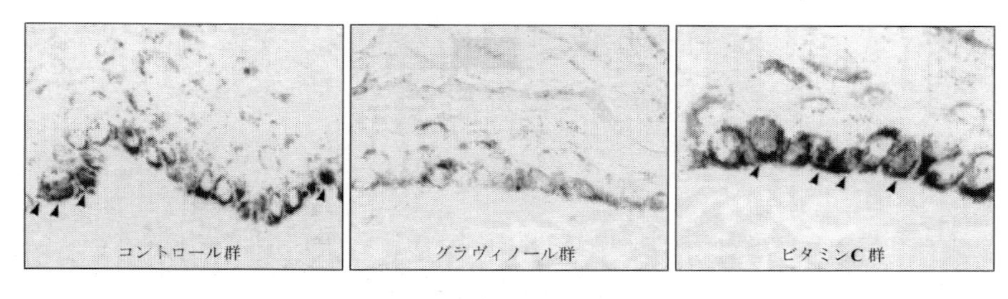

図5　紫外線照射部位の皮膚断面の顕微鏡写真
着色部位がメラニン色素。写真中の矢印は8-OHdG陽性細胞。

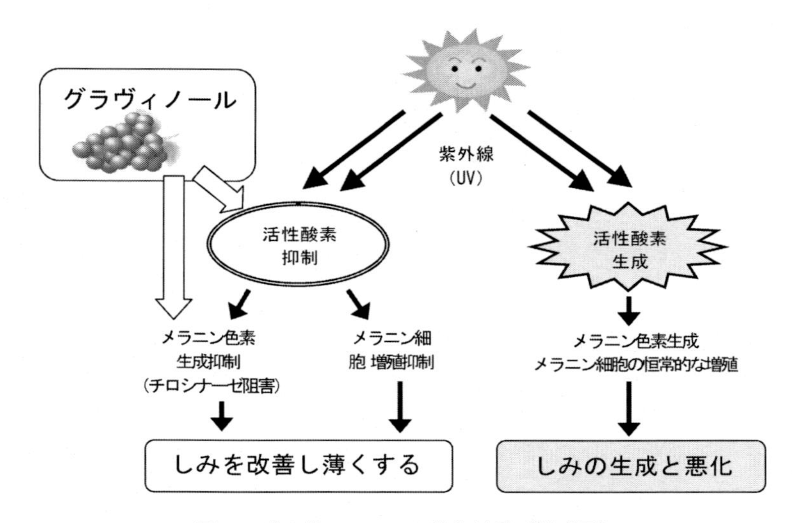

図6　グラヴィノールの美白効果（模式図）

れ抗酸化能を発揮し，紫外線を浴びたことによって皮膚内に発生する活性酸素種からの細胞損傷を防ぎ，色素沈着の原因物質メラニン色素の生成を抑えていることが示唆されるのである（図6）。

次にマウスのB16メラニン細胞に対するメラニン生成およびメラニン生成に直接関与する細胞内チロシナーゼ活性に対する作用を調べたところ，グラヴィノールは濃度依存的にメラニン生成および細胞内チロシナーゼ活性を抑制していた。次いでグラヴィノールがチロシナーゼの生合成過程に寄与するかどうかを探るために，チロシナーゼmRNAの発現量およびチロシナーゼ蛋白の生成量を調べたが，これらには影響を与えないことを確認した。これは，グラヴィノールが生合成後のチロシナーゼに対して，その活性のみを選択的に阻害することを示しており，メラニン生合成の過程の後半に作用する食品素材であることが明らかとなった。さらにグラヴィノールの主成分プロアントシアニジン（2量体から13量体までの混合物）（図1）の分子量別にメラニン生成および細胞内チロシナーゼ活性を調べたところ，3量体までの低分子量のプロアントシアニジンに抑制作用は全く認められず，4量体以上のプロアントシアニジンではじめて抑制作用を示し，重合度が高くなるほど抑制効果を強く示したことから，生体系においては4量体以上の重合物がメラニン生成を抑制する本体として作用しうるのではないかと推察される。

1.6 おわりに

女性は生涯，顔やからだのしみに悩まされ続けていると言っても過言ではない。思春期にはそばかす（雀卵斑），主に30歳から40歳代には肝斑，中高年では老人性色素斑，そして全年代で過度な日焼けによる色素沈着（しみ）が顔やからだに生じやすくなると言われている。

強力な抗酸化能を有するブドウ種子抽出物を高純度に加工したグラヴィノールは，経口摂取で肝斑，老人性色素斑，日焼けによる色素沈着（しみ）を顕著に改善しこれらのしみを薄くすることが確認された。アンケート調査によれば，グラヴィノールの摂取でしみの改善効果の他に，肌のつや，しっとり感，はりが改善したとする興味深い結果も得られた。これはグラヴィノールをクリームとして肌に塗布してもしみを改善する結果とあわせて，肌の健康を維持向上する画期的な機能性素材であると言える。

最近，国内外でからだの外側からのスキンケア（化粧品等）のみならず，からだの内側からケアする美容食品への関心が高まりつつある。グラヴィノールはこの期待に応え得る美容食品素材としてますますの展開が期待される。

文　　献

1) B. Gilchrest *et al., Photochem. Photobiol.*, **63**, 1 (1996)
2) 徳武昌一，山越純，*New Food Industry*, **43**, 1 (2001)
3) F. Yamaguchi *et al., J. Agric. Food Chem.*, **47**, 2544 (1999)
4) 有賀敏明ほか，日本農芸化学会誌，**74**, 1 (2000)
5) J. Yamakoshi *et al., Pigment Cell Res.*, **16**, 629 (2003)
6) J. Yamakoshi *et al., Phytother. Res.*, **18**, 895 (2004)
7) 山越純ほか，*FOOD Style 21*, **6**, 41 (2002)
8) 上原静香ほか，日本香粧品科学会誌，**27**, 247 (2003)

2 インドキノ木の心材抽出物

松本　剛[*1]，佐藤　綾[*2]

2.1 はじめに

インドキノ木（*Pterocarpus marsupium*）は，マメ科プテロカルプス属の高さが30 m以上になるインド原産の高木（図1）であり，南インドおよび西ベンガル地域にて広く自生あるいは栽培されている[1)]。ヒンディー語では，Vijaysaarとも呼ばれており，1000年以上も前のインドの聖人，Sushrutaによってもたらされ，その心材や葉，花などには，癒しの力があるとされる神聖な木である。古来よりアーユルヴェーダに広く用いられており，経口用としては解毒や清血作用にRaktasodhana，高血糖用にRasayana，高血圧用にPrameha，肌荒れ用にKusthr，腹痛用にktmiroga等の処方に用いられてきた。

さらに，乾燥したインドキノ木の心材（図2）には収斂作用と抗炎症作用等があり，そのため，心材から作られたグラスに一晩水を満たしておき，翌朝その水を飲用することで，高血糖や過体重，関節痛のケアに用いられていた。

2.2 インドキノ木心材の活性成分：プテロスチルベン

インドキノ木心材の抽出物の活性成分としては，プテロスチルベン（3,5-dimethoxy-

図1　インドキノ木

図2　インドキノ木の乾燥心材

＊1　Tsuyoshi Matsumoto　ポーラ化成工業㈱　肌科学研究部　健康科学研究室　室長
＊2　Aya Sato　ポーラ化成工業㈱　肌科学研究部　健康科学研究室

4'-hydroxy-trans-stilbene）が挙げられ，植物体では特に紫外線やウイルスへの耐性のために使われている[2]。さらに，プテロスチルベンには多くの薬理作用が見出されており，これまでに糖尿病[3, 4]，心臓血管疾患[5]，痛み[6]，抗コレステロール[7]に対しての活性が見出されている。また，抗酸化活性[8]や抗炎症活性[9]が高く，加齢に伴う様々な不定愁訴に対しての機能性も期待されている[10]。しかしながら，これらの知見は，全て細胞あるいは動物試験によるものであり，ヒトでの知見はアーユルヴェーダで伝統的に用いられてきたこと以外にはほとんど報告されていない。そこで我々は，プテロスチルベンの抗酸化活性や抗炎症活性に着目し，ヒトでの抗炎症活性や，紫外線による色素沈着の改善作用等を評価し，インドキノ木心材抽出物の経口摂取による美肌効果を評価した。

なお，以下の試験には，プテロスチルベンを90％以上含有したインドキノ木心材抽出物を用いた。

2.3　抗炎症作用

インドキノ木心材抽出物を摂取する前後での，皮膚への紫外線照射時に紅斑が現れる際の紫外線の最小エネルギー量（最小紅斑量）の差を把握することで，インドキノ木心材抽出物のヒトでの抗炎症活性を評価した。

まず，健常な成人を被験者とし，上腕内側に40～100 mJ/cm^{2}の紫外線を順次照射し，24時間後に紅斑が認められた紫外線照射量を非飲用時の最小紅斑量とした。次に，インドキノ木心材抽

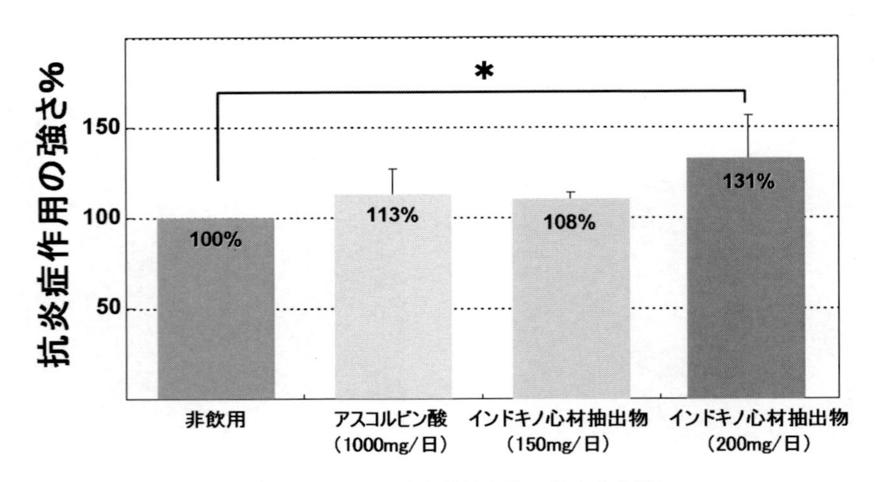

図3　インドキノ木心材抽出物の抗炎症作用

健常者をアスコルビン酸群（10名），インドキノ木心材抽出物150 mg/日群（4名），インドキノ木心材抽出物200 mg/日群（5名）に分け，各製剤を4日間摂取した。インドキノ木心材抽出物200 mg/日摂取前後において，有意な最小紅斑量の上昇が認められた。
＊：$p<0.05$（対応のあるt-test）

出物を含有したハードカプセルを4日間継続摂取した後に，同様に上腕内側に紫外線を照射し，インドキノ木抽出物摂取後の最小紅斑量を把握した。なお，インドキノ木抽出物の摂取量は，150 mg/日あるいは200 mg/日とし，対照としてはアスコルビン酸を1000 mg/日摂取した。

なお，抗炎症活性の強さは，[摂取後の最小紅斑量]／[摂取前の最小紅斑量]×100とし，算出した（図3)。インドキノ木心材抽出物を200 mg/日摂取すると，非飲用時と比較し有意に最小紅斑量が増加しており，インドキノ木心材抽出物を摂取することによる抗炎症活性が明らかとなった。なお，今回の試験では対照として用いたアスコルビン酸では，飲用前後において統計的有意差は認められなかった。

プテロスチルベンの添加によって，直腸がん細胞のiNOSやCOX-2の遺伝子発現が抑制される[9]ことが報告されている。さらに，PPARを強く誘導すること[7]も示されており，紫外線照射に伴う炎症の抑制作用についても，これらのメカニズムが関与しているものと考える。

2.4　色素沈着改善作用

インドキノ木心材抽出物の摂取によって抗炎症作用が認められたことから，紫外線による色素沈着の改善作用について評価を行った。

まず，健常な成人の被験者の最小紅斑量を把握し，被験者ごとに色素沈着を形成させうる紫外線照射量を定めた。所定量の紫外線を上腕内側に照射した後，照射7日後の色素沈着量は，色彩色差計を用いて，メラニンインデックス（M値）にて把握した。インドキノ木心材抽出物を200 mg/日摂取し，摂取後のM値の変化量および写真撮影にて，色素沈着の改善作用を評価した。なお，対照にはデキストリンを含有したプラセボカプセルを用いた。

紫外線照射7日後と14日後のM値を評価したところ，プラセボ群ではまだ色素沈着が進んでいるのに対し，インドキノ木心材抽出物摂取群では，色素沈着が改善していることが確認された（図4)。また，紫外線照射7日後と30日後の照射部位の写真を比較すると，プラセボ群では明らかな色素沈着が認められるのに対し，インドキノ木心材抽出物摂取群では色素沈着がほとんど改善していることが認められた（図5)。

2.5　インドキノ木心材抽出物のメラニン産生抑制作用

インドキノ木心材抽出物の摂取によって色素沈着改善作用が認められたことから，ヒト正常メラノサイトを用いて，メラニン産生抑制能について評価した。細胞試験は定法に従って実施した。すなわち，ヒト正常メラノサイトをプレートに播種後，所定濃度のインドキノ木心材抽出物および^{14}Cチオウラシルを添加し，72時間後に回収し，放射活性を測定することで，メラニン産生抑制率を評価した。

[メラニン産生抑制率(%)]=[試験検体の放射活性量]／[コントロールの放射活性量]×100

インドキノ木心材抽出物には，極めて強いメラニン産生抑制活性が認められ，その活性には濃

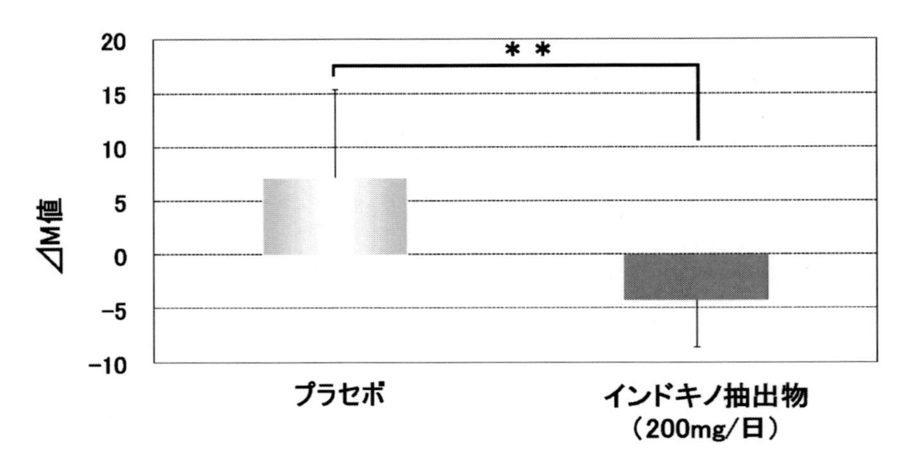

図４　インドキノ木心材抽出物の色素沈着改善作用
健常者に紫外線を照射し，色素沈着を形成させた後に，プラセボおよびインドキノ木心材抽出物を摂取した（各群 n=5)。紫外線照射７日後と 14 日後の M 値差を評価した際に，有意な色素沈着改善作用を認めた。
＊＊：$p<0.01$（vs. プラセボ，t-test）

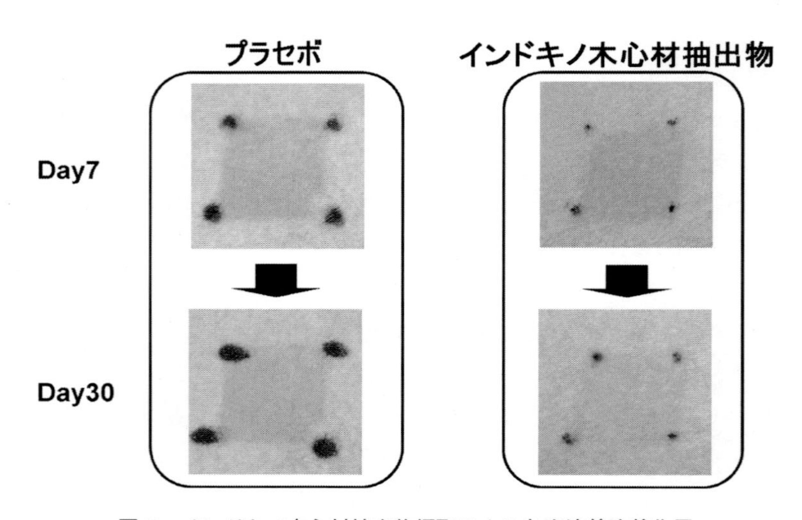

図５　インドキノ木心材抽出物摂取による色素沈着改善作用
健常者に紫外線を照射し，色素沈着を形成させた後に，プラセボおよびインドキノ木心材抽出物を摂取した。紫外線照射７日後と 30 日後の代表的な写真。

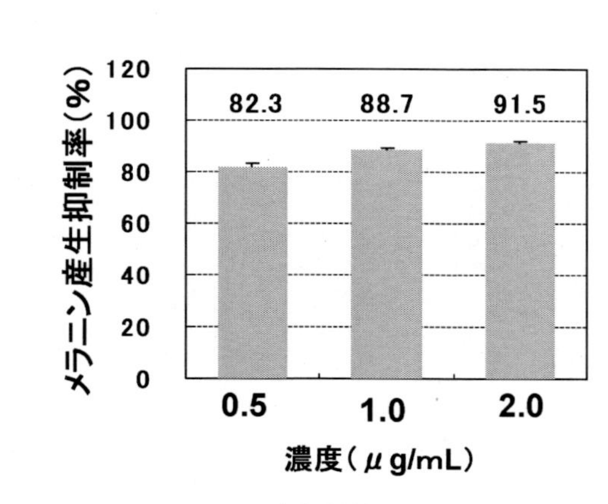

図6　インドキノ木心材抽出物のメラニン産生抑制能
インドキノ木心材抽出物は，濃度依存的にヒト正常メラノサイトのメラニン産生を抑制した（n＝3）。

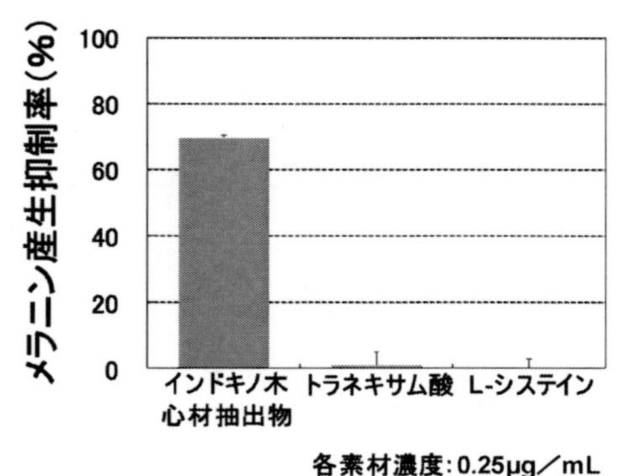

図7　一般的なメラニン産生抑制素材との比較
素材添加濃度を0.25 μg/mLとした場合，インドキノ木心材抽出物にのみ，メラニン産生の抑制が認められた（n＝3）。

度依存性が認められた（図6）。すなわち，紫外線照射による色素沈着の改善作用は，メラノサイトにおけるメラニン産生抑制によるものと考えられる。なお，今回の試験濃度では抑制活性が高かったため，50% 阻害濃度（IC_{50}）を求めるために，より低濃度での活性評価が望まれる。

次に，一般的なメラニン産生抑制剤として知られるトラネキサム酸とL-システインとの比較を行った。なお，添加濃度は各検体ともに0.25 μg/mLに統一した。今回の試験濃度では，トラネキサム酸およびL-システインにはヒト正常メラノサイトにおけるメラニン産生抑制活性が認められず（図7），インドキノ木心材抽出物との力価比較は行えなかった。今後は，添加濃度を変更するとともに，一般的なメラニン産生抑制剤として医薬部外品主剤などとの比較を検討したい。

2.6　メラニン産生抑制の作用機序

インドキノ木心材抽出物に，ヒト正常メラノサイトにおいてメラニン産生抑制活性が認められたことから，その作用機序として，チロシナーゼ阻害活性を評価した。試験は定法に従い実施し，対照としてはコウジ酸を用いた。

インドキノ木心材抽出物には，チロシナーゼ阻害活性が認められるものの，コウジ酸と比較し低い阻害活性であった（図8）。なお，インドキノ木心材抽出物の主成分であるプテロスチルベンが水に不溶であることが影響していることも考えられる。プテロスチルベンには，DPPHラジカルの抑制能や細胞内外の種々の活性酸素種を抑制することが報告されており，ペルオキシラジカルの補足能は，レスベラトロールと同等（$IC_{50}=19.8\,\mu M$）とされている[11]。また，TNFαの産生抑制[12]やiNOS活性を抑制すること[13]も報告されている。このことより，インドキノ木心材

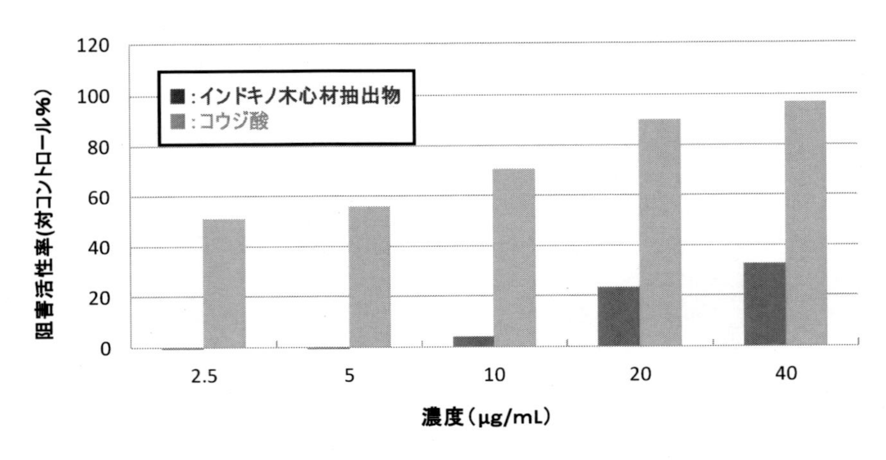

図８　チロシナーゼ阻害活性

抽出物のメラニン産生抑制能は，チロシナーゼへの直接的な阻害活性に加えて，酸化ストレスの抑制やメラノサイト刺激ホルモンの抑制等が複合的に関与しているものと我々は推察している。

2.7　まとめ

インドキノ木はインドのアーユルヴェーダにおいて，伝統的に広く用いられてきた生薬であり，その薬効にはプテロスチルベンが大きく関与していることが明らかになってきている。これまでの知見では，高血糖や高コレステロール，抗ガン作用等の細胞や動物での活性評価がほとんどであった。今回我々は，プテロスチルベンを90％以上含有したインドキノ木心材抽出物を健康な成人が経口摂取することによって，紫外線による肌の炎症抑制効果や色素沈着の改善効果を発揮することを初めて明らかにした。なお，予備的な検討結果であるが，皮膚の明るさを表す指標L値も改善することが示唆されており，インドキノ木抽出物の摂取は，紫外線による色素沈着を改善するだけではなく，シミの改善効果や肌の色味を明るくする作用が期待される。現在，シミの改善作用についても試験計画中であり，今後，インドキノ木心材抽出物のより広い美肌活性が明らかになることが期待される。

最後に，インドキノ木抽出物の主成分であるプテロスチルベンは，水に不溶であり，ヒトにおける吸収性や薬物動態等不明な点が多々ある。それゆえ，吸収メカニズムを把握することや製剤的に溶解性を変更することで，さらなる活性が発揮されることも可能性がある。実際に，特定のシクロデキストリンに包接させることで，見た目の溶解性が高まることも見出されており，製剤技術によるさらなる生体利用能の向上が期待される。

文　　献

1) Atma Ram (Chairman)., *The wealth of India*, **8**, 300, Publication & Information Directorate (1998)
2) Alternative Medicine Review, **15**, 159 (2010)
3) M. A. Satheesh *et al*., *J. Pharm. Pharmacol*., **58**, 1483 (2006)
4) J. K. Grover *et al*., *Diabetes Obes. Metab*., **7**, 414 (2005)
5) M. A. Satheesh *et al*., *J. Appli. Biomed*., **6**, 31 (2008)
6) S. Hougee *et al*., *Planta. Med*., **71**, 387 (2005)
7) A. M. Rimando *et al*., *J. Agric. Food Chem*., **53**, 3403 (2005)
8) A. M. Rimando *et al*., *J. Agric. Food Chem*., **50**, 3453 (2002)
9) Paul *et al*., *Carcinogenesis*, **31**, 1271 (2010)
10) J. A. Joseph *et al*., *J. Agric. Food Chem*., **56**, 10544 (2008)
11) T. Perecko *et al*., *Neuro. Endocrinol. Lett*., **29**, 802 (2008)
12) L. A. Stivala *et al*., *J. Biol. Chem*., **276**, 22586 (2001)
13) M. Cichocki *et al*., *Mol. Nutr. Food Res*., **52** (Suppl 1), S62 (2008)

3 フコキサンチン，β-クリプトキサンチン

単　少傑*1，下田博司*2

3.1 はじめに

近年，老若男女問わず，美しく健康で若々しくありたいという願望は，ますます強くなってきており，特に，美しい肌＝白い肌という概念が定着している。

一方，コスメは世界中で進化を続け，美の理想を追い求める女性たちは，内側からの美容にも熱い注目を向け始めている。肌を美しく見せるための化粧法や，化粧品を肌に直接塗ることで外側から容貌を美しくし，そして，口から身体の中へ，美容に効果的な健康食品，サプリメントを摂取することで内側からもスキンケアへの関心が高まっている。このように外側からだけでなく，内側からもキレイになろうという“内外美容”のコンセプトが浸透してきている。

肌のくすみや色黒，シミは，紫外線，加齢，生活環境中の化学物質，社会的ストレスなどによって皮膚のメラニン色素が産生，沈着して起こるものである。そこで，メラニン色素の過剰産生を抑制すれば，肌のくすみや色黒，シミが減少し，美しい肌を維持することができると考えられる。本稿ではフコキサンチン，β-クリプトキサンチンを美白素材として，そのメラニン生成抑制作用について紹介する。

3.2 メラニン産生のメカニズム

皮膚におけるメラニン色素生成のメカニズムにおいて，様々なメラニン産生刺激因子が関連している。紫外線照射または化学物質の刺激を受けると，皮膚表皮細胞の約95%を占める角化細胞（ケラチノサイト）がプロスタグランジンE_2(PGE_2)[1]，エンドセリン-1(ET-1)[2]，メラニン細胞刺激ホルモン（MSH）[3]，幹細胞因子[4]およびニューロトロフィン3（NT-3）[5]などのメラニン産生刺激因子を放出する。これらの因子が皮膚表皮基底層のメラノサイトの膜に存在する受容体と結合し[1,3,5,6]，メラノサイトを活性化させる。メラノサイトの核内では，小眼球症関連転写因子（MITF）[7]およびサイクリックAMP応答配列結合タンパク質（CREB）[7]が活性化され，メラニン産生酵素であるチロシナーゼ（Tyr）およびチロシナーゼ関連タンパク質1（Tyrp1）の合成が引き起こされる[7]。メラノサイト内ではチロシンがチロシナーゼの作用でドーパになり，さらにドーパキノンとなる。ドーパキノンからさらに酸化反応が進行し，ドーパクローム，5,6-ジヒドロキシインドール，インドール5,6-キノンを経てメラニンが形成される。

3.3 フコキサンチンのメラニン生成抑制作用

3.3.1 フコキサンチンとは

フコキサンチンは，昆布，ひじき，ワカメなどの褐藻類および一部の微細藻類に含まれるカロ

＊1　Shoketsu Hitoe　オリザ油化㈱　応用企画開発課　主任研究員

＊2　Hiroshi Shimoda　オリザ油化㈱　研究開発部　取締役研究開発部長

テノイドの一種である。カロテノイドのうち，摂取後に生体内でビタミンAに変換されるものはプロビタミンAと呼ばれるが，フコキサンチンは，非プロビタミンAである。また，カロテノイドは炭素と水素原子のみで構成されるカロテン類と，分子内にアルコール，ケトン，エポキシなどの酸素原子を含むキサントフィル類に分類される。フコキサンチンは，後者に属する炭素数40のイソプレノイド骨格を有するテトラテルペン類で，分子内に二重結合の連続したアレン構造や，エポキシドおよびヒドロキシル基を有する特異なカロテノイドである（図1）。

日本人の海藻摂取量は他国民と比べて多いことから，コンブやワカメに特徴的なカロテノイドであるフコキサンチンの機能性が注目されている。これまでに生体内抗酸化作用[8,9]，抗肥満・

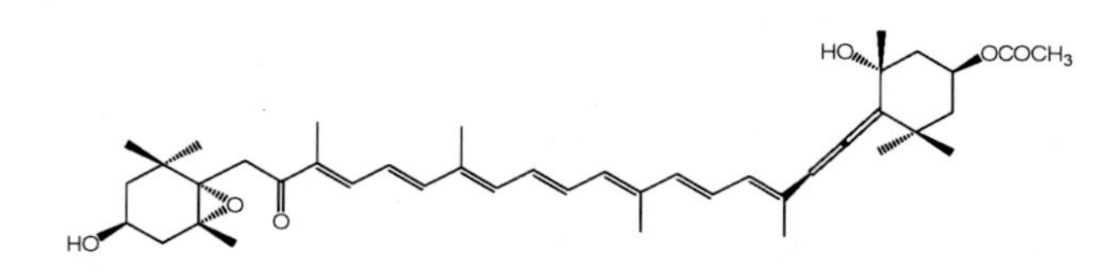

図1　フコキサンチンの構造式

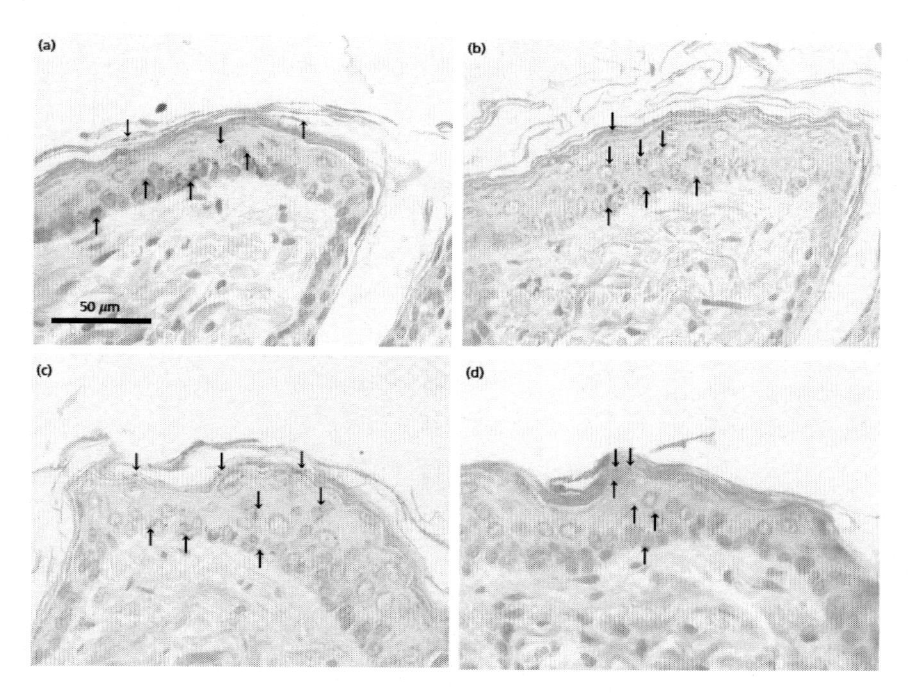

図2　フコキサンチンの塗布による紫外線照射マウス皮膚のメラニン産生に及ぼす影響（フォンタナ-マッソン染色）
(a)：コントロール；(b)：0.01% フコキサンチン軟膏；(c)：0.1% フコキサンチン軟膏；(d)：1% フコキサンチン軟膏

抗糖尿病作用[10~15]，抗がん作用[16~24]，血管新生抑制作用[25]，抗炎症作用[26]，光障害保護[27]および抗光老化作用[28]が報告されている。

当社ではコンブ（*Laminaria japonica*）由来のフコキサンチン製剤を開発し，そのメラニン生成抑制作用を報告した[29]。

3. 3. 2 紫外線照射マウスの皮膚色素沈着およびメラニン合成関連因子の mRNA 発現に及ぼす作用

ヘアレスマウス（Hos；HRM2）を用いて，コンブより精製したフコキサンチンを経口投与（投与量 0.1，1 および 10 mg/kg）または塗布（白ワセリンに 0.01，0.1 および 1％フコキサンチンを配合した軟膏，塗布量 50 μL/ 回）し，紫外線照射（160 および 320 mJ/cm^2）による皮膚色素沈着に及ぼす影響を評価した。照射部位皮膚中のメラニン色素をフォンタナ-マッソン染色で観察した。また，RT-PCR によって皮膚組織におけるメラニン合成関連因子および炎症関連因子のシクロオキシゲナーゼ（COX-2）の mRNA の発現量を調べた。

塗布において，図 2 に示すように，コントロール（図 2a）と比べてすべての塗布群（図 2b，2c および 2d）でメラニンの減少が認められた。また，図 3 に示すように，経口投与においても，

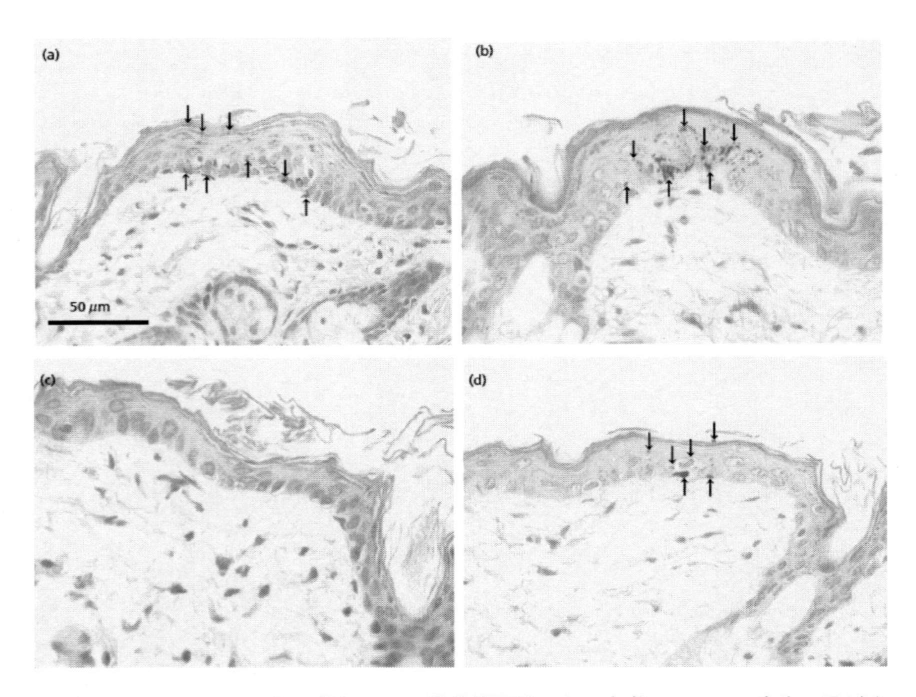

図 3　フコキサンチンの経口投与による紫外線照射マウス皮膚のメラニン産生に及ぼす影響（フォンタナ-マッソン染色）

(a)：コントロール；(b)：フコキサンチン 0.1 mg/kg；(c)：フコキサンチン 1 mg/kg；(d)：フコキサンチン 10 mg/kg

1および10 mg/kgの投与群（図3cおよび3d）で，コントロールに比べて明らかにメラニンの減少が認められた。

RT-PCRによりメラニン合成関連因子および炎症関連因子のCOX-2のmRNAの発現量を調べたところ，塗布においては，ケラチノサイトではCOX-2のmRNA発現抑制，ET-1およびNT-3のmRNA発現促進が認められた（表1）；メラノサイト膜ではニューロトロフィン3受容体（NT3R）のmRNA発現促進，エンドセリンレセプター（EDNRA），低親和性神経成長因子受容体（p75NTR），プロスタグランジンE_2受容体（EP1）およびメラノコルチンレセプター1（MC1R）のmRNA発現抑制が認められた；メラノサイト内ではTyrp1の発現が有意に抑制された。メラニン合成の律速酵素であるTyrのmRNA発現は投与量依存的な抑制傾向がみられたが，有意差はなかった。一方，経口投与においては，ケラチノサイトではCOX-2のmRNA発現抑制およびET-1のmRNA発現促進が認められた（表2）；メラノサイト膜ではNT3RのmRNA発現促進，EDNRA，p75NTR，EP1およびMC1RのmRNA発現抑制が認められた；メラノサイト内ではTyrp1のmRNA発現は抑制傾向がみられたが，有意差はなかった。

以上の結果から，フコキサンチンは紫外線照射マウスの皮膚においてメラニン合成関連因子のmRNAの発現を減少させることにより，メラニン合成シグナル伝達を抑え，メラニンの産生を抑制すると考えられる（図4）。

表1　フコキサンチンの塗布による紫外線照射マウス皮膚のメラニン合成関連因子に及ぼす影響

			Fucoxanthin（%）		
	Ct of control	Control	0.01	0.1	1
Released cytokines from epidermal cell					
ET-1	27.2	1.00±0.02	1.12±0.18	1.23±0.09*	0.97±0.11
NT-3	30.7	1.00±0.02	1.84±0.13	2.98±0.07**	1.16±0.05
COX-2	27.1	1.00±0.01	1.01±0.22	0.85±0.18	0.73±0.05*
Receptors on melanocyte					
EDNRA	25.3	1.00±0.01	1.03±0.08	0.98±0.11	0.83±0.05*
NT3R	28.7	1.00±0.02	0.98±0.09	1.29±0.24**	0.81±0.14
p75NTR	27.8	1.00±0.04	0.70±0.08**	0.70±0.18*	0.57±0.16**
EP1	27.7	1.00±0.02	0.73±0.10**	0.86±0.16	0.66±0.07**
MC1R	27.2	1.00±0.05	0.79±0.02**	0.75±0.03**	0.66±0.03**
Melaninogenic factors in melanocyte					
Tyr	26.3	1.00±0.03	0.91±0.07	0.85±0.16	0.77±0.15
Tyrp1	25.0	1.00±0.03	0.85±0.11	0.74±0.08**	0.64±0.11**

平均値±標準誤差（n=5）。*：$p<0.05$，**：$p<0.01$。mRNA発現量はβ-アクチンにより校正。

表２　フコキサンチンの経口投与による紫外線照射マウス皮膚のメラニン合成関連因子に及ぼす影響

	Ct of control	Control	Fucoxanthin (mg/kg)		
			0.1	1	10
Released cytokines from epidermal cell					
ET-1	27.3	1.00±0.01	1.23±0.10*	1.40±0.13**	1.27±0.16*
NT-3	29.3	1.00±0.02	0.90±0.05	0.82±0.06	0.86±0.01
COX-2	27.9	1.00±0.01	0.86±0.16	0.89±0.11	0.74±0.09*
Receptors on melanocyte					
EDNRA	25.5	1.00±0.01	0.96±0.04	1.09±0.05	0.96±0.06
NT3R	28.8	1.00±0.02	1.01±0.16	1.24±0.11*	0.96±0.10
p75NTR	28.9	1.00±0.04	0.84±0.18	0.87±0.06	0.69±0.07**
EP1	28.2	1.00±0.01	1.05±0.08	0.89±0.07	0.80±0.09*
MC1R	25.5	1.00±0.01	0.94±0.17	0.87±0.08	0.76±0.06*
Melaninogenic factors in melanocyte					
Tyr	27.1	1.00±0.03	0.99±0.16	1.04±0.14	0.96±0.09
Tyrp1	28.0	1.00±0.03	0.95±0.20	1.01±0.19	0.69±0.16

平均値±標準誤差（n=5）。*：$p<0.05$，**：$p<0.01$。mRNA 発現量は β-アクチンにより校正。

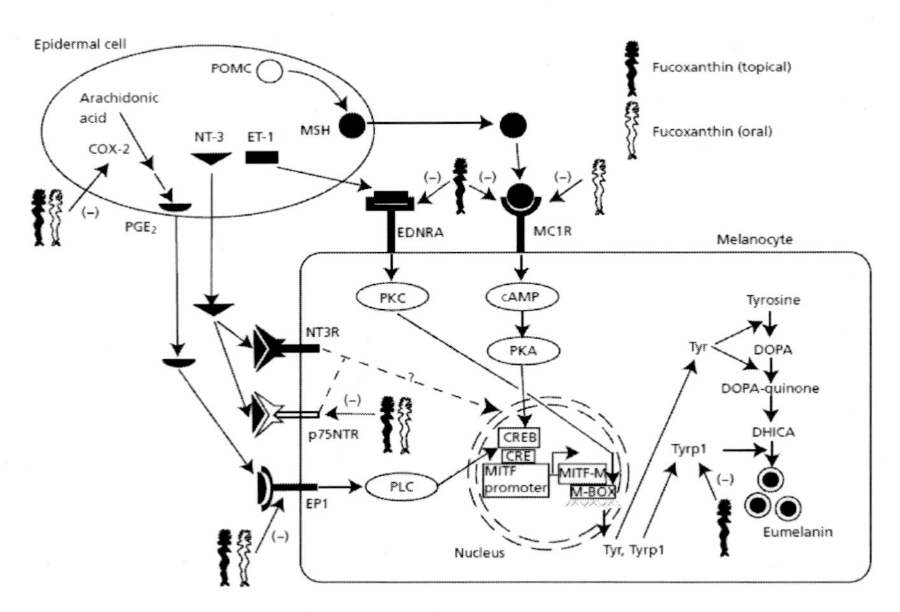

図４　紫外線照射マウスのメラニン生成に対するフコキサンチンの作用点

CRE：cAMP response element；DHICA：5,6-dihydroxyindole-2-carboxylic acid；DOPA：dihydroxyphenylalanine；MAPK：mitogen-activated protein kinase；PKA：protein kinase A；PKC：protein kinase C；PLC：phospholipase C；POMC：proopiomelanocortin.

3.4　β-CPXのメラニン生成抑制作用

3.4.1　β-CPXとは

β-クリプトキサンチン（β-cryptoxanthin, β-CPX）は，天然に存在するカロテノイド色素の一つである。β-CPXは，摂取後に生体内でビタミンAに変換されるので，プロビタミンAとも呼ばれる。また，炭素と水素以外の元素を含むため，キサントフィルに属する（図5）。ホオズキやカンキツ類，パパイヤ，リンゴおよび柿などの果実に存在しており，特にカンキツ類の植物に幅広く分布している。中でも温州みかん（*Citrus unshiu* Marc.）中のβ-CPX含量は他のカンキツ類と比較して多いことが報告されている[30]。

β-CPXはヒトの血清中によく検出できる6種類のカロテノイド（α-カロテン，β-カロテン，リコペン，ルテイン，ゼアキサンチンおよびβ-CPX）の中の一つである。日本では，温州みかんなどのカンキツ類の消費量も海藻類と同じく比較的多く，日本人はβ-CPXを日常的に摂取しているものと考えられる。

β-CPXの機能性について，抗がん作用[31~34]，抗酸化作用[35,36]，肝保護作用[37,38]，骨ホメオスタシス促進作用[39]，閉経後骨粗鬆症予防作用[40~42]，抗糖尿病作用[43,44]，抗メタボリックシンドローム作用[45~50]，神経細胞活性化作用[51]および抗老化作用[52]等多様な生理活性が報告されている。β-CPXはヒトの皮膚に分布し，光障害に対して保護効果を発揮することが考えられる[53]。また，ヒト血清中のβ-CPXの濃度は皮膚の保湿機能に影響を与えていることが報告されている[54]。

3.4.2　紫外線照射マウスの皮膚色素沈着およびメラニン合成関連因子のmRNA発現に及ぼす作用[55]

ヘアレスマウス（Hos：HRM2）を用いて，β-CPX（0.1，1および10 mg/kg）を経口投与し，紫外線照射（320 mJ/cm^2）による皮膚色素沈着に及ぼす影響を評価した。照射部位皮膚の色調を分光色差計にて測定し，皮膚中のメラニン色素をフォンタナ-マッソン染色で観察した。また，RT-PCRによって皮膚組織におけるメラニン合成関連因子および炎症関連因子であるシクロオキシゲナーゼ（COX-2）のmRNAの発現量を調べた。

その結果，表3に示すように，紫外線照射を受けたコントロール群マウスでは，紫外線照射を受けていないマウスと比べて，皮膚のL^*値の減少，a^*値およびb^*値の増加傾向がみられた。L^*値は皮膚の白さ，a^*値は皮膚の赤み，b^*値は皮膚の黄色みをそれぞれ示す。以上の結果は紫外線照射マウスの皮膚が黒く変化する傾向を意味する。β-CPX（10 mg/kg）投与マウスにおい

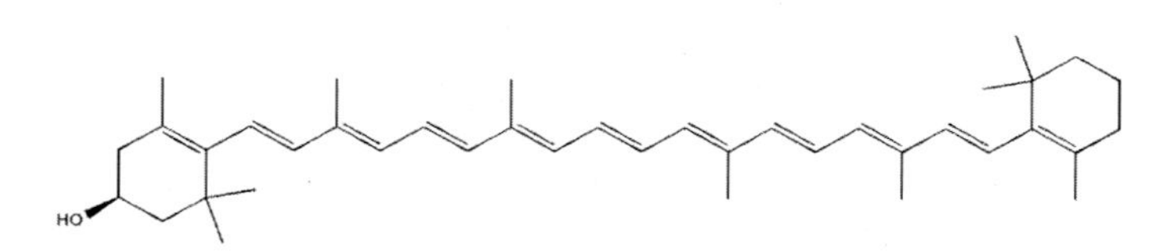

図5　β-クリプトキサンチンの構造式

表３　β-CPX の経口投与による紫外線照射マウス皮膚の色調に及ぼす影響

	Dose（mg/kg）	L* value	a* value	b* value
Normal［UVB (-)］	—	52.9 ± 0.8	2.8 ± 0.3	3.1 ± 0.7
Control［UVB (+)］	—	50.4 ± 0.2	3.4 ± 0.4	5.3 ± 1.0
β-CPX［UVB (+)］	0.1	49.6 ± 0.4	3.7 ± 0.4	4.1 ± 0.6
	1	49.7 ± 0.7	4.3 ± 0.6	4.3 ± 1.2
	10	50.8 ± 1.1	3.6 ± 0.8	2.2 ± 0.9†

平均値 ± 標準誤差（n = 5）。† : $p < 0.05$

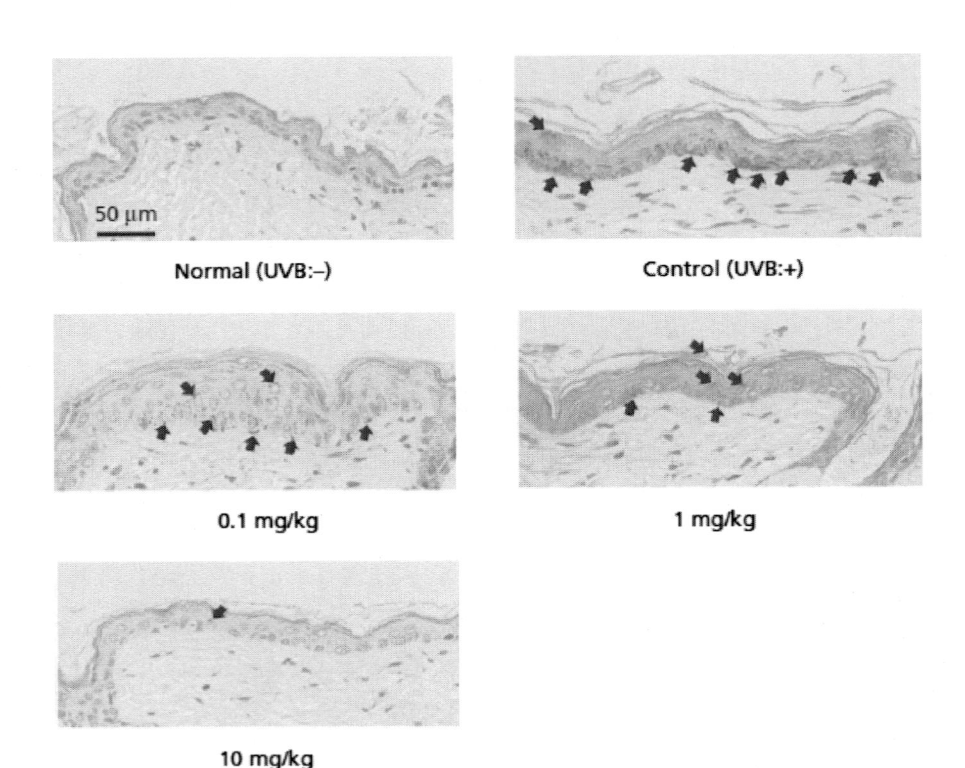

図６　β-CPX の経口投与による紫外線照射マウス皮膚のメラニン産生に及ぼす影響（フォンタナ-マッソン染色）

て，b*値の有意な減少が認められた。図６はフォンタナ-マッソン染色の結果を示す。紫外線照射マウスの皮膚にメラニンが大量産生されたのに対し，β-CPX の投与により，投与量依存的にメラニンの産生が減少することが認められた。

RT-PCR によりメラニン合成関連因子および炎症関連因子の COX-2 の mRNA の発現量を調べたところ，ケラチノサイトでは COX-2 が，メラノサイト膜では EDNRA，EDNRB，p75NTR および MC1R が，メラノサイト内では MITF，Tyr および Tyrp1 の発現が有意に抑制された。

表4　β-CPX の経口投与による紫外線照射マウス皮膚のメラニン合成関連因子に及ぼす影響

	Ct of control	Normal	Control	β-CPX（mg/kg） 0.1	1	10
Released cytokine from epidermal cell						
ET-1	27.8	0.79±0.04	1.00±0.01	1.15±0.12	0.91±0.09	1.01±0.10
NT-3	29.9	1.50±0.18*	1.00±0.02	1.25±0.09	1.07±0.06	1.31±0.12
COX-2	28.7	0.40±0.06**	1.00±0.03	0.45±0.07**	0.41±0.01**	0.28±0.03**
Receptors on melanocyte						
EDNRA	25.7	0.80±0.08	1.00±0.03	0.74±0.06*	0.80±0.06	0.57±0.08**
EDNRB	24.4	0.51±0.04**	1.00±0.02	0.74±0.09**	0.74±0.02**	0.44±0.05**
NT3R	28.5	1.33±0.18	1.00±0.01	0.65±0.07*	0.82±0.02	1.03±0.06
p75NTR	29.1	0.39±0.04**	1.00±0.04	0.81±0.11	0.58±0.04**	0.40±0.04**
EP1	28.2	1.27±0.07*	1.00±0.01	0.84±0.09	0.82±0.03	0.68±0.09*
MC1R	30.3	0.56±0.12*	1.00±0.07	1.47±0.32	0.57±0.14	0.27±0.07**
c-kit	26.7	1.01±0.08	1.00±0.03	1.15±0.07	1.09±0.09	0.83±0.09
Melaninogenic factors in malanocyte						
Tyr	28.2	0.44±0.05**	1.00±0.05	1.48±0.19**	0.75±0.06	0.66±0.06*
Tyrp1	26.8	0.59±0.06*	1.00±0.06	1.30±0.18	0.88±0.08	0.53±0.06*
MITF	35.1	0.49±0.05**	1.00±0.06	0.11±0.08**	0.25±0.09**	0.37±0.14*

平均値±標準誤差（n=5）。*：$p<0.05$，**：$p<0.01$。mRNA 発現量は β-アクチンにより校正。

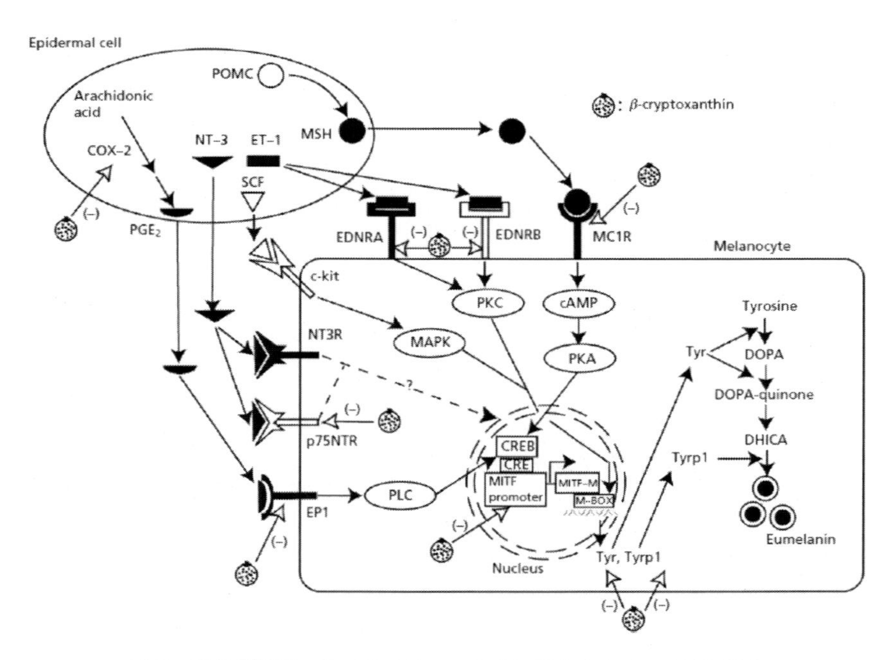

図7　紫外線照射マウスのメラニン生成に対する β-CPX の作用点

CRE：cAMP response element；DHICA：5,6-dihydroxyindole-2-carboxylic acid；DOPA：dihydroxyphenylalanine；MAPK：mitogen-activated protein kinase；PKA：protein kinase A；PKC：protein kinase C；PLC：phospholipase C；POMC：proopiomelanocortin.

以上の結果から，β-CPX は紫外線照射マウスの皮膚においてメラニン合成関連因子の mRNA の発現を減少させることにより，メラニン合成シグナル伝達を抑え，メラニンの産生を抑制すると考えられる（表4，図7）。

3.5 おわりに

以上紹介したように，コンブ由来フコキサンチンおよび温州みかん由来β-CPX がメラニン生成抑制作用を示すことが明らかになった。そのメカニズムとしては，①ケラチノサイトにおいて COX-2 の mRNA 発現が抑制されること，②メラノサイト膜において EDNRA，EDNRB，p75NTR，EP1 および MC1R の mRNA 発現が抑制されること，③メラノサイト内において MITF，メラニン合成の律速酵素である Tyr，Tyrp1 の mRNA 発現，CREB タンパク質の発現およびリン酸化が抑制されることが関与していると考えられる。

当社ではコンブを原料としたフコキサンチン製剤および国内で最も多く生産されている温州みかんの果皮を原料とした温州みかんエキスを開発し，それぞれフコキサンチンおよびβ-CPX を主な有効成分として規格化している。したがって，フコキサンチン製剤および温州みかんエキスにはフコキサンチンまたはβ-CPX の持つ機能性が期待され，健康食品，化粧品に利用できる。特に，経口投与および塗布と共に有効であることから，内外美容のコンセプトに基づいた商品開発に応用できると考えている。

文　献

1) G. Scott *et al.*, *J. Invest. Dermatol.*, **122**, 121412 (2004)
2) G. Imokawa *et al.*, *Pigment Cell Res.*, **10**, 218 (1997)
3) S. Corre *et al.*, *J. Biol. Chem.*, **279**, 51226 (2004)
4) A. Enomoto *et al.*, *Am J. Pathol.*, **178**, 679 (2011)
5) A. Marconi *et al.*, *Int. J. Cosmet. Sci.*, **28**, 255 (2006)
6) Y. Yamaguchi *et al.*, *J. Biol. Chem.*, **282**, 27557 (2007)
7) J. Vachtenheim *et al.*, *Exp. Dermatol.*, **19**, 617 (2010)
8) N. M. Sachindra *et al.*, *J. Agric. Food Chem.*, **55**, 8516 (2007)
9) T. Nomura *et al.*, *Biochem. Mol. Biol. Int.*, **42**, 361 (1997)
10) H. Maeda *et al.*, *Asia Pac. J. Clin. Nutr.*, **17** (Suppl 1), 196 (2008)
11) H. Maeda *et al.*, *J.Oleo Sci.*, **56**, 615 (2007)
12) H. Maeda *et al.*, *J. Agric. Food Chem.*, **55**, 7701 (2007)
13) T. Tsukui *et al.*, *J. Agric. Food Chem.*, **55**, 5025 (2007)
14) H. Maeda *et al.*, *Int. J. Mol. Med.*, **18**, 147 (2006)
15) H. Maeda *et al.*, *Biochem. Biophys. Res. Commun.*, **332**, 392 (2005)

16）S. K. Das *et al.*, *Biochim. Biophys. Acta*, **1780**, 743（2008）
17）S. Yoshiko *et al.*, *In Vivo*, **21**, 305（2007）
18）E. Kotake-Nara *et al.*, *Cancer Lett.*, **220**, 75（2005）
19）E. Kotake-Nara *et al.*, *Biosci. Biotechnol. Biochem.*, **69**, 224（2005）
20）M. Hosokawa *et al.*, *Biochim. Biophys. Acta.*, **1675**, 113（2004）
21）E. Kotake-Nara *et al.*, *J. Nutr.*, **131**, 3303（2001）
22）H. Nishino, *J. Cell Biochem. Suppl.*, **22**, 231（1995）
23）J. Okuzumi *et al.*, *Cancer Lett.*, **68**, 159（1993）
24）J. Okuzumi *et al.*, *Cancer Lett.*, **55**, 75（1990）
25）T. Sugawara *et al.*, *J. Agric. Food Chem.*, **54**, 9805（2006）
26）K. Shiratori *et al.*, *Exp. Eye Res.*, **81**, 422（2005）
27）S. J. Heo *et al.*, *J. Photochem. Photobiol. B*, **95**, 101（2009）
28）I. Urikura *et al.*, *Biosci. Biotechnol. Biochem.*, **75**, 757（2011）
29）H. Shimoda *et al.*, *J. Pharm. Pharmacol.*, **62**, 1137（2010）
30）根角博久ほか，園芸学会雑誌，**67**（別 2），108（1998）
31）C. Liu *et al.*, *Cancer Prev. Res.*（*Phila*）, **4**, 1255（2011）
32）Y. Lorenzo *et al.*, *Carcinogenesis*, **30**, 308（2009）
33）R. Rauscher *et al.*, *Mutat. Res.*, **413**, 129（1998）
34）H. Nishino *et al.*, *Biofactors*, **13**, 89（2000）
35）H. Esterbauer *et al.*, *Ann. Med.*, **23**, 573（1991）
36）N. J. Miller *et al.*, *FEBS Lett.*, **384**, 240（1996）
37）M. Sugiura *et al.*, *J. Epidemiol.*, **15**, 180（2005）
38）M. Sugiura *et al.*, *Diabetes Res. Clin. Pract.*, **71**, 82（2006）
39）M. Yamaguchi *et al.*, *Int. J. Mol. Med.*, **24**, 671（2009）
40）M. Sugiura *et al.*, *Osteoporos. Int.*, **22**, 143（2011）
41）M. Sugiura *et al.*, *Osteoporos. Int.*, **19**, 211（2008）
42）M. Yamaguchi, *J. Biomed. Sci.*, **19**, 36（2012）
43）M. Sugiura *et al.*, *J. Epidemiol.*, **16**, 71（2006）
44）M. Sugiura *et al.*, *Biosci. Biotechnol. Biochem.*, **70**, 293（2006）
45）K. Takayanagi *et al.*, *J. Agric. Food Chem.*, **59**, 12342（2011）
46）M. Iwamoto *et al.*, *Lipids Health Dis.*, **11**, 52（2012）
47）S. Ivonne *et al.*, *J. Nutr.*, **139**, 987（2009）
48）A. B. May *et al.*, *J. Nutr.*, **141**, 903（2011）
49）T. Tsuchida *et al.*, *Jpn. Parmacol. Ther.*, **36**, 247（2008）
50）Y. Shirakura *et al.*, *J. Nutr. Sci. Vitaminol.*, **57**, 426（2011）
51）S. Noguchi *et al.*, *Biosci. Biotechnol. Biochem.*, **67**, 2467（2003）
52）K. Unno *et al.*, *Biol. Pharm. Bull.*, **34**, 311（2011）
53）S. Scarmo *et al.*, *Arch. Biochem. Biophys.*, **504**, 34（2010）
54）E. Boelsma *et al.*, *Am. J. Clin. Nutr.*, **77**, 348（2003）
55）H. Shimoda *et al.*, *J. Pharm. Pharmacol.*, **64**, 1165（2012）

第3章　抗ニキビ

1　ドクダミ

高橋達治*

1.1　ニキビとは

ニキビといえば思春期の若者特有の悩みの種と思われがちだが，最近では20代から30代前半に症状が発生するいわゆる「大人ニキビ」で悩む人が増えてきている。

思春期にできるニキビは体内のホルモン分泌が活発なことが原因となっているのに対して，大人ニキビは肉体的・精神的ストレス，疲労，体調不良や月経周期などによるホルモンバランスの乱れが主な原因といわれている[1)]。思春期にできるニキビは，特におでこや鼻などのTゾーンと呼ばれる場所や顔周辺で，春から秋にかけての暖かい時期に集中する。大人ニキビの場合，顔では頬や口の周り，その他の部分では首や胸元，背中などに季節に関係なくできてしまう傾向がある。また，女性では血中の男性ホルモン量が高い，高アンドロゲン血症を伴う思春期後痤瘡患者が増加しているとの報告がある[2)]。

ニキビは罹患率の非常に高い疾患であり，我が国では成人の9割以上がニキビを経験しているといわれている。また，ニキビ患者のQOLの低下は感情，機能面で乾癬やアトピー性皮膚炎に匹敵するほど影響を受けている[3)]。従来の思春期ニキビに加え，大人ニキビの悩みを抱える層の増加に伴い，10代のニキビをターゲットに商品展開してきたメーカーの多くもブランドを刷新し，大人ニキビを改善する皮膚外用剤が増加傾向にあり，その結果ニキビケア市場が拡大していることが報告されている。

1.2　ニキビ発生の流れ

皮脂の分泌は思春期にピークを迎えるが，これに影響を与えるのがホルモンで特にテストステロンなどの男性ホルモンであるといわれている。皮脂腺には男性ホルモン受容体が存在しており，男性ホルモンは皮脂腺の発達や皮脂の合成，さらには角化亢進を引き起こす。過剰にできた角質と，皮脂腺からの脂質の混合物からできた角栓により毛穴が閉ざされた状態の面皰（コメド）が形成される[3)]。

炎症によって悪化コメドとなり閉ざされた毛包は，外界からの酸素の流入が減少し，嫌気的な環境となる。すると皮膚の常在菌で好脂性・嫌気性菌であるアクネ菌の増殖にとって好条件になってしまう。アクネ菌はリンパ球や好中菌を誘引する走化性因子を産生して炎症を惹起させ，赤色丘疹，嚢腫とニキビを悪化させる[3)]。また，シェービング等の除毛により肌表面を傷付ける

---

* Tatsuji Takahashi　一丸ファルコス㈱　開発部　製品開発二課　リーダー

と，炎症を起こしニキビができやすくなるといわれている。

最近の報告では皮膚のアクネ菌受容体は，ストレスホルモンのコルチゾールによって発現が亢進され，アクネ菌に対する皮膚の感受性が高くなりニキビの炎症反応を悪化させるストレスニキビの新たな発生メカニズムが分かってきた[4]。

これら発生の流れよりニキビ対策のアプローチとしては，ホルモンバランスの崩れからの皮脂過剰を防ぐ抗男性ホルモン作用や炎症に対する抗炎症作用，アクネ菌への抗菌や殺菌作用などが考えられる。

そこで注目したのが，古来より民間療法としてニキビ改善を目的として使用されてきた植物の「ドクダミ」である。

1.3　ドクダミ[5~9]

ドクダミ（学名 *Houttuynia cordata Thunberg*）は，十種の薬効があるといわれ，「十薬」とも呼ばれ利尿，消炎，皮膚疾患，便通改善などの目的として使用されている。そして含有成分の一つのクエルシトリンにも，利尿，抗菌，抗炎症などの作用が報告されている（写真1，図1）。

ドクダミは昔から食用とされ，中国では六世紀初めに出された書籍の「斎民要術」には塩漬けとして食べられた記述や，日本では「大和本草」に蒸して食べられた記述や葉を天ぷらとして食べる習慣があり，ベトナムでは生で食用とされている。最近では清涼飲料水の茶系飲料にも使用され幅広く飲用されている。

外用としては，腫れ物，化膿，痔疾に用いたとの記載が「本草網目」にあるほか，皮膚に対し，抗炎症，鎮静，収斂などの作用があり，ニキビのできやすい脂漏性の肌の手入れに使われているとも記されている。

昨今においてもドクダミ茶の飲食やドクダミの薬草風呂に浸かることでニキビ改善を目的とした民間療法が行われているが，これらの作用についての科学的な研究報告はほとんどない。そこ

写真1　ドクダミ

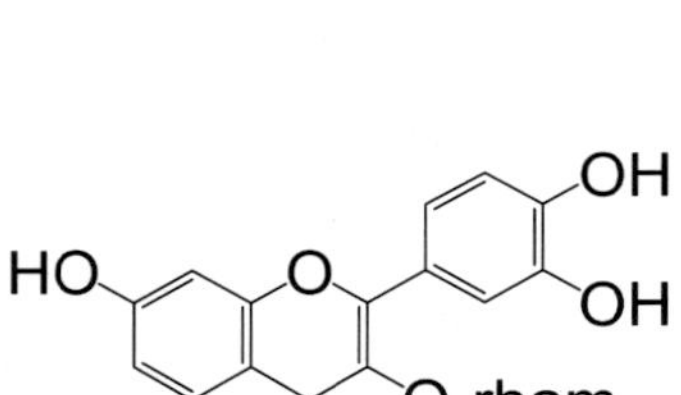

図1　クエルシトリン

で，我々はドクダミ茶と同様な製法で得られたドクダミ抽出物またはドクダミ水抽出物のニキビに対する影響についての検討を行った。

なお，ドクダミ水抽出物とはドクダミ抽出物の賦形剤を添加していない100%エキス粉末のことで，ドクダミ抽出物はドクダミ水抽出物33.3%，その他が賦形剤にて粉末化させたものである。

1.4 ニキビ改善作用

文書にて同意を得た，顔面にニキビ症状がみられる20～40代の成人男女29名を被験者とし，ドクダミ抽出物（500 mg/day）あるいはプラセボのいずれかを8週間摂取させた二重盲検並行群間比較試験を行い，試験開始前と摂取4週間後，8週間後に医師の問診と視診，肌状態のアンケートを行って評価した。

1.4.1 医師の目視診断

全般改善度は，症状（面皰，赤色丘疹，膿疱，脂漏，乾燥，炎症後色素沈着），個数，問診の評価を統合し，「極めて軽快」，「かなり軽快」，「やや軽快」，「不変」，「悪化」の5段階で評価した。「極めて軽快」，「かなり軽快」および「やや軽快」を改善あり，「不変」および「悪化」を改善なしとして改善ありの割合（改善率）を算出した。

その結果，ドクダミ抽出物の問診と視診による総合評価はドクダミ抽出物摂取により，被験者14名中13名が改善しており，プラセボ群と比較しても有意な改善が見られた（図2）。

1.4.2 肌状態アンケート

肌状態アンケートは，摂取前および摂取後の肌状態の変化を被験者が21項目のアンケート調査に回答し，摂取前と比較した状態を「スコア1：非常に悪くなった」，「スコア2：やや悪くなった」，「スコア3：変化なし」，「スコア4：やや良くなった」，「スコア5：非常に良くなった」の5段階で評価した。

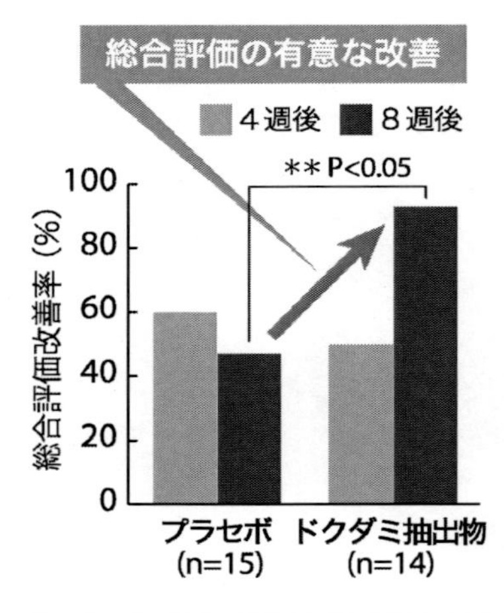

図2 ドクダミ抽出物の問診と視診による総合評価

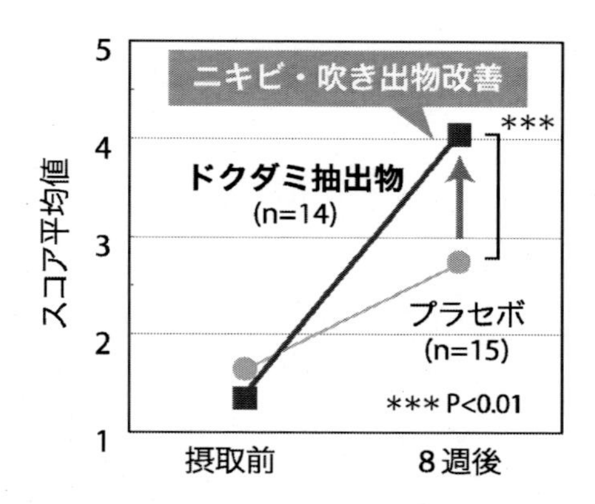

図3　ドクダミ抽出物の肌状態アンケート「ニキビ・吹き出物改善」項目

その結果，肌状態アンケートの「ニキビ・吹き出物改善」項目で，ドクダミ抽出物摂取群にプラセボ群と比較して有意な改善がみられた（図3）。さらに肌状態アンケートでは，「肌の乾燥」，「顔のスベスベ感」，「顔の明るさ」，「満足度」の4項目でも有意に改善した。なお，安全性については，本試験条件下でドクダミ抽出物摂取に問題がないことが確認された。

1.5　抗炎症作用

1.5.1　IL-1α産生抑制作用

アクネ菌や男性ホルモンなどにより表皮の角化細胞からIL-1αなどの炎症性サイトカインが分泌される。IL-1αは毛包での角化の亢進や脂質合成を促し，コメド形成の要因となる。また，IL-1αは炎症細胞を誘引し，炎症性ニキビの要因の一つともされている[3]。即ち，IL-1α産生を抑制する物質は，角栓，コメドの形成や炎症性ニキビへの悪化を防ぐ効果が期待される。

ヒト表皮角化細胞を用いてIL-1α産生誘導させた試験において，ドクダミ抽出物およびその有効成分クエルシトリンのIL-1α産生抑制作用を検討した。

その結果，ドクダミ抽出物およびクエルシトリンはコントロールに比べ，有意にIL-1α産生を抑制した（図4）。

1.5.2　ヒスタミン遊離抑制作用

肥満細胞からのヒスタミン遊離を抑制する物質は，炎症を伴うニキビや炎症後の色素沈着を防ぐ効果が期待される。また，ヒスタミンは好中球などを遊走浸潤させ，その好中球が活性酸素を放出し，毛包壁を破壊するといわれている。ラット腹腔肥満細胞からcompound 48/80でヒスタミンを遊離させる試験において，ドクダミ水抽出物は濃度依存的にヒスタミン遊離を抑制する傾向が見られた（図5）。

1.5.3　ヒアルロニダーゼ阻害作用

ヒアルロン酸の分解酵素であるヒアルロニダーゼは炎症時に活性化し，周辺組織やマトリック

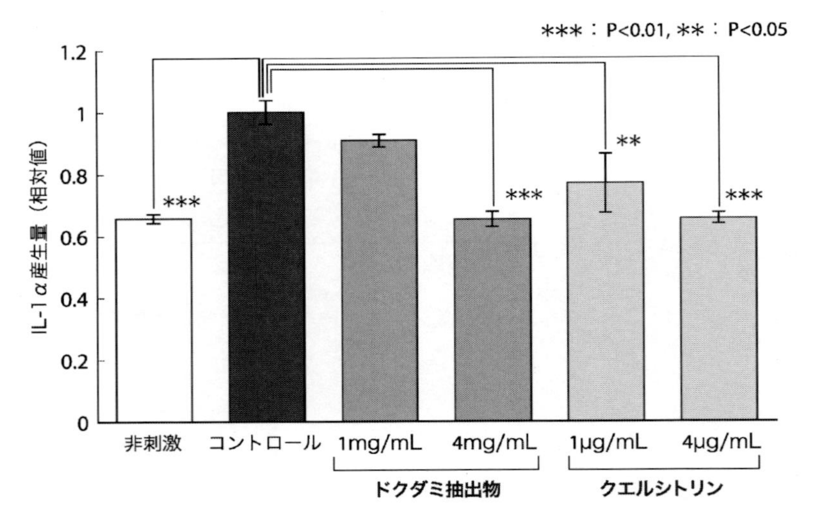

図4　ドクダミ抽出物およびクエルシトリンのIL-1α産生抑制作用

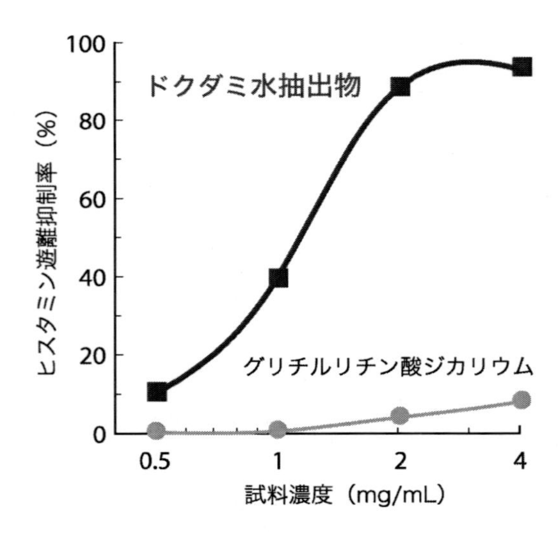

図5　ドクダミ水抽出物のヒスタミン遊離抑制作用

スを破壊，また毛細血管の透過性を亢進させアレルギー反応にも関与する。また，アクネ菌が産生する細胞外炎症誘発物質でもある。Morgan-Elson 法のヒアルロニダーゼ測定法においてドクダミ水抽出物は濃度依存的にヒアルロニダーゼ活性を抑制する傾向が見られた（図6）。

1.5.4　抗補体作用

補体系は炎症やアレルギー反応の病理生理に重要な役割を果たしている。アクネ菌は補体活性

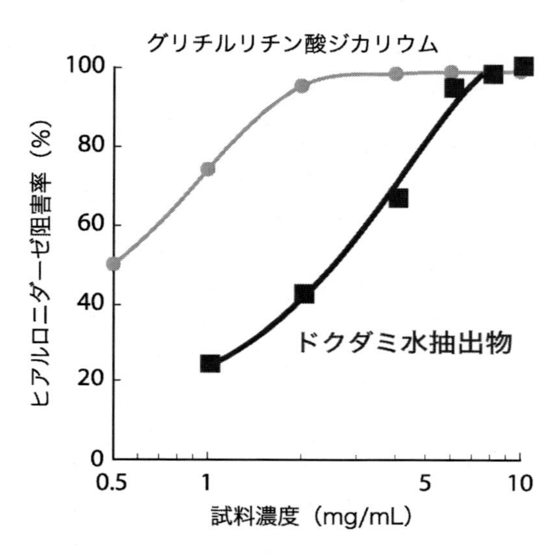

図6　ドクダミ水抽出物のヒアルロニダーゼ阻害作用

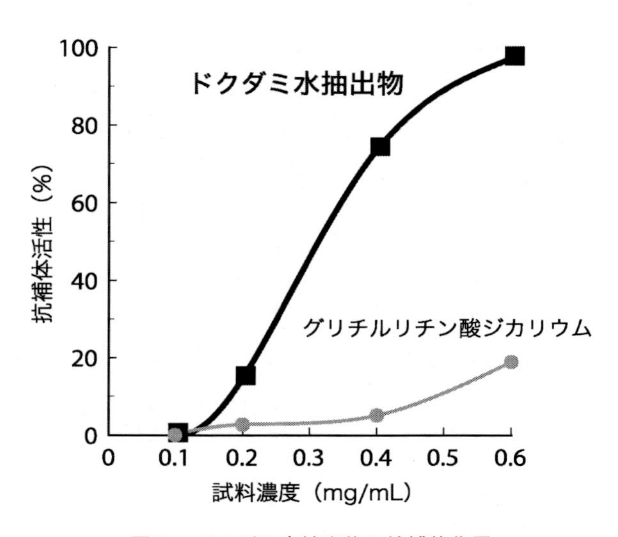

図7　ドクダミ水抽出物の抗補体作用

化因子でもあり，炎症を亢進して好中球をさらに局所へ蓄積させると考えられている。即ち，補体反応を抑制することにより抗炎症作用が期待される。感作赤血球の溶血反応を指標とした抗補体活性測定法において，ドクダミ水抽出物は濃度依存的に補体価を抑制する傾向が見られた（図7）。

1.6　抗男性ホルモン作用

ホルモンバランスの崩れなどで男性ホルモンの作用が強まると，皮脂腺の発達などによりニキビができやすくなる。男性ホルモン（テストステロン）は男性ホルモン作用発現のために働く酵素である5α-リダクターゼにより強力なホルモン（ジヒドロテストステロン）へと変換され，さらに影響を強める。顔面の皮脂腺では特に他の皮脂腺と比べて5α-リダクターゼ活性が高いといわれている。よって，この酵素を阻害することで男性ホルモン作用に由来する皮脂分泌の亢進を抑制する効果が期待される。これまでにドクダミ葉熱水抽出物を精巣除去マウスに投与すると前立腺肥大抑制作用が見られたとの報告もあり[10]，今回はラット肝臓由来S-9mix（オリエンタル酵母）より得られた5α-リダクターゼを用い，テストステロンを基質として合成されるジヒドロテストステロン量を解析する試験において，ドクダミ抽出物は濃度依存的に5α-リダクターゼを阻害する傾向が見られた（図8）。

1.7　おわりに

日本人にも馴染みのあるドクダミに「大人ニキビ」の改善を臨床試験で確認できたことは，特に肌状態に悩む大人の女性のQOLの改善に大いに期待できる。その作用メカニズムは多角的な

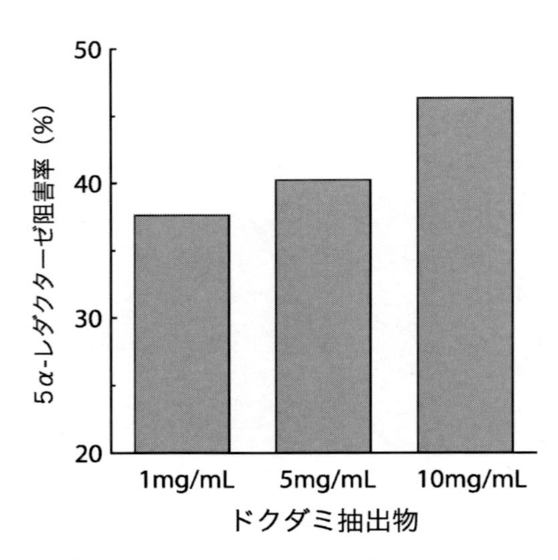

図8　ドクダミ抽出物の抗男性ホルモン作用（5α-リダクターゼ阻害作用）

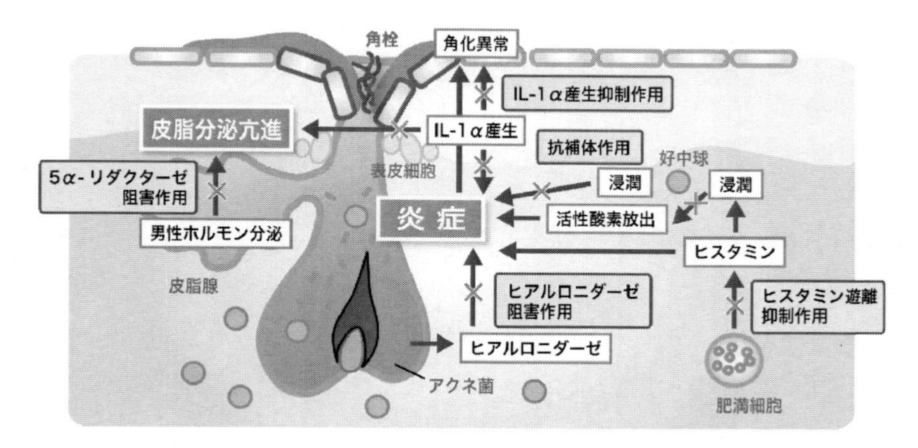

図9　ニキビ発生メカニズムとドクダミ抽出物のニキビ改善作用

抗炎症作用と抗男性ホルモン作用による過剰な皮脂分泌抑制によることが示唆され，その有効成分としてクエルシトリンが一部関与していることが確認された（図9）。

最後に，ニキビに関する臨床試験を行っていただきましたDRC㈱，㈱TTC，皮膚科専門医の赤松浩彦先生に心から謝意を表します。

文　　献

1）河合江理子ほか，香粧会誌，**21**，344（1997）
2）相澤浩，日皮会誌，**106**，1724（1996）
3）宮地良樹，にきび最前線，16，90，メディカルレビュー社（2006）
4）柴田道男ほか，*J. Soc. Cosmet. Jpn.*, **45**, 199（2011）
5）柳宗民ほか，世界有用植物事典，534，平凡社（1989）
6）草川俊，野菜・山菜博物事典，201，東京常出版（1992）
7）木村康一ほか，原色日本薬用植物図鑑，**7**，保育社（1964）
8）垣原高志，化粧品の実際知識（第2版），134，東洋経済新聞社（1987）
9）日本公定書協会，第八改正 日本薬局方第二部解説書館，337，廣川書店（1972）
10）矢澤一良，*FOOD Style 21*，**13**，62，食品化学新聞社（2009）

第4章　抗糖化

1　バラ花びら抽出物の美容効果

野原哲矢*

1.1　イントロダクション

バラ科植物には，ナシ，リンゴ，イチゴなども属しており，非常に範囲が広い。また，花としてのバラも，ヨーロッパから中東，アジアを原産とするバラ科バラ属のものを指すことが多く，非常に品種が多い植物の一つである。原種とよばれるバラとしては *Rosa gallica*（ガリカ），*Rosa centifolia*（ケンテフォーリア），*Rosa damascene*（ダマスカス）などを指し，これらから派生した多くの品種は，おもに観賞用，園芸用として利用されてきた。

観賞用，園芸用としてのバラの一方で，ヨーロッパを中心に，古くからバラの花びらを紅茶に浮かべ，その味と香りを楽しむ習慣がある（ローズティー）。また，ハーブとしての伝統もあり，解熱，風邪の諸症状の緩和などの作用があるとされている。ケンテフォーリアやダマスカスローズなどから抽出した「精油」は非常に高価で，香料としても現在でも貴重なものとされている。このように，食品や香料としての歴史も長く，最近ではジャムやキャンディー，菓子などに加えて，香りと優雅さを楽しむ原料ともなっており，長い食経験のある素材の一つである。また，バラは，豪華さや美しさを象徴するイメージがあり，この点においても良い原料である。

一方で，バラ花びらに含まれる成分としては，香気成分のほかに，エラジタンニンやフラバノール配糖体などのポリフェノール類がある。またバラ花びら抽出物の抗酸化作用が報告されている[1,2]。我々も主な成分としてタンニン類，ケルセチン，オイゲニイン，ルテオリンなどさまざまなポリフェノール類の存在を確認している。また，バラ花びらポリフェノールには非常に高い抗酸化作用（Total ORAC 値は，10％，70％ポリフェノール含有品で，それぞれ 870，7200 μmol TE/g）のあることを確認している。さらに，従来からバラ花びら抽出物には，IgE-IgE 受容体結合阻害活性によるⅠ型アレルギー抑制作用[3,4]があることが知られている。その主な有効成分もポリフェノールであると考えられているが，我々はこのポリフェノールに着目し，さらにいくつかの機能性について評価した。

1.2　美容・抗老化効果

1.2.1　ヒアルロニダーゼ阻害作用

ヒアルロニダーゼは，真皮などに存在するヒアルロン酸を分解する酵素である。ヒアルロン酸が分解されると，皮膚の水分量が低下し，皮膚の弾力性がなくなって，シワやたるみができたり，

＊　Tetsuya Nohara　㈱東洋発酵　技術部

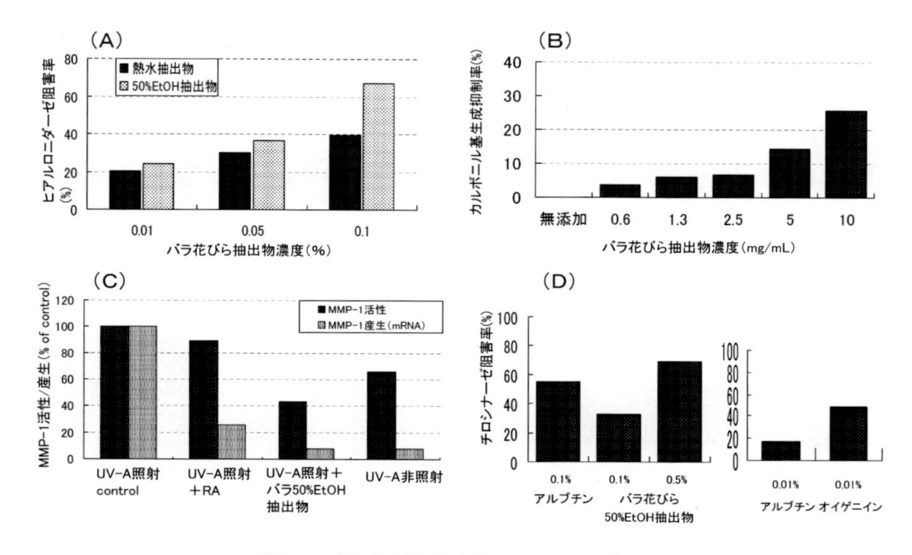

図1　バラ花びら抽出物の *in vitro* データ

（A）ヒアルロニダーゼ阻害：IC50（50％阻害濃度）は，熱水抽出物：0.4％，50％EtOH 抽出物：0.06％であった。

（B）糖化反応抑制：70％ポリフェノールを含むバラ花びら抽出物を用いた。IC50（50％阻害濃度）は，23.9 mg/mL であった。

（C）MMP-1 産生抑制：培養系におけるバラ花びら 50％EtOH 抽出物濃度は 1.0 μg/mL とし，ポジティブコントロール：レチノイン酸（RA）を用いた。

（D）チロシナーゼ阻害

目立ったりするようになる。また，ヒアルロニダーゼは，アトピー性皮膚炎などの炎症を引き起こすことも知られており，活性を低下させることで，皮膚の状態を正常に保つことができると考えられる。

そこで Morgan-Elson 法の変法[5]に準じてバラ花びら抽出物のヒアルロニダーゼ阻害作用について調べた結果を図1（A）に示した。バラ花びら抽出物は，熱水抽出物，50％エタノール抽出物とも，ヒアルロニダーゼ阻害活性を示すことが，*in vitro* 実験で明らかにされた。これらの結果から，肌のシワやたるみを防いだり，炎症を抑えたりする可能性が示唆された。

1.2.2　糖化抑制作用

「糖化（グリケーション）」とは，私たちの体内にあるコラーゲンなどのタンパク質と，食事によって摂取した糖とが結びつくことで，糖化した変性タンパク質が生成され，最終的に AGEs（糖化最終生成物）という異常タンパク質が生成することである。AGEs は年齢を重ねるにつれて体内に蓄積し，このことが「老化」の原因とされており，「老化」＝「糖化」といわれている。「糖化」が進んでいくと，肌を老化させるばかりでなく，骨を弱らせ，白内障，動脈硬化，認知症など，さまざまな老化現象を引き起こすとされている。

バラ花びら抽出物のタンパク質糖化に対する抑制作用を評価するために，アルブミン-グルコース混合液にバラ花びら抽出物を添加し45℃にて10日間インキュベーションした。この糖化抑制作用をカルボニル基の量（標準物質：プロピオンアルデヒド）を指標として評価した結果を図1（B）に示した。バラ花びら抽出物は，アルブミン-グルコース混合液中の加温によるカルボニル基増加に対して濃度依存的な抑制作用を示した。したがって，バラ花びら抽出物は糖化抑制作用を有していると判断された。

1. 2. 3　抗光老化作用

真皮にはⅠ型コラーゲン，エラスチン，ヒアルロン酸などの細胞外マトリックスとよばれる成分がある。これらは，線維芽細胞が産生する酵素により分解される。Ⅰ型コラーゲンを分解するマトリックスメタロプロテアーゼ-1（MMP-1）は，少量の紫外線によっても増加し，また活性が亢進されることが明らかになっている。UV-Aは表皮を通過し真皮まで達し，真皮内にて活性酸素を生じ，これが引き金となりコラーゲンを分解するMMP-1が生成される。コラーゲンが分解されることで真皮マトリックスの崩壊が起き，シワの形成や弾力の低下が生じる。これは，日常的にあびている紫外線が皮膚に大きなダメージを与えている事例の一つである。

そこでヒト真皮線維芽細胞にUV-Aを照射し，MMP-1の産生が促進される状況下において，バラ花びら抽出物のMMP-1産生抑制効果について評価した。その結果を図1（C）に示した。バラ花びら抽出物は，紫外線によるMMP-1産生および酵素活性の亢進を抑制することが確認された。これにより，真皮のⅠ型コラーゲンの分解を抑制することが可能となり，肌のシワを予防したり，ハリのある肌を保ったりする抗老化有効成分としての可能性が示唆された。

1. 2. 4　チロシナーゼ阻害作用

チロシナーゼは，メラニン合成の過程で，アミノ酸の一種であるチロシンを酸化し，ドーパ，ドーパキノンに変換する酵素で，メラニン合成の律速酵素として知られている。さらにメラニン合成は，チロシナーゼによる酵素反応のほか生成したドーパキノンが酸化反応を起こすことにより，最終的にユーメラニン，フェオメラニンと呼ばれる二つの色素となり皮膚に沈着する。従って，チロシナーゼ阻害作用が確認されれば美白作用が期待される。

バラ花びら抽出物のチロシナーゼ阻害作用について評価した結果を図1（D）に示した。バラ花びら抽出物は，チロシナーゼを阻害する効果があり，ポリフェノール成分の一つであるオイゲニインがその効果をもっていることがわかった。また，ポリフェノールは抗酸化作用をもっており，メラニン合成系の酸化反応を抑えることが考えられる。これらのことから，バラ花びら抽出物は肌を白く保つ効果があることが示唆された。

1. 2. 5　ヒト臨床試験による美容・抗老化効果

前述のようにバラ花びら抽出物は，抗酸化作用，ヒアルロニダーゼ阻害作用，糖化抑制作用，MMP-1産生抑制作用，チロシナーゼ阻害作用を有することが確認された。そこでバラ花びら抽出物の美容・抗老化効果についてプラセボ対照二重盲検並行群間比較試験により検証した。

試験は，1日量としてバラ花びら抽出物を200 mg含有する被験食品，およびデキストリン200 mg含有のプラセボ食品を試験食品として用い，日本化粧品工業連合会の規定で肌タイプが

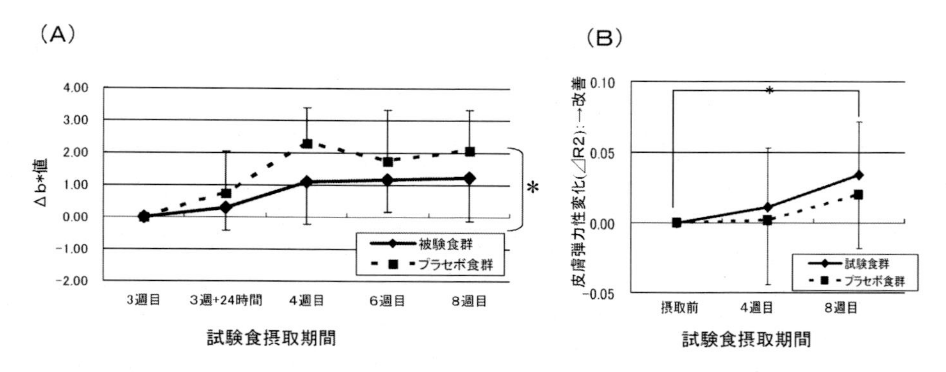

図2　ヒト経口摂取での美白・美肌効果

（A）メラニン生成（b*値の経時的変化）：70％ポリフェノールを含むバラ花びら抽出物を用いた。＊：$p<0.05$

（B）皮膚弾力性（R2）の経時的変化：測定部位は，左頬とした。＊：$p<0.01$

Ⅱあるいは Ⅲに分類される20歳以上40歳未満の健康で，皮膚の水分量がCorneometerで低めかつ肌のたるみが気になる女性30名を対象に，被験食品摂取群15名，プラセボ食品摂取群15名に分けて実施した。試験食品の摂取期間は8週間（56日間）連日摂取とし，摂取方法としては，朝食前および夕食前に各100 mgずつ合計200 mg/日を摂取した。

試験食品摂取開始の3週間後に1.5 MEDの紫外線を照射し，分光測色計によりメラニン生成の指標であるb*値を評価した結果，バラ花びら抽出物はプラセボに比較してメラニン生成を有意に抑制した（図2（A））。また，キュートメーターにより皮膚の弾力を示すR2の値を評価した結果，バラ花びら抽出物を摂取した群にのみ摂取後の有意な改善が確認された（図2（B））。コラーゲンタンパク質は酸化や糖化により劣化するが，これがヒトにおける皮膚弾力の加齢に伴う減少をもたらすことや，2型糖尿病患者では健常者に比べ弾力性曲線が下方シフトし，皮膚弾力の減少度合いが強いことが報告されている[6]。バラ花びら抽出物は，後述する血糖値上昇抑制作用も含め総合的な糖化ストレス防止効果をもたらす可能性が示されていることから，ヒトにおいて経口摂取による皮膚弾力改善が期待される。

1.3　ダイエット効果

1.3.1　αグルコシダーゼ阻害と血糖値上昇抑制効果

αグルコシダーゼは，でん粉の分解により生成される麦芽糖をさらにブドウ糖に分解する酵素である。腸内でαグルコシダーゼによって生成したブドウ糖は，速やかに吸収され，体内細胞のエネルギー源として使われる。しかし，食事などにより血糖値とそれに伴うインシュリンの急激な上昇が続いたり，上昇の頻度が高くなったりすると，インシュリン分泌過多からくるインシュリン抵抗性の症状や，糖尿病へと移行する可能性がある。そのため食後の高血糖を抑制する作用を持つ薬としてαグルコシダーゼ阻害薬がある。

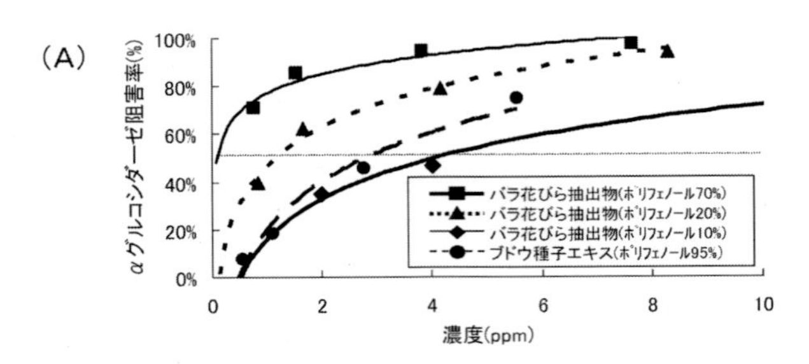

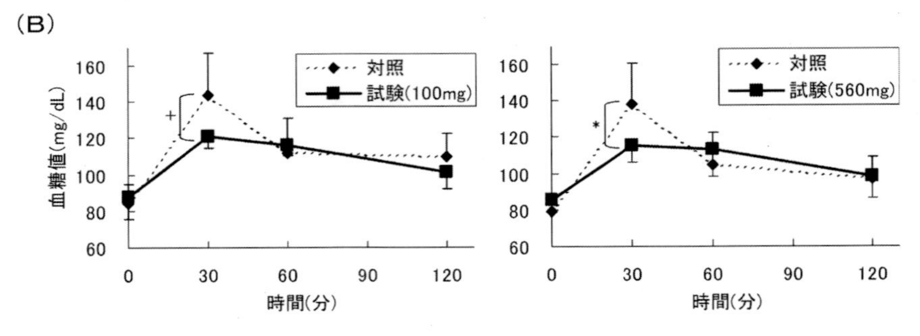

図３　血糖値上昇抑制

（A）αグルコシダーゼ阻害作用（濃度依存性）：IC50（50％阻害濃度）は，バラ花びら抽出物（ポリフェノール 10％）：4.0 ppm，バラ花びら抽出物（ポリフェノール 20％）：1.2 ppm，バラ花びら抽出物（ポリフェノール 70％）：0.09 ppm であった。

（B）血糖値上昇抑制作用：70％ポリフェノールを含むバラ花びら抽出物を用いた。
＋：$p<0.1$，＊：$p<0.05$

我々は，バラ花びら抽出物のαグルコシダーゼ阻害作用について評価した。*in vitro* での試験により，バラ花びら抽出物によって，αグルコシダーゼの活性が阻害されることがわかった。この機能は，抽出物中のポリフェノール濃度が高まるにつれて高くなるため，ポリフェノールによる効果であると考えられたが，95％ポリフェノールを含むブドウ種子抽出物では，バラポリフェノール 70％品と比較しても効果は弱く，ポリフェノールや植物の種類によってその効果は大きく異なる可能性があることがわかった（図３（A））。

次に，αグルコシダーゼ阻害効果がヒト試験において血糖値上昇抑制効果として観察されるかをクロスオーバー比較試験により確認した。この試験は，健常な男女 12 名を対象に実施した。試験群は，絶食後，バラ花びら抽出物 100 mg または 560 mg を摂取，その後米飯 200 g を摂取した。摂取前および 30，60，120 分後に，それぞれ血糖値を測定した。対照群は米飯摂取のみとした。

その結果，特に米飯摂取から 30 分後において，対照群と比較して，100 mg 摂取群，560 mg 摂取群のどちらにおいても，血糖値を有意に抑えることが確認された（図３（B））。

これらのことから，血糖値とそれに伴うインシュリンの急激な上昇を抑えることで，糖尿病やメタボリックシンドロームに対する予防効果があることが期待される。さらに，食後高血糖は体内のAGEsの形成を亢進するという報告もある[7]。すなわち食後高血糖の抑制は体内のAGEsの生成抑制につながると考えられ，抗糖化つまり老化防止効果が期待される。

1.3.2　リパーゼ阻害と脂質吸収抑制効果

脂質異常症は，血液中の脂質，具体的にはコレステロールや中性脂肪（代表的なものはトリグリセリド＝TG）が多過ぎる病気のことである。食事によって体内に取り込まれたTGは，リパーゼにより脂肪酸とグリセリンに分解されることによって吸収され，体内でエネルギー源として消費される。しかし，過剰に摂取されると，消費されずに体内の脂肪細胞に蓄積され，血液中のTG濃度が上昇し高脂血症につながる。高脂血症は，動脈硬化を招く原因となり，最終的には，脳梗塞，狭心症，心筋梗塞などへと症状が進んでいき死亡のリスクが高くなる。

本試験では，バラ花びら抽出物の脂質吸収抑制効果を確認することを目的として，そのリパーゼおよび血液中TG濃度に与える影響について検討した。リパーゼ活性阻害については，ポリフェノールを主成分とする他抽出物と同様に阻害効果が認められ，バラ花びらポリフェノールは，脂肪吸収抑制の効果が期待されることがわかった（データ未掲載）。

次に，リパーゼ阻害効果がヒト試験において脂質吸収抑制効果として観察されるかをクロスオーバー比較試験により確認した。試験は，健康な成人男女7名を被験者とした。12時間以上の絶食後，空腹時の血中TGを測定した。被験者には脂肪食を摂取してもらい，その後，経時的に血中TGを測定した。1週間以上の期間をおき，同様の脂肪食負荷試験を行った。対照試験では水約150 mLを，バラ花びら抽出物投与試験では抽出物200 mgを水150 mLに溶かしたものを，それぞれ脂肪食と同時に摂取した。脂肪食は，市販コーンクリームポタージュスープ200 gにバター（無塩）19 gおよびラード15 gを添加して調製した（総脂質量：約40.4 g）。採血は，摂取前および摂取後1，2，3，4，6時間にて実施した。

その結果，脂肪食とバラ花びら抽出物を同時に摂取することにより，脂肪食摂取後の血中TGの上昇が抑制されることが確認された。血中TG増加量の曲線下面積ΔAUCを算出したところ，

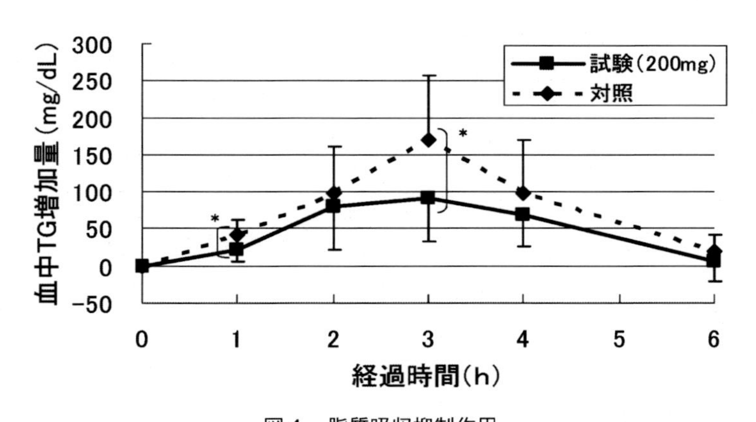

図4　脂質吸収抑制作用
70%ポリフェノールを含むバラ花びら抽出物を用いた。＊：$p<0.1$

対照が476 mg・h/dLであったのに対し，バラ花びらポリフェノール投与の場合は305 mg・h/dLとなり，対照の約64%に低下することが確認された（図4）。

ヒトにおいてTGの吸収抑制効果が確認されたことから，バラ花びら抽出物には高脂血症やメタボリックシンドロームに対する予防効果およびダイエット効果があることが示唆された。

1.4 おわりに

健康食品市場では，コラーゲンやヒアルロン酸を配合した美容訴求やロコモティブシンドローム対応の商品，カロリー摂取のコントロールによる肥満防止と健康維持を訴求した商品などがトータルアンチエイジング商品としてその市場を拡大している。特に体内に最も多く存在するタンパク質であるコラーゲンの糖化は，皮膚の老化と同様に，骨粗鬆症，骨強度低下，変形性関節症の原因の一つとされている。このコラーゲンの糖化を予防することが，いわゆる老化の防止につながるといわれており，最近，アンチエイジングにおける抗糖化作用の有用性が注目されつつある。今回バラ花びら抽出物について紹介した機能性は，健康維持から美容まで，総合的なアンチエイジング機能が期待できるものであり，よりQOLの向上に有効であるといえる。

文　　献

1) K. Nayeshiro *et al.*, *Helvetica Chimica Acta*, **72**, 985 (1989)
2) 立山千草ほか，日本食品科学工学会誌，**44**, 640 (1997)
3) 塙正義，*Food Style21*, **2**, 74 (1998)
4) 羅智靖，*Molecular Medicine*, **39**, 1382 (2002)
5) E. Davidson *et al.*, *J. Biol. Chem.*, **242**, 437 (1967)
6) M. Ichihashi *et al.*, *Anti-Aging Medicine*, **8**, 23 (2011)
7) T. Kitahara *et al.*, *Clin. Exp. Med.*, **8**, 175 (2008)

2　混合ハーブエキス

河合博成*

2.1　混合ハーブエキス（AG ハーブ MIX™）の糖化抑制作用

混合ハーブエキス（商品名：AG ハーブ MIX™）は，ドクダミ（*Houttuynia cordata*），セイヨウサンザシ（*Crataegus laevigata*），ローマカミツレ（ローマンカモミール）（*Anthemis nobilis*），ブドウ（*Vitis vinifera*）の4種類の植物を組み合わせた熱水抽出物であり[1]，2007年からアークレイ㈱によって販売されている。これらの植物はそれぞれが抗糖化作用を持ち[2~5]，活性成分は，ローマカミツレがカマメロサイドであることは判明しているが[3]，他の3つの植物については，現在，ドクダミがフェノール性物質，セイヨウサンザシが非還元性糖類，ブドウ葉がポリフェノール類であることが確認されている[5,6]。

抗糖化の目的は，身体に有害な糖化最終産物（AGEs：advanced glycation endproducts）の生成を抑制することにある。AGEsは主に，血糖（グルコース）が身体のあらゆる組織（蛋白質）に結合した結果（老化の原因の一つ）であるが，生体にとって，「酸化」が酸素を呼吸している限り避けられないのと同様に，「糖化」もまたグルコースをエネルギーとしている限り避けられない反応であることから，いかに糖化を軽減するかが模索されている。また糖化の影響は一般に，生体内で代謝の遅い，半減期の長い蛋白質ほど大きくなる。

AGEsには多くの種類が存在し，それらを生成する反応経路は多岐にわたる。従って，その1経路を阻害しても迂回経路でAGEsを生成する。混合ハーブエキスが4種類のハーブを用いる

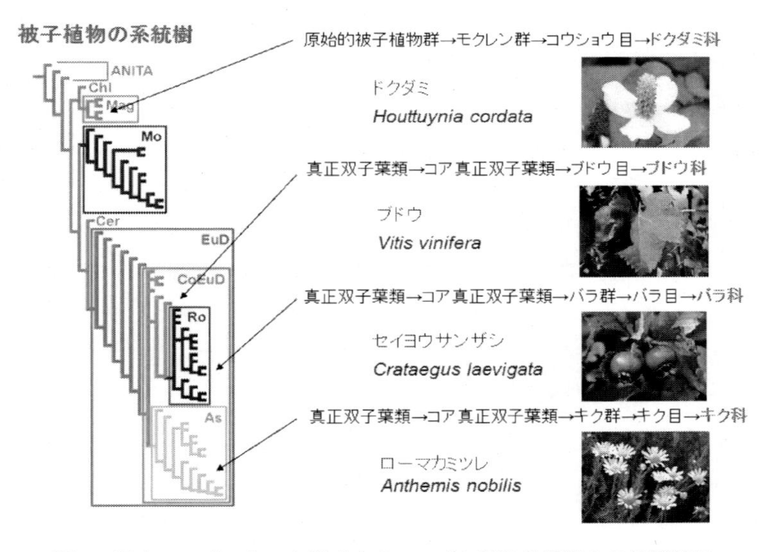

図1　混合ハーブエキスを構成するハーブと植物分類学上の位置付け

*　Hiroshige Kawai　アークレイグループ　からだサポート研究所　所長

理由は，AGEs 生成が多経路であることから，4 種類が互いに補完する形で網羅的に反応を抑制することにある。そして，これらの反応阻害には化学構造が異なる多成分が必要となると考えられるため，ハーブの 4 種類は植物分類学上，なるべく離れた種から選定されている（図 1）[7]。

なお，現在までに混合ハーブエキスは，*in vitro* 試験，*in vivo* 動物試験およびヒト試験で抗糖化に関連する多くの有用性が確認されている[1,2,6~10]。

2.2 糖化と肌の老化

糖化ストレスによる皮膚への影響はいわゆる「肌の老化」を促進し，それはさまざまなメカニズムによるものと考えられている[11]。また，皮膚老化に関与する因子として，最も影響するのが光老化であり，その次に糖化があるとされている[12]。皮膚老化の糖化による原因には次のものが考えられる。

2.2.1 皮膚弾力性低下

糖尿病患者の皮膚弾力性が同年代の非糖尿病患者と比べて低下していることから，糖化が皮膚弾力性に影響を与えているものと考えられている[13]。そのメカニズムとして以下のものが推測されている。

① コラーゲンの AGE 化による架橋

コラーゲン線維は生理的な架橋を形成し，弾性線維とともに皮膚の弾力性を維持する役割を担っている。しかし，コラーゲン蛋白を構成するリジンおよびアルギニン残基が糖化反応を受け，ペントシジンとなって線維間架橋を形成すると，コラーゲンは可動性を失って本来の弾力性を発揮できなくなる。また，皮膚コラーゲン中のペントシジンは加齢と共に増加し，糖尿病患者の蓄積量は同年齢の健常者よりも高いことが報告されている[12]。

② コラーゲンの架橋形成の障害

AGEs の一つである CML（N^{ε}-(carboxymethyl)lysine）はコラーゲンのリジン残基を修飾し，コラーゲンの生理的な架橋形成を障害するものと考えられている[14]。なお，健康な皮膚のコラーゲンは半減期が 15 年と長いことから，AGEs を蓄積しやすくその影響を受けやすい。

③ エラスチン線維の形態異常と沈着，代謝回転の遅延化

日光弾力線維症において，CML で修飾されたエラスチン線維が生じて形態異常が認められ，弾性率および伸長率が低下することが判明した。また，非修飾エラスチンと比較して CML 修飾エラスチンはエラスターゼで分解されにくく，組織に沈着しやすいと考えられた[15]。

④ AGEs による線維芽細胞のアポトーシス

CML で修飾されたコラーゲンは線維芽細胞のアポトーシスを誘導し，そのメカニズムも明確にされている[16]。このことは，AGEs が真皮層の線維芽細胞を減少させ，皮膚の正常な機能維持に影響を与えるものと考えられた。

2.2.2 シワ形成

シワの形成は前述の 2．2．1 項の皮膚弾力性低下と関係が深い。主要因は真皮に存在する線維

芽細胞が生成する蛋白質の弾性線維とコラーゲンの量的ならびに質的変化によると考えられる。皮膚の弾性に関与するコラーゲンと弾性線維に糖化が生じると，線維の伸展性は低下するので，弾力性は低下し，シワの形成の一因となっている可能性が考えられる[17]。

2.2.3　くすみ（黄ぐすみ）

一般に「肌の黄ぐすみ」と言われる変化は老化によって生じる。年齢と色相で相関をとると，年齢が上がるほど皮膚が黄色みがかってくることが報告されている[18]。この原因の一つとして，真皮での糖化が皮膚の黄色化に関わっていることが示されている[19]。なお，糖化反応が一般に「褐変する」ことからも裏付けられる。

2.2.4　炎症反応

AGEsの受容体であるRAGE（Receptor for AGEs）にAGEsが結合すると細胞内へシグナルが伝達され，炎症性サイトカインの分泌などを促して，局所の炎症反応を引き起こすと考えられている。また，RAGEのシグナルがRAGE遺伝子の発現も促進することから，AGEsによる炎症反応が悪循環する可能性も示唆されている[20]。

2.2.5　角層のダメージ

CMLは代謝回転の速い表皮にも存在する[21]。また，角層中AGEs量の多い角層ほどダメージ度合が大きいことが確認されている[22]。

2.3　混合ハーブエキスのヒト皮膚での評価

ヒト試験によって，混合ハーブエキスが皮膚のAGEs減少に関連する効果について，以下のとおり評価を行った。

2.3.1　皮膚中AGEs蓄積抑制作用

皮膚中のAGEsは，AGE Reader™（オランダDiagnOptics社）を用いて測定した。AGE Readerの測定原理は，いくつかのAGEsが特定波長の紫外線を吸収し，特定波長の蛍光を発する性質に基づく。従って，皮膚に紫外線を照射することによって非侵襲的に皮膚中に蓄積したAGEsを測定することができる[23]。蛍光を有するAGEsには蛋白質の架橋形成に関与するクロスリンやペントシジンなどが含まれることから，蛍光量の減少は，皮膚蛋白質の糖化架橋による弾力性低下が抑制されることを示唆する。

①　混合ハーブエキス600 mg/day＋生姜，山椒[10]

健常者群（8名），糖尿病または高血糖群（4名）の2群（いずれも成人男女）が，混合ハーブエキス600 mg/dayに生姜，山椒を追加した被験食を12週間連続摂取し，摂取前および8，12週間後にAGE Readerにより皮膚中AGEs由来の蛍光値をAGEs蓄積量として測定した。

この結果，健常者群では摂取前と比較して8週間後（$p=0.035$），12週間後（$p=0.020$）で皮膚中AGEs蓄積量が有意に減少した。また糖尿病・高血糖群では4名中3名に減少が認められた（図2）。

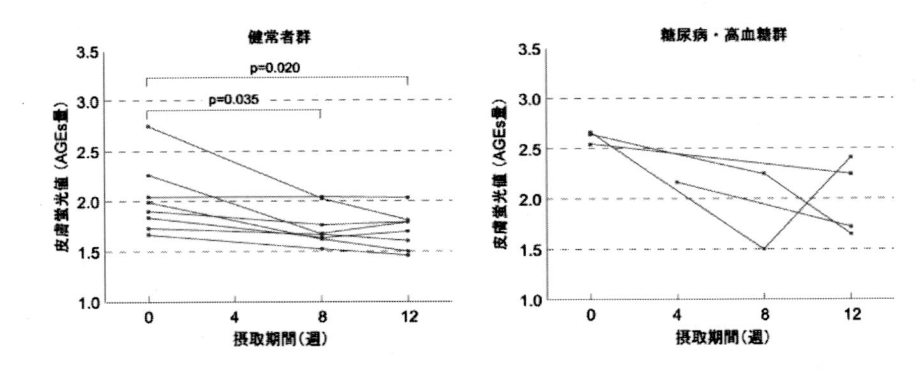

図２　混合ハーブエキス（600 mg/day）＋生姜，山椒の摂取による皮膚中 AGEs 蓄積量の変化
皮膚蛍光値：AGE Reader による前腕部の皮膚蛍光測定値

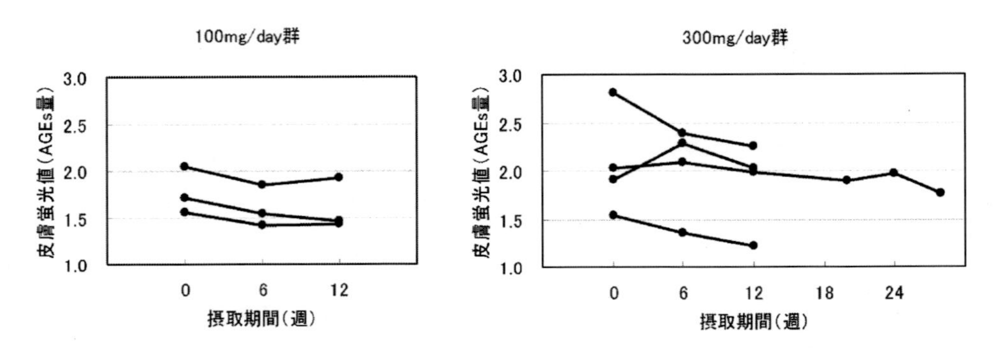

図３　混合ハーブエキス（100 または 300 mg/day）の摂取による皮膚中 AGEs 蓄積量の変化
皮膚蛍光値：AGE Reader による上腕内側部の皮膚蛍光測定値

②　混合ハーブエキス 100 または 300 mg/day[24)]

成人男女７名を対象として，混合ハーブエキス 100 mg/day 摂取群（3 名）と 300 mg/day 摂取群（4 名）に分け，12 週間（1 名は 28 週間）のヒト試験を実施した。その結果，図３のようになり，皮膚中 AGEs 蓄積量は 100 mg/day 群は３名中３名で若干の減少，また 300 mg/day 群は４名中３名で減少した。

2. 3. 2　非侵襲的テープストリッピング法による角層中 CML 量の測定[24)]

前述の 2. 3. 1 項②のヒト試験において，同時に粘着シートで皮膚の角層を複数回，非侵襲的に薄くはがして CML と蛋白質の定量を行い，角層中の CML 量を「蛋白質量当たりの CML 濃度」として表した。12 週間摂取後，100 mg/day 摂取群では角層中 CML 量に変化が認められなかったが，300 mg/day 摂取群では角層中 CML 量が低下した（図 4）。

なお，角層中 CML と，2. 3. 1 項②の AGE Reader による皮膚中 AGEs 蓄積量には有意な相関が認められ，非蛍光性の CML と蛍光性の AGEs の量が深く関わっていることが示唆された。

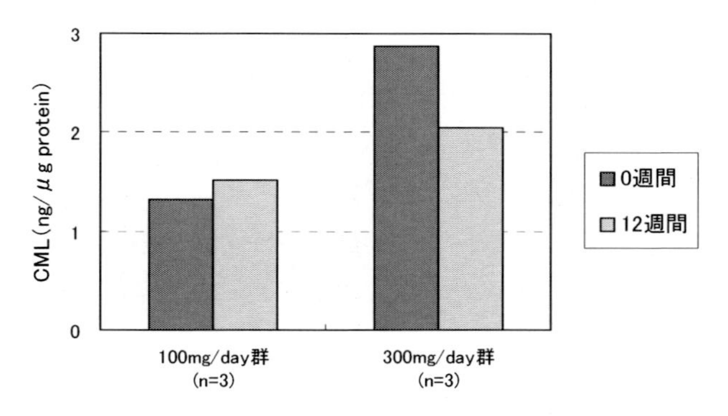

図4　混合ハーブエキス（100 または 300 mg/day）の摂取による角層中CML の変化（文献 24 を改変）
なお，300 mg/day 群の1名は蛋白質量不足のため測定不可となった。

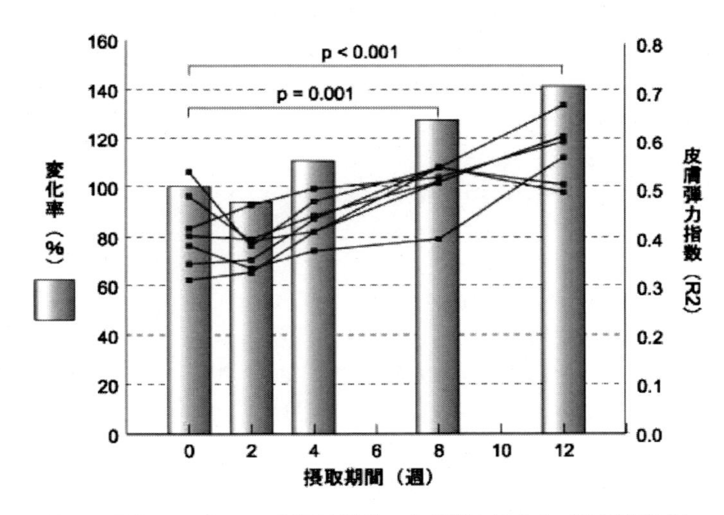

図5　混合ハーブエキス摂取開始後の皮膚弾力性変化（糖尿病患者）
R2：キュートメーターによる測定値解析パラメーター

2.3.3　皮膚弾力性試験[13)]

成人男女7名の2型糖尿病患者（HbA1c（JDS）：5.7〜9.2%）を対象として，混合ハーブエキス 600 mg/day，12 週間の摂取試験を実施した。被験者は，摂取前および摂取 2，4，8，12 週間後にキュートメーター®（ドイツ Courage + Khazaka 社）により皮膚弾力性を測定した。この結果，皮膚弾力性は摂取前と比べて8週間後（$p=0.001$），12 週間後（$p<0.001$）に皮膚弾力指数（R2）が有意に改善した（図5）。皮膚弾力性の改善は混合ハーブエキスの摂取が架橋性 AGEs の生成による蛋白質の硬化変性を抑制し，皮膚ターンオーバーを経て弾力性の改善として作用したと考えられた。

2.4 まとめ

古くから使われてきた複数のハーブに抗糖化作用があり，それらの組み合わせを工夫することによって抗糖化効果の高い混合ハーブエキスを開発した。そして，ヒト試験によって，抗糖化作用が皮膚に及ぼす効果について確認した。

糖化やAGEsと皮膚の関係は，未だ不明な点も多い。現在，皮膚を含む生体内での糖化やAGEsが及ぼす影響ならびにそれらの評価方法については精力的に研究が行われていて，今後の一層の解明ならびに発展が期待される。

文献

1) 八木雅之，糖化による疾患と抗糖化食品・素材，p. 212，シーエムシー出版（2010）
2) Y. Yonei *et al.*, *Anti-Aging Medicine*, **5**, 93（2008）
3) 松浦信康，糖化による疾患と抗糖化食品・素材，p. 166，シーエムシー出版（2010）
4) 田村隆朗，糖化による疾患と抗糖化食品・素材，p. 172，シーエムシー出版（2010）
5) 河合博成，糖化による疾患と抗糖化食品・素材，p. 180，シーエムシー出版（2010）
6) 内藤淳子ほか，*COSME TECH JAPAN*, **1**, 451（2011）
7) 八木雅之ほか，*aromatopia*, **107**, 38（2011）
8) Y. Yonei *et al.*, *Anti-Aging Medicine*, **7**, 26（2010）
9) 八木雅之ほか，*COSMETIC STAGE*, **5**, 23（2011）
10) 田村隆朗ほか，同志社大学理工学研究報告，**52**，244（2012）
11) 米井嘉一ほか，*COSMETIC STAGE*, **5**, 16（2011）
12) M. Ichihashi *et al.*, *Anti-Aging Medicine*, **8**, 23（2011）
13) M. Kubo *et al.*, *J. Clin. Biochem. Nutr.*, **43**（Suppl. 1）, 66（2008）
14) 市橋正光，*FOOD Style 21*, **16**, 41（2012）
15) 多島新吾，日本抗加齢医学会雑誌，**8**, 35（2012）
16) M. Alikhani *et al.*, *Am. J. Physiol. Cell Physiol.*, C850（2006）
17) 市橋正光，糖化による疾患と抗糖化食品・素材，p. 98，シーエムシー出版（2010）
18) 尾澤達也（編），エイジングの化粧学，p. 15，早稲田大学出版部（2000）
19) H. Ohshima *et al.*, *Skin Res. Technol.*, **15**, 496（2009）
20) R. Nagai *et al.*, *Anti-Aging Medicine*, **7**, 112（2010）
21) 吉川晴美ほか，日本薬学会第129年会要旨集，**3**，157（2009）
22) 金丸晶子ほか，角層のAGEsの鑑別方法，特許第4896827号（2012）
23) R. Meerwaldt *et al.*, *Diabetologia*, **47**, 1324（2004）
24) Y. Kamitani *et al.*, *Anti-Aging Medicine*, submitted to

3　マンゴスチン果皮抽出物

前嶋一宏*

3. 1　はじめに

マンゴスチン（*Garcinia mangostana* L.）はオトギリソウ科の常緑高木で，タイ，インドネシアなど，東南アジアを中心に果樹として栽培されている。果実の直径は5-8 cmほどで，紫の果皮に包まれている白い果肉を食する（図1）。この果肉は非常に美味であり，「果物の女王」と賞されている[1)]。マンゴスチンの果皮は古くから生薬としても利用され，下痢や皮膚の感染症などに用いられてきた[2)]。近年海外では果皮抽出物を配合したサプリメントや[3)]，マンゴスチン果皮を含む全果実を原料としたジュースも販売されている[4)]。さらに，果皮の成分を石鹸やシャンプーなどに配合した製品もみられ，イメージの良さも手伝って，多種多様な商品に用いられている。

3. 2　マンゴスチン果皮の成分とその作用

マンゴスチン果皮に特徴的な成分としては，キサントン誘導体（以下キサントン）があげられる。キサントンは主にオトギリソウ科やリンドウ科の植物に含有されている成分で，マンゴスチン果皮には32種類以上のキサントンが含有されていることが報告されている[5)]。α-マンゴスチン（図1）はマンゴスチン果皮に含まれる成分で最も含量が高く，代表的なキサントン成分[4)]であり，抗酸化[6)]，抗炎症[7)]，抗腫瘍[8)]，抗菌作用[9)]が報告されている。マンゴスチン果皮を含むジュースを飲用したヒト試験において，α-マンゴスチンが血液中に移行し，摂取2時間後には血漿のORAC値が増大したことが報告されている[10)]。

さらに，マンゴスチン果皮には抗酸化力の強い水溶性のエピカテキンやプロアントシアニジン，アントシアニンが含まれている[1)]。マンゴスチン果皮の熱水抽出物は強いフリーラジカル消去活性をもつという報告[11)]もあることから，これらの水溶性成分が果皮抽出物の抗酸化活性に大

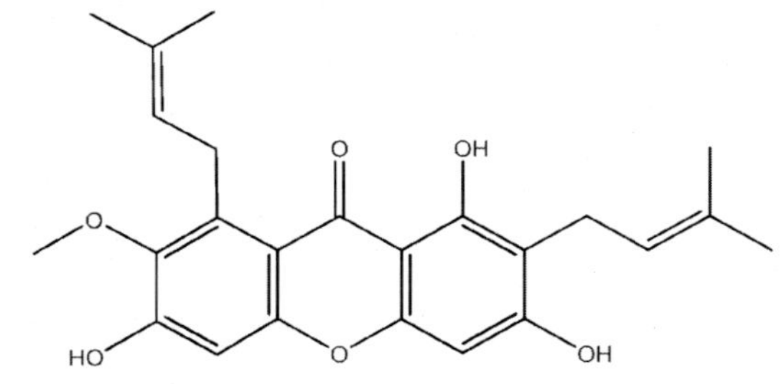

図1　マンゴスチン果実（左）とα-マンゴスチンの化学構造（右）

＊　Kazuhiro Maejima　日本新薬㈱　機能食品カンパニー　食品開発研究所

きく寄与していると考えられる。

3.3 マンゴスチン果皮エタノール抽出物の抗糖化作用

3.3.1 エタノール抽出物の蛍光性 AGEs 生成抑制作用

体内のタンパク質が糖化反応を起こし AGEs（Advanced Glycation Endproducts）を生成すると，タンパク質の機能が低下すると考えられている。*in vitro* 系の試験において，コラーゲンを糖化させるとコラーゲン間に架橋が生じることが報告されている[12]が，肌においても，糖化によって生じたコラーゲン間の架橋が，しわの原因になるという報告[13]があり，肌における AGEs の蓄積と肌の状態は密接な関わりがあると考えられている。本稿では，マンゴスチン果皮抽出物に強い AGEs 生成抑制作用を見出したので紹介する。

マンゴスチン乾燥果皮を含水エタノールで抽出し，パウダー化したエキス（製品名：マンゴスチン α20　日本新薬㈱，以下エタノール抽出物）を用いて試験を行った。このエタノール抽出物は α-マンゴスチンを 20%以上含む。試験管にリン酸バッファー（pH 7.15），終濃度 0.8 mg/ml BSA，200 mM グルコースを加えたものに，終濃度 0.1-2.0 μg/ml となるようにエタノール抽出物を加え，これらを 60℃，30 時間インキュベートし AGEs を生成させた[14]。AGEs の生成量の測定は蛍光測定法を用い[15]，励起波長 360 nm，蛍光波長 450 nm にて蛍光値を測定した。また，比較として AGEs 生成阻害剤として知られているアミノグアニジンを[16]用い，同様に試験を行った。

エタノール抽出物は濃度依存的に蛍光性 AGEs の生成を阻害した（図 2）。その IC_{50} 値（μg/ml）は，エタノール抽出物が 2.3，アミノグアニジンが 13.8 であり，アミノグアニジンと比較しても強い抗糖化活性を有していることが示された。

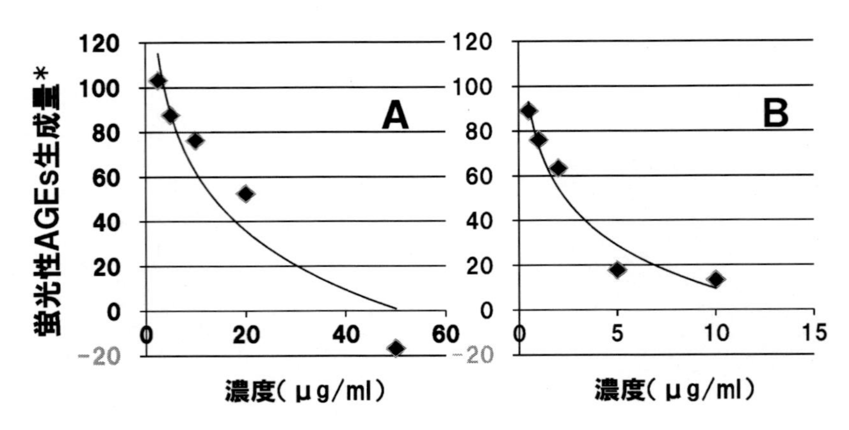

図２　アミノグアニジン（A）とマンゴスチン果皮エタノール抽出物（B）の蛍光性 AGEs 生成阻害作用
＊：無添加区を 100 としたときの相対値

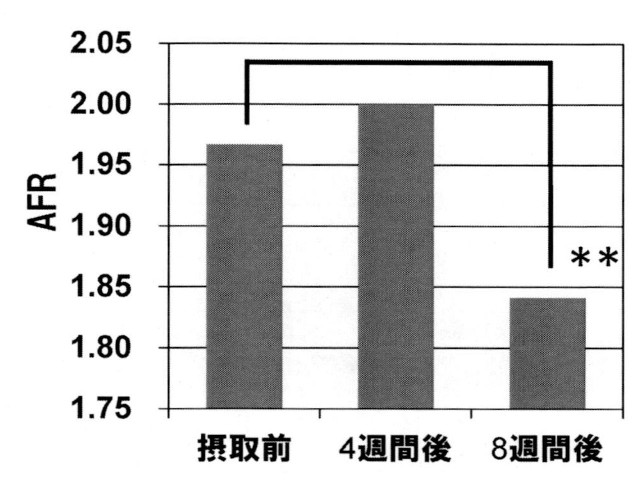

図3　肌表面のAGEs蓄積量におけるマンゴスチン果皮エタノール抽出物摂取の効果
＊＊：$p<0.01$

3. 3. 2　ヒト摂取試験によるAGEs蓄積抑制作用と美肌作用

エタノール抽出物は体内においてもAGEsの生成を抑制し，肌機能を改善する作用が期待されたため，ヒトによる摂取試験を行った。事前のアンケート調査によって選抜した肌の状態が気になる30-40代女性13名に，エタノール抽出物50 mgを含むタブレット2粒を毎日摂取（1日摂取量100 mg）してもらった。そして摂取前，4週間後，8週間後に腕の上腕内側のAGEs蓄積量，肌の粘弾性を測定した。

肌のAGEs蓄積量は，AGEs Reader™を用い非侵襲的に評価した。これは皮膚組織へ蓄積したAGEsが紫外線照射により特有の自家蛍光を発する性質があることを利用した機器である[13)]。摂取8週間後には，摂取前に比べ有意に測定値（auto fluorescence references：AFR）が低下した（図3）[17)]。このとき，Cutometerで測定した肌の粘弾性は，摂取前に比べ摂取4週間後にはR0（振幅最大値），R5（真の粘弾性），およびR7（戻り率）の値が有意に上昇した[17)]。

3. 4　マンゴスチン果皮熱水抽出物のAGEs生成抑制作用と美肌作用

3. 4. 1　熱水抽出物のCML生成抑制作用と活性成分

飲料など幅広い食品への応用には，水溶性であることが望ましい。マンゴスチン果皮の熱水抽出物は，強いフリーラジカル消去活性をもつという報告[11)]もあることから，果皮の水溶性成分に着目し，果皮の熱水抽出物を用いて抗糖化活性の評価を行った。マンゴスチンの果皮を熱水で抽出し，デキストリンを加えたマンゴスチン果皮熱水抽出物（製品名：マンゴスチンアクア　日本新薬㈱，以下熱水抽出物）を試験に用いた。さらに対象とするAGEsは，皮膚に蓄積する代表的な非架橋性，非蛍光性のAGEsであるCML（カルボキシメチルリジン）に着目した。CMLは年齢とともにその蓄積量が増大するほか，糖尿病や酸化ストレスの亢進時に生成量が増大す

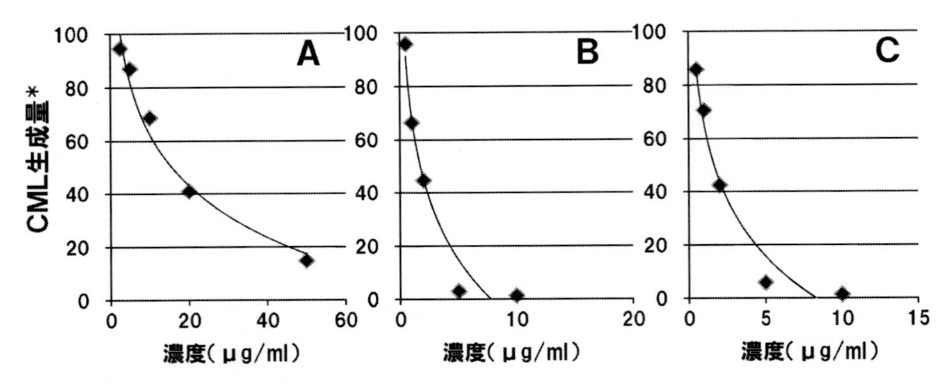

図4　アミノグアニジン（A）とマンゴスチン果皮エタノール抽出物（B），
熱水抽出物（C）の CML 生成阻害作用
＊：無添加区を 100 としたときの相対値

る[18)]。さらに，*in vivo* と *in vitro* において，線維芽細胞のアポトーシスを誘導することが知られている[19)]。

CML を前述（3. 3. 1）の方法で生成させ，その試験液中の CML の生成量を ELISA 法を用いて定量した。96 穴プレートに CML-BSA を固定化し，ブロッキングしたのち，抗 CML 抗体と段階的濃度に調整した熱水抽出物を加えて反応させ，二次抗体，TMB 溶液で発色させ，1N 硫酸で反応を停止させた後，450 nm の吸光度を測定し，CML 生成阻害率（%）を算出した。比較対照としてアミノグアニジン，エタノール抽出物も同様に評価した。

熱水抽出物（図 4C）は濃度依存的に CML の生成を強く阻害し，その IC_{50}（μg/ml）値は 1.7 で，アミノグアニジン（図 4A）の 16.4 と比較して低濃度で阻害した。エタノール抽出物の IC_{50} 値も 1.7 であり，熱水抽出物と同程度の阻害活性であった。エタノール抽出物の阻害活性成分である α-マンゴスチンは水に難溶性であり，熱水抽出物には低濃度でしか含まれていないことから，抗酸化力の強い水溶性のエピカテキンやプロシアニジンも熱水抽出物の CML 阻害活性に寄与していると考えられたが，筆者らはマンゴスチンから初めて含有を確認したベンゾフェノン骨格をもつ水溶性のマクルリン配糖体に，高い CML 生成抑制作用があることを見出した。キサントンの前駆体はベンゾフェノン骨格を持つ化合物で[20)]，マクルリン配糖体もマンゴスチンの特徴成分キサントンの関連物質である。

3. 4. 2　熱水抽出物の線維芽細胞増殖作用

肌の弾力性を左右するコラーゲンなどの細胞外マトリックスやヒアルロン酸などの保湿因子は皮膚の線維芽細胞において産生される[21)]。線維芽細胞の培養系において，コラーゲンペプチド[22)]やローヤルゼリー[23, 24)]を添加することで増殖の活性化が，シナモンの抽出物[25)]はコラーゲン産生促進作用が報告されている。そこで，熱水抽出物の線維芽細胞への作用を評価するため，熱水抽出物を培養系に添加し，細胞の増殖を確認した。さらに，コラーゲンペプチドの共存下での作用

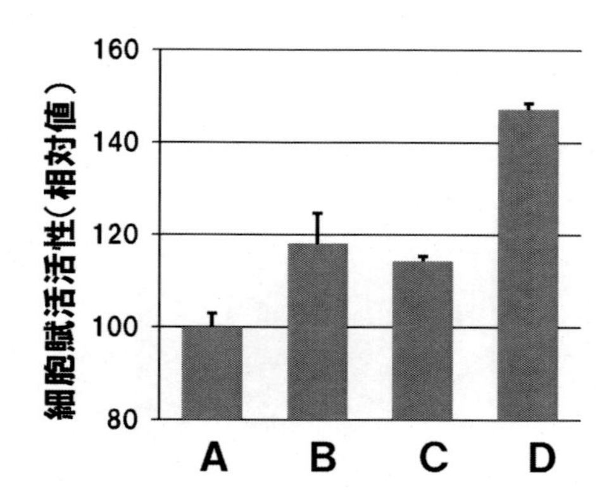

図５　線維芽細胞増殖作用に対するマンゴスチン熱水果皮抽出物とコラーゲンペプチドの効果
A：対照区，B：コラーゲンペプチド（0.5 μg/ml），C：マンゴスチン果皮熱水抽出物（0.5 μg/ml），
D：コラーゲンペプチド（0.5 μg/ml）＋マンゴスチン果皮熱水抽出物（0.5 μg/ml）

も検証した。

ヒト正常線維芽細胞（以下 NHDF 細胞）を 10％FBS を含む DMEM 培地に分散させ，CO_2 インキュベーター（CO_2 濃度５％，湿度 90％）で 37℃，4-5 日間培養したものを実験に用いた。この細胞を 96 穴プレートに播種し，24 時間培養した後，洗浄し，0.5％ FBS を含む DMEM 培地とマンゴスチン熱水抽出物またはコラーゲンペプチドを混合したものを加え，48 時間培養を行った。各 well に WST-1 試薬を加え，30 分インキュベートした後，450 nm の吸光値を測定し，試料無添加の吸光値と比較し，無添加を 100 とした時の相対増殖率を算出した。

その結果，無添加の線維芽細胞の細胞賦活活性（増殖率）を 100 とすると，マンゴスチン熱水抽出物 0.5 μg/ml における増殖率は 118 と増大した。また，コラーゲンペプチド 0.5 μg/ml における増殖率は 114 であり，さらに，その両方を加えた場合の増殖率は 147 となり，相乗的に線維芽細胞が増殖した（図 5）。

3.4.3　熱水抽出物を用いたヒト摂取試験による肌の粘弾性と水分量の改善作用

事前のアンケート調査により，肌状態が気になる 30-40 代女性 11 名に，熱水抽出物を１日 100 mg を摂取量とし，８週間のオープン試験を実施した。熱水抽出物 50 mg を含むタブレット２粒を毎日摂取（熱水抽出物として 100 mg/ 日摂取）し，摂取のタイミングは特に設定しなかった。粘弾性の測定は摂取前，４週間後，８週間後に行った。肌の粘弾性評価には Cutometer（MPA580）を用いて左上腕内側を測定し，R2（復元率），R5，R7 の値を算出した。評価の結果，熱水抽出物を摂取すると R2 の値は摂取前の 0.87 から摂取４週間後には 0.93 に有意（$p<0.01$）に上昇し，摂取８週間後 0.93（$p<0.01$）とも高い値を保持していた（図 6）。R5，R7 の値も同様の傾向を示し，摂取前に比べて肌の粘弾性が改善されたことが示された。

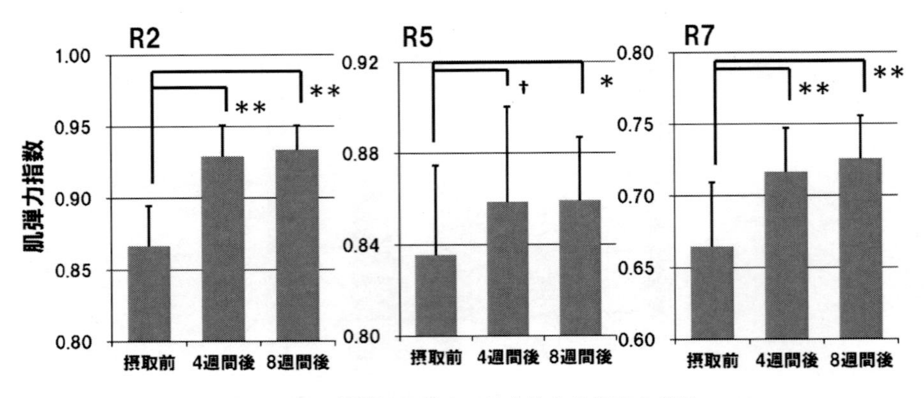

図６ 肌の粘弾性に対する熱水抽出物摂取の効果
†：p＜0.1，＊：p＜0.05，＊＊：p＜0.01

3.5 おわりに

マンゴスチン抽出物の摂取は，肌のコラーゲンや弾性線維において，糖化によって生成するAGEsの蓄積を防ぎ，肌機能の改善が期待できると考えられる。肌のコラーゲンにおけるAGEsの蓄積量は年齢とともに増大する[26)]が，マンゴスチン抽出物の摂取はこのようなAGEsの増加を抑制し，加齢による肌の粘弾性の低下[27)]を抑えるアンチエイジング素材としての可能性をもっていると思われる。

従来のマンゴスチン果皮成分の機能性は，α-マンゴスチンに代表される水に難溶性のキサントンの作用に関するものが注目されてきた。しかしながら，マンゴスチン果皮熱水抽出物も強い抗糖化活性を有することを確認し，さらに線維芽細胞を増殖する作用も見出され，美肌素材としての大きな可能性が示された。マンゴスチン果皮の水溶性成分とその機能は，まだ明らかでない点も多く，今後の研究が期待される。

文　　献

1) C. Fu *et al., J. Agric. Food Chem.*, **55**, 7689 (2007)
2) K. Nakatani *et al., Biochem. Pharmacol.*, **63**, 73 (2002)
3) M. J. Balunas *et al., J. Nat. Prod.*, **71**, 1161 (2008)
4) C. Chitchumroonchokchai *et al., J. Nutr.*, **142**, 675 (2012)
5) D. Obolskiy *et al., Phytother. Res.*, **23**, 1047 (2009)
6) 吉川雅之ほか，日本薬学雑誌，**114**, 129 (1994)
7) L. G. Chen *et al., Food chem. Toxicol.*, **46**, 688 (2008)
8) Y. Akao *et al., Int. J. Mol. Sci.*, **9**, 355 (2008)

9) R. Kaomongkolgit *et al., J. Oral Sci.*, **51**, 401 (2009)
10) M. Kondo *et al., J. Agric. Food Chem.*, **57**, 8788 (2009)
11) T. Ngawhirunpat *et al., Pharm. Biol.*, **48**, 55 (2010)
12) G. B. Sajithlal *et al., Biochim. Biophys. Acta*, **1407**, 215 (1998)
13) M. Ichiashi *et al., Anti-Ageing Medicine*, **8**, 23 (2011)
14) 前嶋一宏ほか，日本食品科学工学会第59回大会　講演集 (2012)
15) K. Tuji-Naito *et al., Food Chemistry*, **116**, 854 (2009)
16) D. Edelstein *et al., Diabetes*, **41**, 26 (1992)
17) 前嶋一宏，食品工業，**55**, 83 (2012)
18) D. Suzuki *et al., J. Am. Soc. Nephrol.*, **10**, 822 (1999)
19) Z. Alikhani *et al., J. Bio. Chem.*, **280**, 12087 (2005)
20) N. Nualkaew *et al., Phyochemistry*, **77**, 60 (2012)
21) G. Jenkins, *Mech. Ageing Dev.*, **123**, 801 (2002)
22) 本村亜矢子ほか，日本水産学雑誌，**75**, 86 (2009)
23) S. Koya-Miyata *et al., Biotechnol. Biochem.*, **68**, 767 (2004)
24) 鶴間佳美ほか，日本食品科学工学会誌，**58**, 121 (2011)
25) N. Takasao *et al., J. Agric. Food Chem.*, **60**, 1193 (2012)
26) D. G. Dyer *et al., J. Clin. Invest.*, **91**, 2463 (1993)
27) A. B. Cua *et al., Arch. Dermatol. Res.*, **282**, 283 (1990)

第5章　抗アトピー

1　ワサビ抽出物

永井　雅*

1.1　はじめに

ワサビ（*Wasabia japonica* Matsum.）はその学名が示すとおり，日本原産のアブラナ科植物である。元々は日本各地の山間部の渓流沿いに自生していた植物であるが，その独特の香味が珍重され，古くから人々に利用されてきた。ワサビに関する最も古い記述は，奈良県明日香村の苑池から出土した木簡に記された「委佐俾三升（わさびさんしょう）」の文字で，飛鳥時代のものとされている[1]。当地が薬草園であったことから，ワサビは古くから薬草として用いられてきたことが伺える。本格的な栽培は，慶長年間（1596～1615年）に静岡市の山間部に位置する有東木地区において，自生していたワサビを湧水地に移植したのが始まりとされている[2]。駿河の国でワサビ栽培が始められた当初，徳川家康公はこのワサビの風味を大変気に入り門外不出のご法度品にしたという逸話も残されている[3]。江戸時代の薬用食物の辞典である「本朝食鑑」には，「鬱を散らし，汗を発し，風（病因としての邪毒の浅いもの）を逐い，湿（病因としての五癬の一）を滲し，積（気の鬱積して痛を起こすこと）を消し，痞（五積の一に痞気あり。脾の積をいう）を消す。最もよい七疝の剤である。魚鳥の毒を解し，蕎麪の毒を殺す。」との記述が見られ，薬用植物のひとつとして認知されていたことが伺える[4]。現代においても薬用植物の事典を参照すると，リューマチ，神経痛，感冒などに対する効果が紹介されている[5,6]。もっとも，これらの効果に関しては科学的なエビデンスに乏しく，民間伝承の範疇を出なかった。近年においては日本的な薬味のひとつとして認知されているワサビであるが，その機能性を科学的に再発掘する試みが活発になってきている。

1.2　アトピー性皮膚炎の食品による改善

アトピー性皮膚炎は増悪・寛解を繰り返し，掻痒のある湿疹を主病変とする疾患である[7]。患者の多くはアトピー素因，つまりアトピー性疾患の家族歴，既往歴を持ち，遺伝する傾向が強い。アトピー性皮膚炎の治療として，ステロイド剤およびタクロリムス軟膏の外用，抗ヒスタミン薬の服用などが行われるが，疾患そのものを完治させうる薬物療法はない。また，これらの薬物による治療は，高度な専門性を有する医師によりなされる必要がある。

一般消費者が日常の生活の中で無理なくアトピー性皮膚炎の症状を改善させる手段として，食事による有効成分の摂取が考えられる。食品の摂取であれば，医師の処方が不要であり，また極

＊　Masashi Nagai　金印㈱　総合企画本部　名古屋研究所　主任研究員

端に濃縮や精製を行った物でない限り副作用の危険が少ない。乳酸菌やビフィズス菌，β-グルカンなどの食品成分によるアトピー性皮膚炎への効果が検証されており[8~10]，一部は市販されている。

1.3　ワサビの有効成分

ワサビ，特にその根茎部は他のアブラナ科植物と比較して多くの種類のイソチオシアネート類を含有しており，18種類のイソチオシアネート類が検出されている[11]。その中でも，ワサビに特徴的なイソチオシアネート類に6-methylsulfinylhexyl isothiocyanate（6-MSITC）がある（図1）。炭素数6のアルキル側鎖の末端にメチルスルフィニル基が結合した構造で，ワサビが含有するイソチオシアネート類の中では最も分子量が大きい部類に属する。近年の研究では，6-MSITCがRBL-2H3細胞において細胞内Ca^{2+}の上昇を阻害し[12]，ヒスタミンとロイコトリエンB4の放出を抑制することが明らかとなっている（図2）。また，6-MSITCがRAW264細胞のCCL-2（MCP-1），CCL-12（MCP-5），CCL-17（TARC）等の炎症関連ケモカインの遺伝子発現を抑制すること[13]，MAPKシグナル経路を抑制することによりプロスタグランジンE_2の産生

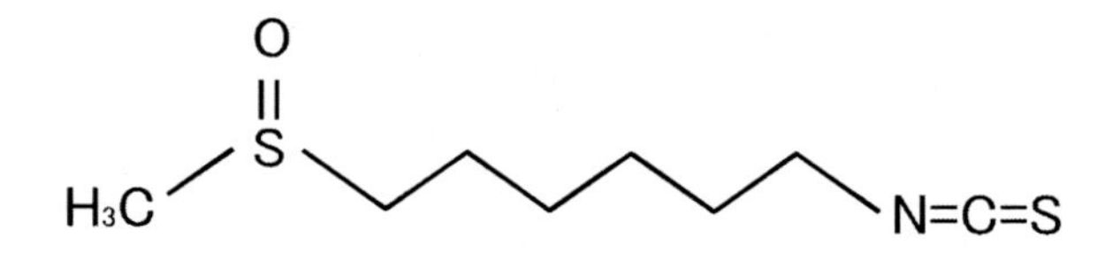

6-methylsulfinylhexyl isothiocyanate
（6-MSITC，通称; ワサビスルフィニル®）

図1　ワサビの代表的な機能性成分

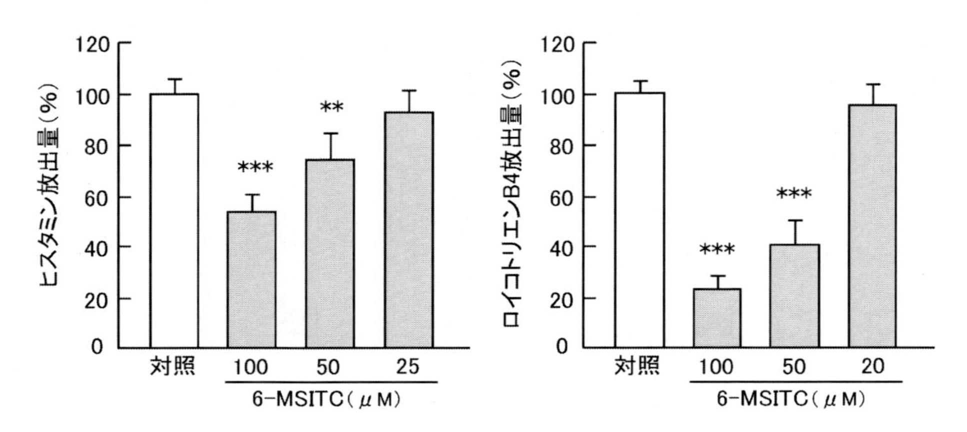

図2　ヒスタミン，ロイコトリエンB4放出に対する6-MSITCの効果
値は平均±標準偏差で表した。$^{**}P<0.01$，$^{***}P<0.001$。

を抑制することが報告されており[14]，ワサビ成分がアレルギー性疾患を抑制する可能性があることが示唆されている。また一方で，ワサビ根茎抽出物を12週間摂取させた被験者の顔の明るさ，シミ・ソバカスの自覚症状をVAS スコアにて評価した試験において，スコアが有意に改善する結果が得られており，ワサビ成分の摂取が肌のコンディションを改善する可能性も示されている[15]。

1.4　ヘアレスマウスのアトピー性皮膚炎様症状に対するワサビ根茎抽出物の効果

本試験では，ワサビ根茎抽出物の摂取がアトピー性皮膚炎モデルマウスの掻痒行動と免疫・組織学的指標に及ぼす影響を検討した。

5週齢の雄性ヘアレスマウス（Hos：HR-1）を体重を指標に層別連続無作為化法により，普通飼料（Normal）群（n＝8），マグネシウムを欠乏させた皮膚疾患用精製飼料（HR-AD）群（n＝8），皮膚疾患用精製飼料にワサビ根茎抽出物を5％添加したHR-AD＋5％ワサビ群（n＝8），皮膚疾患用精製飼料にワサビ根茎抽出物を10％添加したHR-AD＋10％ワサビ群（n＝8）の4群に分けた。HR-AD 飼料摂取開始4，5および6週間後に，マウスを30分間ビデオで撮影した。撮影したビデオ映像より，掻痒（スクラッチ）行動の回数を30分間の累積回数としてカウントした。6週間後に採血を行し，背部皮膚の摘出を行って，10％中性緩衝ホルマリン液で保存した。

HR-AD 群ではNormal 群と比較して，有意にスクラッチ回数が増加した（図3）。HR-AD 群と比較して，HR-AD＋10％ワサビ群では4，5および6週間後にスクラッチ回数が有意に減少した。これらの結果から，ワサビ根茎抽出物はアトピー性皮膚炎様症状の痒みに対して有効であると考えられた。

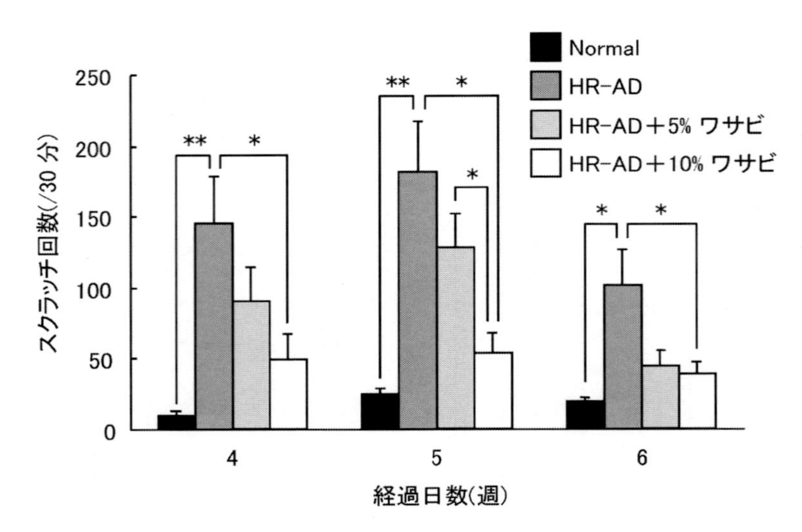

図3　マウスのスクラッチ行動に及ぼすワサビ根茎抽出物の効果
値は平均±標準誤差（n＝8）で表した。*$P<0.05$，**$P<0.01$。

血漿中のヒスタミン，Eotaxin，IgE，TARCの各濃度は，HR-AD＋10％ワサビ群においてHR-AD群と比較して有意に減少し，皮膚組織切片のToluidine blue，Major Basic Protein，CD4，IL-4，IL-5，Eotaxin，TARC，IgEの各染色陽性細胞数をカウントしたところ，HR-AD＋5％ワサビ群，HR-AD＋10％ワサビ群ともに，HR-AD群と比較して有意に減少した[16]。

以上の結果より，ワサビ根茎抽出物はマウスのスクラッチ行動および免疫・組織学的反応に対し抑制効果を有することが示された。

1.5　軽度アトピー性皮膚炎被験者に対するワサビ根茎抽出物の効果

ワサビ根茎抽出物の摂取が，軽度のアトピー性皮膚炎症状を有する被験者の皮膚症状に及ぼす影響をオープン試験にて検討した。

軽度のアトピー性皮膚炎の症状が顔，手，足にあり，過去1ヵ月以上ステロイド剤を使用していない20～50歳（平均年齢37.3歳，男性3名，女性13名）の被験者を選抜した。

ワサビ根茎抽出物をハードカプセルに充填し，これを1日あたり4カプセル，8週間に渡り摂取させた。カプセル1つあたり0.25 mgの6-MSITCを含有するため，1日の6-MSITC摂取量は1 mgであった。試験開始前，摂取4週間後，8週間後に皮膚科専門医の診断と問診，被験者アンケートを実施した。医師の診断，被験者アンケートともに，症状の程度を5段階でスコア化した。

医師の診断の結果，乾燥と瘙痒感については4週間後から，掻破痕と全般重症度については8週間後からスコアが有意に低値を示し，各症状の改善が見られた（図4）。被験者アンケートの結果，乾燥と瘙痒感については4週間後から，肌の赤みとキメについては8週間後からスコアが有意に低値を示し，各症状の改善が見られた（図5）。なお，ワサビ根茎抽出物の摂取が原因と

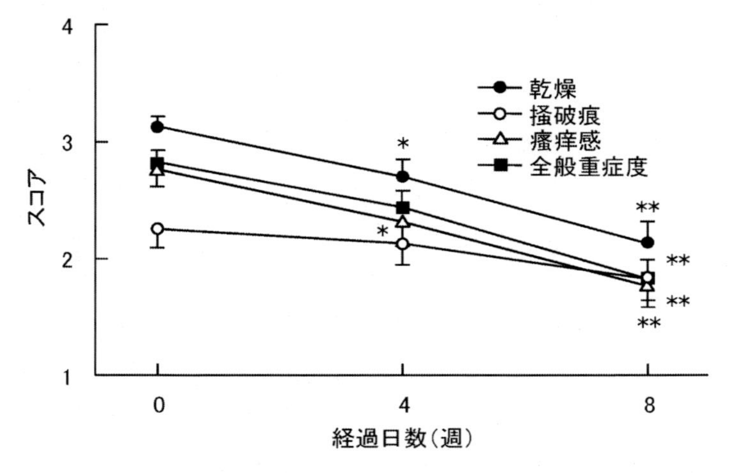

図4　アトピー性皮膚炎に対するワサビ根茎抽出物の効果（医師による皮膚所見）
スコアが低いほど改善したことを示す。値は平均±標準誤差（n=16）で表した。
$^{*}P<0.05$，$^{**}P<0.01$（vs. 0週）。

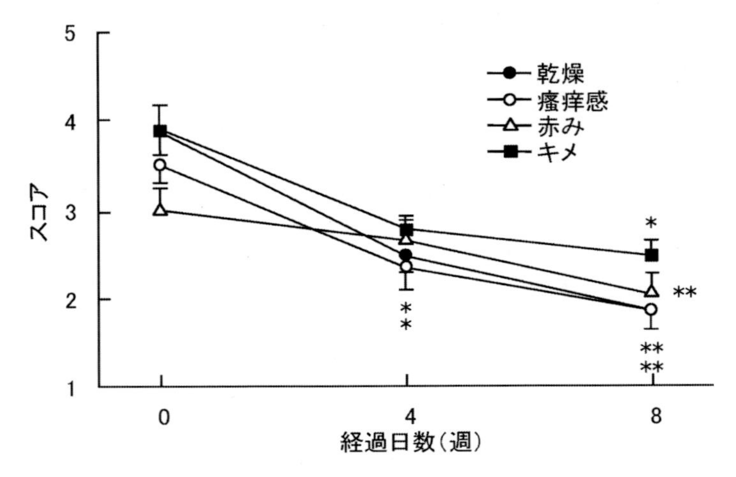

図5 アトピー性皮膚炎に対するワサビ根茎抽出物の効果（被験者アンケート）
スコアが低いほど改善したことを示す。値は平均±標準誤差（n＝16）で表した。
*P<0.05, **P<0.01（vs. 0週）。

考えられる有害事象は見られなかった。以上の結果から，ワサビ根茎抽出物の摂取は肌の各症状を改善させ，アトピー性皮膚炎の症状を軽減することが確認された。

1.6 おわりに

近年では家庭用チューブ製品が浸透し，手軽な薬味としての地位が定着しているワサビであるが，古来より薬草として用いられていた生薬的性質の植物である。

今後は，ワサビの機能性を現代の技術と知識で正しく評価を行い，情報を発信していかなくてはならない。ワサビの優れた有効性をより多くの消費者が手軽に利用できるよう，更なる技術開発・商品開発が必要である。

文　献

1) 中日新聞，11判，p. 26，2001年4月17日
2) 木苗直秀ほか，ワサビのすべて，p. 29，学会出版センター（2006）
3) 小嶋操，農業および園芸，**56**，723（1981）
4) 人見必大，東洋文庫296本朝食鑑1，p. 180，平凡社（1976）
5) 水野瑞夫ほか，明解 家庭の民間薬・漢方薬，p. 542，新日本法規出版（1983）
6) 伊沢凡人，カラー版薬草図鑑，p. 277，社団法人家の会協会（1999）
7) 古江増隆ほか，アトピー性皮膚炎診療ガイドライン，日本皮膚科学会雑誌，**119**，1515（2009）

8)　何方ほか，アレルギーの臨床，**27**, 57 (2007)
9)　服部和裕，アレルギー，**52**, 20 (2003)
10)　佐山浩二ほか，西日本皮膚科，**70**, 313 (2008)
11)　伊奈和夫，香料，**136**, 45 (1982)
12)　T. Yamada-Kato *et al.*, *J. Nutr. Sci. Vitaminol.*, **58**, 303 (2012)
13)　J. Chen *et al.*, *Experimental and Therapeutic Medicine*, **1**, 33 (2010)
14)　T. Uto *et al.*, *Biochem. Pharmacol.*, **70**, 1772 (2005)
15)　竹岡篤史ほか，フレグランスジャーナル，**40**, 14 (2012)
16)　M. Nagai *et al.*, *J. Nutr. Sci. Vitaminol.*, **55**, 195 (2009)

2　植物性乳酸菌 K-2 のアトピー性皮膚炎症状の緩和効果

熊谷武久*

2.1　はじめに

我が国において約3人に1人が何らかのアレルギーを有しているといわれている。花粉症は国民の約30%[1)]，アトピー性皮膚炎は70万人[2)]，喘息は400万人[3)]と報告され，医療費や経済的損失の増加が社会的な問題と考えられる。例えば花粉症の経済損失は，外出などのレジャーを控える，労働効率の低下など年間7500億円以上と試算されている[4)]。アレルギーは発症メカニズムによって4つに分類され，花粉症，アトピー性皮膚炎，ぜんそく，Ⅰ型（即時型）アレルギーとされている（アトピー性皮膚炎は一部Ⅳ型が含まれる）。Ⅰ型アレルギーはイムノグロブリンE（IgE）抗体が産生されて抗原と結合することで引き起こされ，かゆみ，腫れ，くしゃみ，鼻汁分泌からの呼吸困難などのアレルギー特有の症状が現れる。

Lactobacillus rhamnosus GGは健康な成人の腸内から分離された乳酸菌であり，アトピー性皮膚炎を発症している乳児またはアトピー発症歴のある妊婦およびその生後6か月までの乳児にその生菌を摂取させることで，皮膚症状の改善や出生児のアトピー性皮膚炎の発症率が低減したことが報告され[5,6)]，プロバイオティクスによるアレルギー症状の緩和および発症予防の可能性が示唆された。その後，*Lactobacillus* 属の加熱死菌体で花粉症，通年性鼻炎，アトピー性皮膚炎の改善などが報告されている[7~10)]。これらの作用機序としては，菌体または菌体成分が体内に直接取り込まれ免疫細胞を刺激し，1型ヘルパーT（Th1）細胞とTh2細胞のバランスをTh1偏向への改善，Th1偏向によるIgEの産生抑制，また近年では制御性T細胞が関与しているとの報告がある。

筆者らは，米および米加工品から抗アレルギー効果を有する植物性乳酸菌の分離を試み，脾臓細胞を用いたスクリーニング試験および動物試験から酒粕由来の *Lactobacillus paracasei* K71（一般名をK-2菌，以下K-2菌）を選抜した[11)]（写真1）。本稿ではK-2菌摂取によるアトピー性

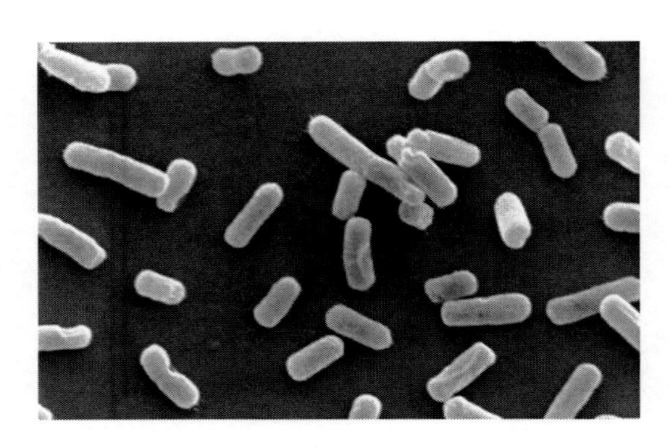

写真1　植物性乳酸菌 K-2

*　Takehisa Kumagai　亀田製菓㈱　お米研究所　マネージャー

皮膚炎の緩和効果とK-2菌を利用した食品開発を中心に述べる。

2.2　乳酸菌の選抜

免疫反応の調節で重要な役割を担っているのはT細胞である。アレルギー状態ではTh2細胞の働きが過剰となり，Th2サイトカインであるインターロイキン（IL）4の産生が亢進する。よって，拮抗関係にあるTh1細胞の分化を促すIL-12の産生を高め，IL-4の産生を抑制することでTh1/Th2バランスの改善が期待できる。

米由来の分離源から29株の乳酸桿菌を分離し，培養，洗浄，加熱，乾燥を行い，菌体粉末を調製した。一方，Balb/cマウス（♀，6週齢）からアレルギー状態の免疫細胞を得るため，卵白アルブミン（OVA）と水酸化アルミニウムを腹腔注射して，OVA特異的IgEレベルを上昇させた後，脾臓細胞を取り出した。脾臓細胞に殺菌乳酸菌乾燥粉末を添加して培養し，細胞上清中のIL-4およびIL-12濃度をELISA法で定量した。IL-4産生を抑制し，IL-12産生を高める候補3株（*L. paracasei* 2株，*L. sakei* 1株）を選抜した。

2.3　アレルギーマウスへの効果

OVA感作したBalb/cマウスに選抜した乳酸菌，または殺菌水（コントロール群）を投与し，血清OVA特異的IgEおよび血清総IgEのレベルを測定した。K-2菌投与群はコントロール群と比べてどちらのIgE値も上昇が有意に抑制された。他の2株は有意な抑制は認められなかった。

次に，K-2菌投与によるヒトアトピー様皮膚炎モデルマウスであるNC/Ngaマウス（K-2菌投与群，コントロール群）の血清総IgE濃度の測定および耳介皮膚症状スコア等の評価を行っ

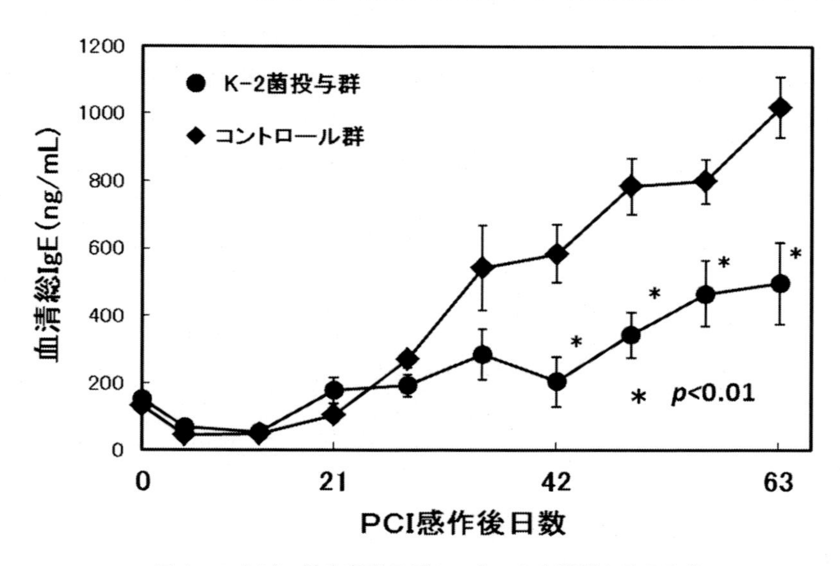

図1　アトピー様皮膚炎モデルマウスの血清総IgEの変化

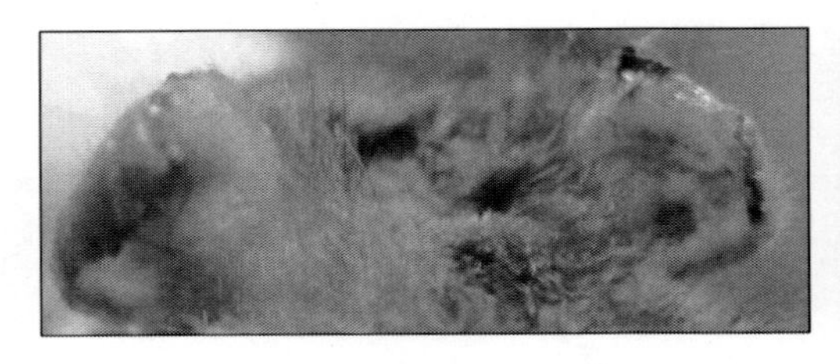

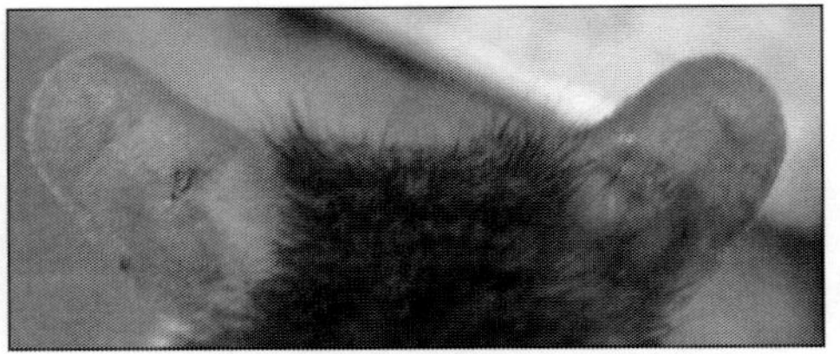

写真２　アトピー様皮膚炎モデルマウスの耳介皮膚症状

た[12]。皮膚の炎症はピクリルクロライド（PCI）で誘発した。K-2 菌投与群はコントロール群と比べて血清総 IgE 濃度の上昇が有意に抑制され（図 1），耳介皮膚症状も有意に悪化が抑制された（写真 2）。試験終了後，耳介部の切片を作製しトルイジンブルー染色を行い，マスト細胞数を比較した。K-2 菌投与群はコントロール群と比べて有意に細胞数が低下した。

以上の動物実験から，K-2 菌の経口投与により血清総 IgE の上昇を抑制し，皮膚炎症状を緩和する効果が示唆されたため，ヒト試験を実施した。

2.4　ヒトアトピー性皮膚炎の改善

アトピー性皮膚炎は「増悪，寛解を繰り返す，掻痒のある湿疹を主病変とする疾患」と定義されている。この疾患は遺伝的素因も原因のひとつになることから，完治は難しくステロイド剤を用いた対処療法がメインである。患者は小児が多いものの，成人した後ストレスにより再発するケースも増えつつある。このような背景のもと，軽度から中等症の成人アトピー性皮膚炎患者を 2 群に分け（K-2 菌摂取群，プラセボ摂取群），K-2 菌 100 mg またはデキストリンを 12 週間摂取（実施時期 2008 年 9 月～12 月）してもらい，全身 5 か所（頭頸，前躯体，上肢，後躯体，下肢）の症状を皮膚科専門医が診察しスコア化した[13]。医師所見（皮疹重症度）スコアは日本皮膚科学会のアトピー性皮膚炎診療ガイドライン[14]に則って行った。スコアは数値が高い程症状の悪化を示す。また，QOL アンケート，薬剤使用量および医師による有害事象の評価を行った。試験は治療薬を使用しながら行った。

医師所見スコアは，摂取開始時をゼロとして比較した。K-2 菌摂取群は，開始時と比較して 8, 12 週目で有意に低下し，改善が認められたが，プラセボ摂取群では有意差はなかった（図 2）。また，被験者本人に対して自覚症状の聞き取り調査をしたところ，K-2 菌摂取群で摂取期間が進むにつれて発症範囲が狭く少なくなっていると感じていた。薬剤使用量の変化および有害事象は両群で認められなかった。以上のことから K-2 菌摂取によるアトピー性皮膚炎の緩和効果を確認した。この試験の前にオープン試験（実施時期 2008 年 7 月～10 月）を行い，K-2 菌の摂取による医師所見スコアが開始時と比較して 4, 8, 12 週目で有意に低下し，異なる時期で効果が確認された。

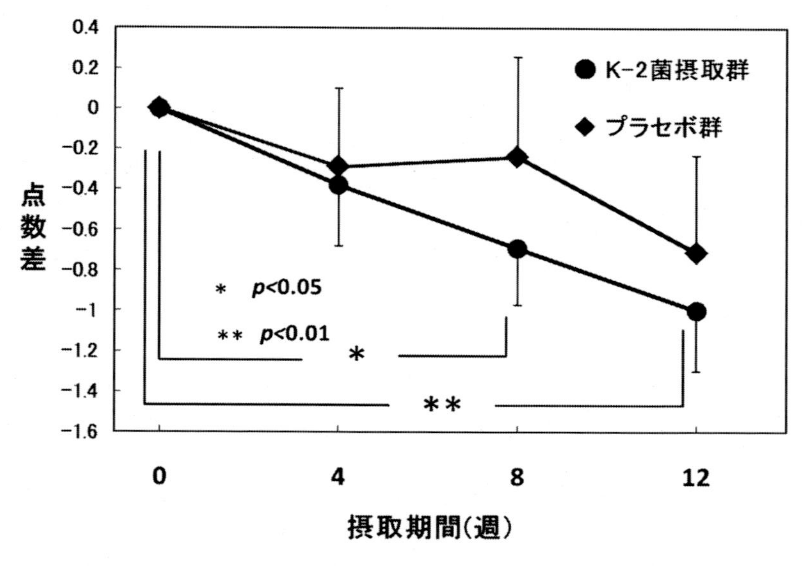

図2　医師所見スコアの変化

2.5　安全性試験

急性経口毒性試験および変異原性試験による K-2 菌の安全性の確認後，ヒトへの過剰摂取試験を行った[15]。目安量 100 mg の3倍量および5倍量の高用量を健康な成人男女に摂取させて有害事象の有無を医師介入のもと検証した。男女 20 名を均等に分け，10 名に 300 mg，10 名に 500 mg の K-2 菌を4週間毎日摂取させた。摂取2，4週目，摂取終了2週目の体重，BMI，収縮期血圧，拡張期血圧，脈拍数，血液および尿検査を行った。3倍量摂取群で 10 名中4名4件（頭痛，膨満感，軟便，口内炎），5倍量摂取群で 10 名中2名4件（膨満感，軟便，下痢，腹痛）の有害事象が発現した。いずれも軽度で K-2 菌摂取との関連性はないと医師により判断された。収縮期血圧，拡張期血圧および血液検査で摂取後軽微な変動が見られたが，いずれも臨床上の問題はないと医師により判断された。以上の結果から，K-2 菌の過剰摂取による安全性が確認された。

2.6　衛生仮説の観点による K-2 菌入り食品の開発

1989 年に Strachan はアレルギー疾患の発症と関連する環境要因を調査し，花粉症や湿疹の保有などは同胞の数に反比例し，またその効果は年少の同胞の数よりも年長の同胞の数に大きく依存していると報告した。この理由として乳幼児期の感染曝露の頻度の違いであると推測し，衛生仮説として提唱した[16]。Braun-Fahrlander らは，家畜を飼育している農家で育った子どもはアレルゲン特異的 IgE 抗体の産出や花粉飛散時期の鼻炎症状が少なく，これらは環境中のエンドトキシン量に関係する調査結果を報告した[17]。この作用は，エンドトキシンなどの微生物菌体成分と一緒に環境中の花粉などのアレルゲンが乳幼児の体内に取り込まれTh1細胞が誘導され，Th2細胞が阻害されるためと考えられている。つまり，エンドトキシンのアジュバント効果によることを示唆している。新生児期のT細胞はナイーブT細胞ばかりであるが，生育期の環境で抗原やアレルゲンと接触し，ナイーブT細胞はTh1細胞へと，無菌的環境ではTh2細胞へと分化する。生育期を過ぎるとナイーブT細胞の比率が下がるのでTh1/Th2バランスが大きく変化することがなくなる[18]。よって，生後早期に安全かつアジュバント機能を有する（Th1免疫を刺激する）微生物を摂取することは将来のアレルギー発症を抑えることにつながると考えられる。

このような観点から，乳幼児向けのおせんべい「ハイハイン」にK-2菌を配合した。このせんべいは離乳食や幼児期の間食として30年以上食べられている。1個装（2枚）当たり約10億個のK-2菌が入っており，乳幼児期にお菓子から継続的に免疫バランスを整える乳酸菌を摂取することができる商品である。

2.7 おわりに

アレルギー症状を緩和する医薬品は数多く存在するが，長期摂取の必要性や副作用の問題があり，食品での改善ニーズが高い。K-2菌はアトピー性皮膚炎だけではなく花粉症の緩和作用[19,20]を有する乳酸菌である。K-2菌の粉末には1グラム当たり1兆個のK-2菌を含み，少量で多くの乳酸菌を添加することができ，加熱処理をしているためライン汚染の心配が少ないという特長がある。そのため，焼き菓子，錠菓，タブレット，飲料などさまざまな食品へ添加することが可能である。

謝辞

K-2菌の*in vitro*試験および動物試験は新潟大学の原崇准教授のご指導の下，実施しました。ヒトアトピー性皮膚炎の症状軽減効果試験は九州大学の古江増隆教授にご監修頂きました。この場をお借りして御礼を申し上げます。

文　　献

1) 厚生労働省，平成17年度患者調査報告（疾病分類編）
2) 文部科学省，アレルギー疾患に関する調査研究報告書（平成19年3月）
3) リウマチ，アレルギー対策委員会，リウマチ・アレルギー対策委員会報告書（平成17年10月）
4) 第一生命経済研究所，調査報告書2005年
5) E. Isolauri *et al.*, *Clin. Exp. Allergy*, **30**, 11, 1604 (2000)
6) M. Kallomaki *et al.*, *Lancet*, **357**, 1076 (2001)

7) Y. Ishida *et al.*, *Biosci. Biotechnol. Biochem.*, **69**, 1652 (2005)
8) M. Goto *et al.*, *Biosci. Biotechnol. Biochem.*, **73**, 1971 (2009)
9) Y. Ishida *et al.*, *J. Dairy Sci.*, **88**, 527 (2005)
10) 若林英行ほか，日農化会講要，216 (2004)
11) T. Kumagai *et al.*, *Food Sci. Technol. Res.* (inprinting)
12) 斎藤真理子ほか，日農化会講要，204 (2009)
13) M. Moroi *et al.*, *J. Dermatol.*, **38**, 131 (2011)
14) 古江増隆ほか，日皮会誌，118，325 (2008)
15) 藤井幹夫ほか，日農化会講要，43 (2011)
16) D. P. Strachan, *Medical Journal*, **299**, 1259 (1989)
17) C. Braun-Fahrlander *et al.*, *N. Engl. J. Med.*, **347**, 869 (2002)
18) 斎藤博久，呼吸，**25**，4，373 (2006)
19) 内山公子ほか，日農化会講要，204 (2009)
20) 斎藤真理子ほか，日農化会講要，61 (2011)

美肌食品素材の評価と開発《普及版》 (B1307)

2013 年 3 月 1 日　初　版　第 1 刷発行
2019 年 12 月 10 日　普及版　第 1 刷発行

監　修　山本哲郎　Printed in Japan
発行者　辻　賢司
発行所　株式会社シーエムシー出版
東京都千代田区神田錦町 1-17-1
電話 03 (3293) 7066
大阪市中央区内平野町 1-3-12
電話 06 (4794) 8234
https://www.cmcbooks.co.jp/

〔印刷　株式会社遊文舎〕

ISBN978-4-7813-1390-0 C3045 ¥5000E